高等职业教育"新资源、新智造"系列精品教材

U0276004

单片机 C 语言实践教程

（第 2 版）

主　编：雷建龙

副主编：刁　帅　张　罡　郑　欢　张宏瑞

主　审：吕金华

电子工业出版社

Publishing House of Electronics Industry

北京·BEIJING

内 容 简 介

本书围绕 4 个"教、学、做一体化"的项目展开,引导读者通过 4 个项目的实践性学习,逐步掌握现代智能电子技术的思想、方法与基本内容。本书内容编排:认识单片机部分(第 1~3 章)、初步使用单片机部分(第 4~6 章)、深入认识单片机内部功能单元部分(第 7~9 章)、熟练使用单片机部分(第 10 章)。本书可使读者在重点掌握单片机的基本知识与基本技能的同时,具备学习扩展其他嵌入式系统的能力。

本书可作为高等职业院校、中等职业院校、技工学校及应用型本科院校的单片机教材。电子类、机械类专业学生及渴望掌握现代智能电子技术的相关工程技术人员也可将它作为教材或学习参考书。

图书在版编目(CIP)数据

单片机 C 语言实践教程 / 雷建龙主编. —2 版. —北京:电子工业出版社,2022.5

ISBN 978-7-121-43326-9

Ⅰ. ①单⋯ Ⅱ. ①雷⋯ Ⅲ. ①单片微型计算机—C 语言—程序设计—高等学校—教材 Ⅳ. ①TP368.1 ②TP312.8

中国版本图书馆 CIP 数据核字(2022)第 069797 号

责任编辑:王昭松　　　　　特约编辑:田学清
印　　刷:三河市鑫金马印装有限公司
装　　订:三河市鑫金马印装有限公司
出版发行:电子工业出版社
　　　　　北京市海淀区万寿路 173 信箱　　　　邮编:100036
开　　本:787×1092　　1/16　　印张:18.25　　字数:479 千字
版　　次:2012 年 2 月第 1 版
　　　　　2022 年 5 月第 2 版
印　　次:2023 年 1 月第 2 次印刷
定　　价:58.00 元

凡所购买电子工业出版社图书有缺损问题,请向购买书店调换。若书店售缺,请与本社发行部联系,联系及邮购电话:(010)88254888,88258888。

质量投诉请发邮件至 zlts@phei.com.cn,盗版侵权举报请发邮件至 dbqq@phei.com.cn。

本书咨询联系方式:(010)88254015,wangzs@phei.com.cn,QQ83169290。

本书编者根据读者反馈的信息、教师的建议，结合单片机技术的新发展，对本书进行了修订。修订的原则：一是不改变原教材的特点特色，体现学做结合，在做中学会单片机技术；二是教材好用，教师容易教，学生容易学，自学者能学会；三是不搞"高、大、上"，注重实际，特别是考虑广大教学条件有限的地区及学校的情况，仅需一个最简单的包括跑马灯和数码管的开发板或自己制作的电路即可开展教学；四是不胡乱堆积资料而扰乱读者视线，做到精简实用，提供的所有程序均经过验证。

对第 1 版进行了如下修订：一是对使用的软件进行升级，包括 Keil C、Proteus、ISP；二是提供全套的立体化资源，包括 PPT、微课、习题解答、技术文档等，可登录华信教育资源网（www.hxedu.com.cn）免费下载；三是对过时及难度过大的内容进行修订，不在纸质文档中再现，但仍在立体资料中保留；四是对引导教学的项目进行调整，项目一是跑马灯的设计与制作，项目二是交通灯控制器的设计，项目三是数字万年历的设计与制作，项目四是智能小车的控制，且跑马灯与交通灯项目不再关联，并重新编制了交通灯项目。

本书所有编者均来自武汉船舶职业技术学院，雷建龙同志统稿全书，并具体编写了第 1～4 章，刁帅同志编写了第 5～8 章，张罡、郑欢同志编写了第 9 章，张宏瑞同志编写了第 10 章。吕金华同志审阅了全书。感谢武汉莱斯特电子科技有限公司的大力支持，在本书编写过程中许志国总经理亲自进行指导，实现了校企共建教材。

虽然编者竭尽全力想为读者提供最好的服务，但由于能力及精力所限，本书不可避免存在瑕疵，请广大读者批评指正。

编　者

教学建议　　　扫码免费下载本书源程序

教材资源清单

续表

序　号	资　源　名　称	页　　码
40	10-4 电子技术赛项整体介绍.zip	266
41	10-5 STC8A8K64S4A12 技术资料.pdf	269
42	10-6 LoRa 通信协议.docx	273
43	10-7 智能小车以 LoRa 通信控制道闸的教程.pdf	273
44	10-8 项目四任务 1 程序清单.rar	274
45	10-9 项目四任务 1 小车运行视频.zip	274
46	10-10 项目四任务 1 程序讲解视频.mp4	274
47	10-11 项目四任务 2 程序清单.rar	274
48	10-12 项目四任务 2 小车运行视频.zip	274
49	10-13 项目四任务 2 程序修改视频.zip	274
50	教材源程序.zip	前言

CONTENTS 目录

第一部分 认识单片机

第二部分　初步使用单片机

第三部分　深入认识单片机内部功能单元

第四部分　熟练使用单片机

第一部分 认识单片机

第1章

认识单片机并制作、使用单片机系统

目　　的：通过展示单片机控制跑马灯的开发板，说明单片机的特点，使读者对单片机有一个初步了解，建立感性认识。通过对单片机点亮 8 个发光二极管的观察及制作，熟悉单片机开发的一般流程。

知识目标：了解单片机的应用领域，掌握单片机的主要作用。掌握 MCS-51 系列单片机的基本特点，初步了解它的内部结构，掌握它的引脚及功能。

技能目标：能识别单片机芯片。能制作单片机简单硬件系统，能初步操作 Keil C 编辑软件，并能下载程序到单片机中。

素质目标：初步认识单片机，建立学习单片机的自信心，培养对单片机的兴趣。

教学建议：

微课 1：第 1 章教学建议

<table>
<tr><td rowspan="5">重 点 内 容</td><td>1. 识别单片机，了解单片机的特点</td></tr>
<tr><td>2. 8051 单片机的引脚分布；复位电路</td></tr>
<tr><td>3. 机器周期及其计算</td></tr>
<tr><td>4. 制作单片机系统</td></tr>
<tr><td>5. 对单片机兴趣的建立</td></tr>
<tr><td rowspan="3">教</td><td>教 学 难 点</td><td>对跑马灯各种控制程序编辑、下载进行讲授；对单片机兴趣的激发；电路制作的指导</td></tr>
<tr><td>建 议 学 时</td><td>6～10 学时</td></tr>
<tr><td>教 学 方 法</td><td>通过实物演示来说明单片机的作用及应用情况，对跑马灯电路图不做细致分析，只讲解其工作原理，重点体现单片机在其中的作用，通过单片机系统的制作过程，使读者建立对单片机的感性认识，并激发学习兴趣</td></tr>
<tr><td rowspan="3">学</td><td>学 习 难 点</td><td>对单片机控制作用的理解；对单片机感性认识的建立及兴趣的建立；电路制作</td></tr>
<tr><td>必备前期知识</td><td>二进制数；LED；电解电容；焊接常识</td></tr>
<tr><td>学 习 方 法</td><td>多观察由单片机控制的系统，思考单片机在其中的作用；以单片机系统的制作与简单开发过程为引导，初步掌握单片机系统的开发方法及流程</td></tr>
</table>

⫶ 1.1 单片机控制的跑马灯 ⫶

1.1.1 开发板实物图

在学习单片机的开发过程中，开发板是必备的硬件工具。利用开发板，能够下载并验证所编写的程序，能够观察程序运行的实际情况。单片机控制的跑马灯实物图如图 1.1 所示。

1-1 单片机控制的
万年历实例

图 1.1　单片机控制的跑马灯实物图

1.1.2 实物图说明

图 1.1 的中间部分是 STC89C52 单片机，它是这块开发板的核心；其上方有 8 只贴片 LED 与单片机的引脚相连，LED 的亮与灭受单片机控制；开发板上面设有 USB 接口，用来从电脑中下载控制程序到单片机中。这块开发板上还有其他部分，这里暂不一一介绍。

1.1.3 下载控制程序到单片机中

图 1.2 所示为 ISP 下载软件的操作界面，将如图 1.1 所示的类似开发板或自制电路板接入电脑，首先按下"打开程序文件"按钮，找到要下载的文件（.hex），按下"下载/编程"按钮，然后将开发板断电再通电，即可看到程序马上被下载到单片机中。8 个 LED 全亮效果图如图 1.3 所示。原来灭的 8 个 LED 都亮了。如果再换一个控制程序，如图 1.4（a）所示，则只有一半（4 个）LED 亮，如图 1.4（b）所示。此外，还可通过下载不同的程序，达到不同的效果，如让 LED 依次点亮、LED 的亮度由亮变暗、LED 闪烁等。

显然，这种不改变电路而让电路产生不同显示效果的操作，是在学习单片机知识之前没有办法实现的，可见，单片机具有强大的控制功能。其实，单片机控制跑马灯的原理很简单，如前所述，每个 LED 的阴极均与单片机的一只引脚相连，而它们的阳极都接高电平。故，若单片机引脚为高电平，则对应的 LED 就亮；反之，若引脚为低电平，则与之对应的 LED 就灭。上面演示的各种功能，是通过控制程序让受单片机控制的引脚改变电平实现的。显而易见，使 LED 达到不同效果的关键，是如何编制控制程序及怎样去控制单片机。要弄清楚这个问题，就要了解单片机的特点，学会控制它的方法，这正是本书要讨论的问题。

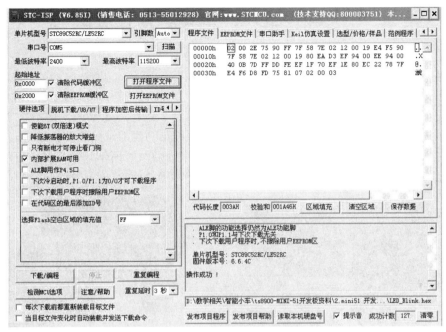

图 1.2　ISP 下载软件的操作界面

图 1.3　8 个 LED 全亮效果图

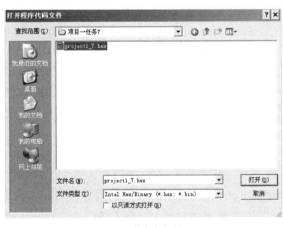

（a）下载程序代码　　　　　　　　　　　（b）下载后只亮一半的效果

图 1.4　只亮一半 LED 效果

⫿ 1.2 知识链接：单片机及其应用 ⫿

1.2.1 单片机及其发展特点

在各种不同类型的嵌入式系统中，以单片微控制器（Microcontroller）作为系统主要控制核心所构成的单片机嵌入式系统（通常称为单片机系统）占据着非常重要的地位。STC 系列单片机如图 1.5 所示。ATMEL 及 Winbond 系列单片机如图 1.6 所示。本书将介绍以 MCS-51 系列单片微控制器为核心的单片机嵌入式系统的原理、硬软件设计、调试等应用方法。

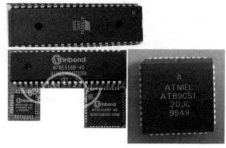

图 1.5 STC 系列单片机　　　　　　　　图 1.6 ATMEL 及 Winbond 系列单片机

单片机嵌入式系统的硬件可分成两大部分：单片微控制器芯片和芯片外围的接口与控制电路，其中，单片微控制器是构成单片机嵌入式系统的核心。

单片微控制器又称单片微型计算机（Single-Chip Microcomputer 或 One-Chip Microcomputer）或嵌入式微控制器（Embedded Microcontroller），在国内普遍采用的名称为单片机。

所谓单片微控制器，即单片机，它的外表通常只是一片大规模集成电路芯片，但在芯片内部却集成了中央处理器单元（CPU）和各种存储器（RAM、ROM、EPROM、E^2PROM 和 Flash ROM 等），以及各种输入/输出接口（定时器/计数器、并行 I/O、串行 I/O 及 A/D 转换接口）等众多功能部件。单片机结构框图如图 1.7 所示。因此，一片芯片就构成了一个基本的微型计算机系统。

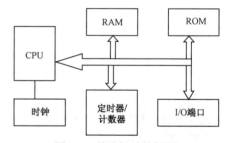

图 1.7 单片机结构框图

1970 年，微型计算机研制成功，随后便出现了单片机。美国 Intel 公司在 1971 年推出了 4 位单片机 4004；又于 1972 年推出了 8 位单片机雏形 8008。特别是在 1976 年推出 MCS-48 单片机以后的 30 年中，单片机的发展及其相关的技术经历了数次更新换代，其发展速度为大约每三四年更新一代，集成度增加一倍，功能翻一番。

现阶段单片机发展的显著特点是百花齐放、技术创新，以满足人们日益增长的广泛需求，主要有以下几个方面。

（1）单片机嵌入式系统的应用主要是面对底层的电子技术应用，从简单的玩具、小家电到复杂的工业控制系统、智能仪表、电器的控制，并且发展到机器人、个人通信信息终端、机顶盒等。因此，面对不同的应用对象，人们推出了适合不同领域要求的、从简易性能到多功能的单片机系列。

（2）大力发展专用型单片机。早期的单片机以通用型为主，由于单片机设计和生产技术的提高、周期缩短、成本下降，以及许多特定类型电子产品，如家电类产品的巨大市场需求，推动了专用单片机的发展。在这类产品中采用专用型单片机，具有成本低、资源有效利用、系统外围电路少、可靠性高的优点。因此，专用型单片机也是单片机发展的一个主要方向。

（3）致力于提高单片机的综合品质。采用更先进的技术提高单片机的综合品质，如提高 I/O 口的驱动能力，增加抗静电和抗干扰措施，使其具有宽（低）电压、低功耗性能等。

1.2.2　单片机嵌入式系统的应用领域及特点

1. 单片机嵌入式系统的应用领域

以单片机为核心构成的单片机嵌入式系统已成为现代电子系统中最重要的组成部分。在现代数字化世界中，大量单片机嵌入式系统已经渗透到各个领域。导弹的导航装置，飞机上各种仪表的控制，计算机的网络通信与数据传输，工业自动化过程的实时控制和数据处理，生产流水线上的机器人，医院里先进的医疗器械和仪器，人们广泛使用的各种智能 IC 卡，小朋友的程控玩具和电子宠物，都是典型的单片机嵌入式系统的应用。单片机应用领域示意图如图 1.8 所示。汽车电控系统中的单片机应用如图 1.9 所示。

由于单片机芯片具有体积微小、成本极低和设计面向控制的特点，使它作为智能控制的核心器件被广泛地用于工业控制、智能仪器仪表、家用电器、电子通信产品等各个领域，主要的应用领域如下。

（1）家用电器。俗称带"电脑"的家用电器，如电冰箱、空调、微波炉、电饭锅、电视机、洗衣机等。传统的家用电器中嵌入了单片机系统后，其产品性能、特点都得到很大的改善，实现了运行智能化、温度的自动控制和调节、节约电能等优点。

（2）机电一体化产品。单片机嵌入式系统与传统的机械产品相结合，使传统机械产品的结构简单化、控制智能化，构成新一代机电一体化产品。这些产品在纺织、机械、化工、食品等工业生产中发挥巨大的作用。

（3）仪器仪表。用单片机嵌入式系统改造原有的测量、控制仪器和仪表，能促使仪器仪表向数字化、智能化、多功能化、综合化、柔性化发展。由单片机系统构成的智能仪器仪表可以集测量、处理、控制功能于一体，赋予传统的仪器仪表崭新的面貌。

（4）测控系统。单片机嵌入式系统可以构成各种工业控制系统、适应控制系统、数据采集系统等，如温室人工气候控制系统、汽车数据采集与自动控制系统。

2. 单片机嵌入式系统的特点

由于单片机具有很多优点和特点，因此在各个领域中都得到了迅猛发展。单片机的特点可归纳为以下几个方面。

（1）易于产品化，具有优异的性价比。

以单片机为核心的控制系统体积较小，性价比较高。既可将其作为独立产品，也可将其嵌入到各种设备、仪器仪表中，实现机电仪器一体化。

单片机的显著特点是量大面广，因此世界上各大公司在提高单片机性能的同时，进一步降低价格，提高性价比是各大公司竞争的主要策略。

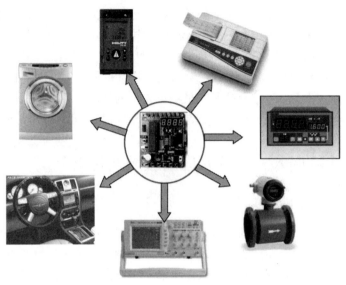

图 1.8　单片机应用领域示意图

图 1.9　汽车电控系统中的单片机应用

（2）集成度高、体积小、可靠性高。

单片机把各种功能部件集成在一块芯片上，内部采用总线结构，减少了各部件之间的连线，这种结构大大提高了单片机的可靠性与抗干扰能力。对于强电磁环境宜采取屏蔽措施，使单片机适合在恶劣环境下工作。

（3）实时性强。

单片机是面向控制设计的，指令有很强的控制功能，且处理速度快。单片机的逻辑控制功能及运行速度均高于同档次的微型计算机，能完成从简单到复杂的各种定时控制任务。

（4）低电压、低功耗。

单片机广泛应用于便携式产品和家用消费类产品，因此低电压和低功耗的特点非常重要。许多单片机可在 2.2V 的电压下运行，有些甚至能在 1.2V 或 0.9V 的电压下工作，具有较大的电压工作范围，因此对电源要求不高。单片机功耗可降至微安级，一粒纽扣电池即可使其长期工作。

项目一　跑马灯的设计与制作

项目介绍：这个项目是用单片机控制 8 个发光二极管，由程序控制 LED 的亮灭状态。由这一硬件电路可设计出多个任务，通过每个任务带领读者在做中学、边学边做。

电路图：跑马灯实物图如图 1.10 所示。点亮 8 个发光二极管的电路原理图如图 1.11 所示。

元件清单：单片机（AT89S51 或 STC89C51），40 个引脚插座；LED×8；电阻 200Ω×8、10kΩ×1；电容 30pF×2、10μF×1；石英晶体 6MHz×1；万能焊接板×1；单股导线；+5V 直流电源。

项目一　任务 1　点亮 8 个发光二极管

要求：用单片机来控制 8 个发光二极管，使其发光。

分析：单片机控制发光二极管的电路如何连接？单片机中的程序如何编写？程序如何输入到单片机中？需要操作什么软件？

1.3　用单片机点亮 8 个发光二极管

1.3.1　实物图

跑马灯实物图如图 1.10 所示。

1.3.2　步骤

步骤 1，连接电路，与实物图相对应的电路原理图如图 1.11 所示。

图 1.10　跑马灯实物图

按图 1.11 在万能焊接板上连接好电路，注意 40 脚接+5V 电源，20 脚接地（图中没有画出），晶振 X1（6MHz）要尽量靠近 18 脚、19 脚。单片机不要直接焊接在电路板上，而是通过管座与电路板相连，这样便于从电路板上插拔单片机。

步骤 2，在 Keil C 环境下编写点亮发光二极管的程序，Keil C 的操作界面如图 1.12 所示（这种过程的具体操作步骤可参考第 2 章）。

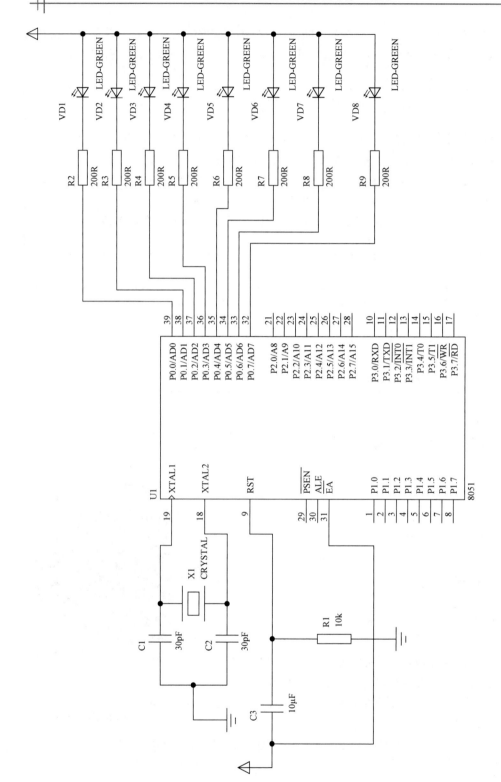

图 1.11　点亮 8 个发光二极管的电路原理图

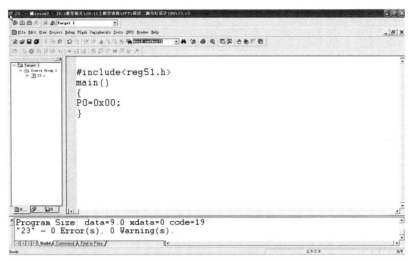

图 1.12   Keil C 的操作界面

程序经过编译后生成十六进制文件（.hex）。

步骤 3，通过编程器或下载电路将上面已生成的.hex 文件烧入单片机中（这一步的具体操作可参考 3.3 节）。

步骤 4，将已烧写了程序的单片机插入管座，电源通电，可以看见 8 个发光二极管都亮；如果拔掉单片机或用没有烧写程序的单片机替代，则 8 个发光二极管都灭。

读者可在教师的指导下或自己独立进行以上操作，虽然其中有很多知识点还不是很清楚，但后期将逐步对各方面展开学习。这里的主要目的是通过自己动手，使读者建立对单片机的感性认识，建立自信心，培养对单片机的兴趣。下面引入单片机的相关知识。

1.4   知识链接：MCS-51 系列单片机

1.4.1   MCS-51 系列单片机内部功能简介

MCS-51 系列单片机是指以 8051 为核心发展起来的各类单片机型号的总称，这类单片机使用的是 8051 的 CPU 内核及指令系统。目前很多公司都提供这类产品，并在芯片中嵌入了很多其他功能和接口。本书仍以功能简单、价格便宜、有代表性的 8051 单片机为对象，使读者对 MCS-51 系列单片机有一个基本的了解。

单片机的内部结构图如图 1.13 所示，虚线框中是 8051 单片机的内部基本结构，包括以下几部分。单片机引脚图和引脚功能图如图 1.14 所示。

- 1 个 8 位的 CPU；
- 4KB 的程序存储器；
- 128B 的 RAM；
- 64KB 的程序存储器和数据存储器的寻址范围；
- 4 个 8 位 I/O 端口；

- 两个 16 位定时器/计时器；
- 两个优先级的 5 个中断源；
- 全双工串行口；
- 片内振荡器及时钟；
- 布尔处理器。

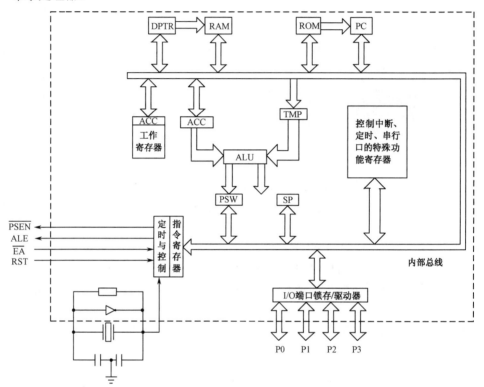

图 1.13 单片机的内部结构图

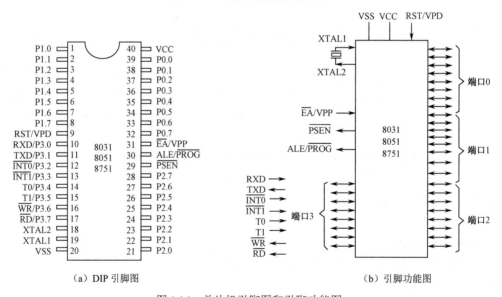

（a）DIP 引脚图

（b）引脚功能图

图 1.14 单片机引脚图和引脚功能图

1.4.2　引脚及功能介绍

1. 电源及晶振引脚

单片机电源连接图如图 1.15 所示。

VCC（40 脚）：+5V 电源引脚。

VSS（20 脚）：接地引脚。

重要提示：在制作单片机系统时，电源和地一定要分清楚，一般电源正极用红颜色的导线连接，地用黑颜色的导线连接。千万不要把电源与地弄反，也不要让它们短路，否则会造成严重的后果！

单片机的晶振连接图如图 1.16 所示。

XTAL1（19 脚）：外接晶振引脚（内置放大器输入端）。

XTAL2（18 脚）：外接晶振引脚（内置放大器输出端）。

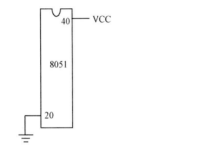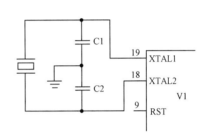

图 1.15　单片机电源连接图　　　　　　图 1.16　单片机的晶振连接图

2. 控制引脚

RST/VPD（9 脚）：复位/备用电源引脚。

ALE/PROG（30 脚）：地址锁存使能输出/编程脉冲输入。

如果没有使用 ALE 引脚，那么最好让它接地，以免对外辐射，造成干扰。一般在一个机器周期中有两个周期的 ALE 信号，ALE 先为高电平，这时 P0 口输出的为地址的低 8 位；然后 ALE 变为低电平，这时 P0 口输出的为数据。在 ALE 从高到低的负跳变时刻输出锁存信号，用于外部存储器锁存地址低 8 位。

$\overline{\text{PSEN}}$（29 脚）：输出访问片外程序存储器读选通信号。

$\overline{\text{EA}}$/VPP（31 脚）：外部 ROM 允许访问/编程电源输入，在没有外接程序存储器时应接高电平。例如，在使用 AT89S51 或 STC89C51 时，应将其接到电源正极。

3. 并行 I/O 口引脚

共有 4×8 = 32 个引脚。

P0.0～P0.7（32～39 脚）——P0 口，在扩展系统时作为地址（低 8 位）/数据复用线；用作普通 I/O 线时没有上拉电阻。

P1.0～P1.7（1～8 脚）——P1 口，一般作为普通 I/O 线使用，有内部上拉电阻。

P2.0～P2.7（21～28 脚）——P2 口，在扩展系统时作为地址线高 8 位；也可用作普通 I/O线，有内部上拉电阻。

P3.0～P3.7（10～17 脚）——P3 口，除了可作为普通 I/O 线使用，还有第二功能。

P0～P3 是单片机对外联络的重要通道。

‖‖ 1.5　单片机运行的基本过程 ‖‖

单片机具有如此神奇的功能，那么这些功能是如何实现的呢？单片机运行的基本过程如下。

（1）从存储器中取出下一条要执行的指令（取指）。

（2）对取出的指令进行识别（译码）。

（3）指挥运算器运算或控制数据传送（指挥）。

指令的执行顺序是由 16 位程序指针寄存器 PC 控制的，它具有 16 位字长，可寻址范围为 2^{16}（=64KB），它具有自动加 1 功能（计数器），从而保证顺序运行程序的功能。复位时，PC 值为 0，复位后程序从 0 开始运行。PC 值不能直接修改，但具有可被指令修改功能，从而执行跳转运行程序功能。单片机程序运行示意图如图 1.17 所示。

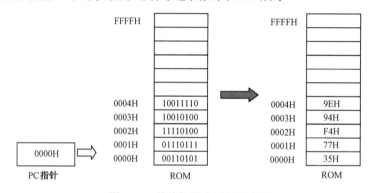

图 1.17　单片机程序运行示意图

‖‖ 1.6　单片机复位及复位电路、时钟电路、时序与机器周期 ‖‖

1.6.1　单片机复位及复位电路

1. 复位的作用

通过复位，单片机将进入初始状态，从第一条指令开始运行，故复位是对单片机进行初始化。如果程序死机，也需要复位来使单片机重新运行。复位时片内各寄存器的初始值如表 1.1 所示。

表 1.1　复位时片内各寄存器的初始值

寄存器名称	复位默认值	寄存器名称	复位默认值
PC	0000H	TMOD	00H
A	00H	TCON	00H
PSW	00H	TH0	00H

续表

寄存器名称	复位默认值	寄存器名称	复位默认值
B	00H	TL0	00H
SP	07H	TH1	00H
DPTR	0000H	TL1	00H
P0～P3	FFH	SCOM	00H
IP	xxx00000B	SBUF	xxxxxxxxB
IE	0xx00000B	PCOM	0xxx0000B

2. 复位条件

在 RST/VPD 引脚端出现满足复位时间要求的高电平状态，该时间等于系统时钟振荡周期建立时间加两个机器周期时间（一般不小于 10ms）。

3. 复位电路

单片机的复位电路图如图 1.18 所示。

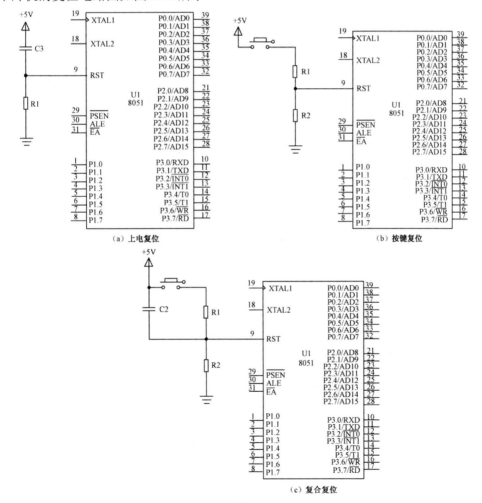

图 1.18　单片机的复位电路图

1.6.2 时钟电路

CPU 微操作必须在统一的时钟控制下才能正确进行。单片机系统的晶振及电路连接图如图 1.19 所示。

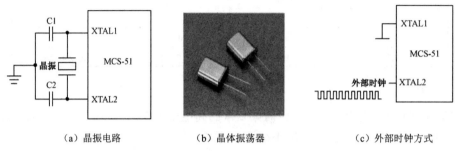

（a）晶振电路　　　　　　（b）晶体振荡器　　　　　　（c）外部时钟方式

图 1.19　单片机系统的晶振及电路连接图

图 1.19（a）所示为外接晶振通过内部电路产生时钟，图 1.19（c）所示为外部时钟方式。微调电容 C1、C2 的值约为 30pF。

晶振：石英晶体振荡器实物如图 1.19（b）所示。MCS-51 的振荡频率一般为 6～12MHz。

> **小知识：晶振**
> 晶振是石英晶体的简称，它最重要的参数是频率。在具有晶振的振荡电路中，输出振荡信号的频率一般等于晶振的频率。晶振可以保证给电路提供一个可靠准确的时钟信号。从一定意义上讲，时钟的准确性与可靠性取决于晶振的准确性与可靠性。

1.6.3 时序的概念

时序是计算机指令执行时各种微操作在时间上的顺序关系，其作用是保证 CPU 中各种微操作的有序运行。

单片机时序定时单位共有 4 个参数：拍（振荡周期、时钟周期）P、状态周期 S、机器周期、指令周期。

- 一个状态周期（S）包含两个拍（P）。
- 一个机器周期由 6 个状态周期（S）或 12 个拍（P）组成。
- 一个指令周期为 1～4 个机器周期。

单片机的机器周期图如图 1.20 所示。

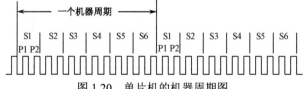

图 1.20　单片机的机器周期图

1.6.4　机器周期的计算

机器周期可由如下公式计算

$$T_机 = 12/f_{osc}$$

式中，f_{osc} 是晶体的频率。

机器周期是一个非常重要的概念，在与定时有关的问题中，一定会计算机器周期。

例如，外接晶振为 12MHz 时，MCS-51 单片机的 4 种时序周期的具体值为

振荡周期 $= 1/12\mu s$

状态周期 $= 1/6\mu s$

机器周期 $= 1\mu s$

指令周期 $= 1\sim4\mu s$

现在有很多新型快速单片机，一个机器周期包含的时钟周期数可能少于 12 个，也可能就是一个时钟周期，这时机器周期的计算公式就要进行相应修改。例如，单片机 STC12C5A60S2 可将机器周期设为 6T 方式，此时 $T_机 = 6/f_{osc}$。

‖ 1.7　补充知识：数制 ‖

1.7.1　十进制数

特点：有 10 个不同的数字（0～9），逢十进位。

权的概念：每个数位被赋予一定的位值。

例如，在十进制数中，个、十、百、千……各位的权分别为 10^0，10^1，10^2，10^3…

十进制数权的展开式：$(978.3)_{10} = 9\times10^2 + 7\times10^1 + 8\times10^0 + 3\times10^{-1}$。

1.7.2　二进制数

特点：只有两个数字 0 和 1，逢二进位。

二进制数权的展开式：$(10101)_2 = 1\times2^4 + 0\times2^3 + 1\times2^2 + 0\times2^1 + 1\times2^0$。

公式：$(a_n a_{n-1} a_{n-2} \cdots a_0 a_{-1} \cdots a_{-m})_2 = a_n\times2^n + a_{n-1}\times2^{n-1} + a_{n-2}\times2^{n-2} + \cdots + a_0\times2^0 + a_{-1}\times2^{-1} + \cdots + a_{-m}\times2^{-m}$。

二进制数可在数字后面加"2"或"B"来表示。

1.7.3　二进制数与十进制数的相互转换

1. 十进制整数转换为二进制数

方法为"除以 2 取余，逆序排列"。

例如，$(89)_{10} = (1011001)_2 = 1011001B$

```
2|89
2|44……1
2|22……0
2|11……0
2|5 ……1
2|2 ……1
2|1 ……0
 0 ……1
```

2．十进制小数转换为二进制数

方法为"乘以 2 取整，顺序排列"。

例如，$(0.625)_{10} = (0.101)_2$

0.625×2=1.25（取 1）

0.25×2=0.5（取 0）

0.5×2=1（取 1）

3．二进制数转换为十进制数

公式：$(a_n a_{n-1} a_{n-2} \cdots a_0 a_{-1} \cdots a_{-m})_2 = a_n \times 2^n + a_{n-1} \times 2^{n-1} + a_{n-2} \times 2^{n-2} + \cdots + a_0 \times 2^0 + a_{-1} \times 2^{-1} + \cdots + a_{-m} \times 2^{-m}$。

按以上公式展开并求和，即得到对应的十进制数。

1.7.4　十六进制数

1．特点

有 16 个不同的数字（0～9，A，B，C，D，E，F），逢 16 进位，一个十六进制数相当于 4 位二进制数。其中 A～F 也可用小写字母表示，其意义不变。

一般可在数字后面加"16"或"H"来表示十六进制数，在 C 语言中常在数字的前面加"0x"来表示。

2．与二进制数的转换

二进制数转换为十六进制数：四位变一位。

十六进制数转换为二进制数：一位变四位。

例如，将十六进制数$(C5B.67)_{16}$转换为二进制数。

对应关系为

C－1100　5－0101　B－1011　6－0110　7－0111

结果为$(1100\ 0101\ 1011.0110\ 0111)_2$。

例如，将二进制数$(10\ 1101\ 0101.1111\ 01)_2$转换为十六进制数。

小数点前从右向左每 4 位一组合，小数点后从左向右每 4 位一组合，对应关系为

10（0010）－2　1101－D　0101－5　1111－F　0100－4

结果为$(2D5.F4)_{16}$=2D5.F4H=0x2D5.F4。

注意：划分位时，以小数点为基准，分别向两边划分，4 位为一个单位。最高位前可添 0 补齐 4 位，小数点最后一定要添 0 补齐 4 位。

1.7.5　有符号数的表示方法

有符号数：最高位为符号位，"0" 表示正数，"1" 表示负数。

无符号数：最高位不作为符号位，而当成数值位。

例如，真值+123→0111 1011B；

真值-123→1111 1011B。

二进制数有三种编码形式：原码、反码和补码。

1. 原码

二进制数的原形，可以是无符号数，也可以是有符号数。例如，8 位无符号原码数的范围是 0000 0000B～1111 1111B（0～FFH 或 0～255）；8 位有符号数的范围是 1111 1111B～0111 1111B（FFH～7FH 或-127～127）。

2. 反码

正数的反码与原码相同；负数的反码：符号位不变，数值部分按位取反。例如，原码 1000 0100B→反码 1111 1011B。

3. 补码

正数的补码与原码相同；负数的补码为其反码加 1，但原符号位不变。例如，原码 1000 0100B→补码 1111 1100B。

8 位无符号补码数的范围是 0000 0000B～1111 1111B（0～FFH 或 0～255）；8 位有符号补码数的范围是 1000 0000B～0111 1111B（80H～7FH 或-128～127）。

补码的用途：将减法运算转换为加法运算。

例如，123-125=0111 1011B+1000 0011B=1111 1110B=-2。

1.7.6　位、字节、字

位（bit）：二进制数中的一位，其值不是 "1"，就是 "0"。

字节（Byte）：一个 8 位的二进制数为一个字节。字节是计算机数据的基本单位。

字（Word）：两个字节为一个字，又叫双字节。

2^{10}=1K；2^{20}=1M；2^{30}=1G；1KB=1024Byte≠1000Byte。

1.7.7　BCD 码

BCD（Binary Coded Decimal）码：用二进制代码表示的十进制数。4 位二进制代码（半字节）可表示 1 位十进制数。

用一个字节表示两个十进制数——压缩的 BCD 码，如 1000 0111B 表示十进制的 87。

用一个字节表示一位十进制数——非压缩的 BCD 码，如 0000 0111B 表示十进制的 7。

1.7.8 ASCII 码

字母和字符的二进制数表示——ASCII 码（American Standard Code for Information Interchange，美国国家信息交换标准字符码）。

它采用 7 位二进制编码表示 128 个字符，其中包括数码 0～9 及英文字母等可打印的字符。例如，A→100 0001B→41H；0～9→30H～39H。ASCII 码表如表 1.2 所示。

表 1.2 ASCII 码表

十六进制行	列	0	1	2	3	4	5	6	7
	二进制位	000	001	010	011	100	101	110	111
0	0000	NUL	DLE	SPACE	0	@	P	、	P
1	0001	SOH	DC1	!	1	A	Q	a	q
2	0010	STX	DC2	"	2	B	R	b	r
3	0011	ETX	DC3	#	3	C	S	c	s
4	0100	EOT	DC4	$	4	D	T	d	t
5	0101	END	NAK	%	5	E	U	e	u
6	0110	ACK	SYN	&	6	F	V	f	v
7	0111	BEL	ETB	'	7	G	W	g	w
8	1000	BS	CAN	(	8	H	X	h	x
9	1001	HT	EM	)	9	I	Y	i	y
A	1010	LF	SUB	*	:	J	Z	j	z
B	1011	VT	FSC	+	;	K	[	k	{
C	1100	FF	FS	,	<	L	\	l		
D	1101	CR	GS	-	=	M	]	m	}
E	1110	SO	RS	.	>	N	^	n	~
F	1111	SI	US	/	?	O	_	o	DEL

‖ 小   结 ‖

本章首先展示了一个以单片机为核心的应用实例——单片机控制跑马灯，通过它来建立对单片机的初步认识；然后提出了单片机的概念及最基本的结构，并展开了关于单片机的发展、应用领域、特点的介绍；接着通过项目一（跑马灯的设计与制作）的第一个任务——点亮 8 个发光二极管使读者建立对单片机及其开发过程的感性认识，并建立自信心，培养读者对单片机的兴趣；随后介绍了标准 8051 单片机的特点、引脚及其功能，并引入了时钟、复位等概念；最后补充了关于二进制数等基本知识。本章的重点如下。

（1）识别单片机；了解单片机的特点。

（2）8051 单片机的引脚分布。

（3）复位电路。

（4）机器周期及其计算。

‖ 习　　题 ‖

一、填空题

1．计算机中数据的存放是以＿＿＿为单位的（用 Byte 表示，可简写为 B），1B=＿＿位，1KB=＿＿＿B。

2．微处理器由＿＿＿＿＿＿＿、＿＿＿＿＿＿＿、＿＿＿＿＿＿＿＿＿三部分组成。

3．计算机系统的三大总线是指＿＿＿＿＿＿＿、＿＿＿＿＿＿＿、＿＿＿＿＿＿＿。当单片机系统进行扩展时，一般用 P0 口作为＿＿＿＿＿＿＿＿＿＿＿总线，用 P0 口和 P2 口作为＿＿＿＿＿＿＿总线。

4．如果 8051 单片机晶振频率为 12MHz，则时钟频率为＿＿＿＿＿＿＿＿＿＿＿，机器周期为＿＿＿。

5．8051 单片机复位的条件是＿＿＿＿＿＿＿＿；复位方法一般采用＿＿＿＿＿＿＿＿＿＿复位和＿＿＿＿＿＿＿复位两种，复位后 PC 的值为＿＿＿＿＿＿＿，P0～P3 口的值为＿＿＿＿＿＿＿＿。

6．一个机器周期等于＿＿＿＿＿＿状态周期，振荡脉冲 12 分频后产生的时序信号的周期定义为＿＿＿＿周期。

二、选择题

1．下列不是构成单片机的部件有（　　　）。

A．微处理器（CPU）　　　　　　　　　B．存储器

C．接口适配器（I/O 端口电路）　　　　D．打印机

2．下列不是单片机总线的是（　　　）。

A．地址总线　　　　　B．控制总线　　　　　C．数据总线　　　　　D．输出总线

3．关于 MCS-51 的时钟问题，以下说法正确的是（　　　）。

A．晶振频率=机器频率　　　　　　　　B．12×晶振周期=机器周期

C．所有指令周期=机器周期　　　　　　D．12×状态周期=机器周期

4．关于 PC 寄存器，以下说法正确的是（　　　）。

A．可以对 PC 直接读写　　　　　　　　B．单片机复位后 PC 指向 RAM 的 0000H

C．单片机复位后 PC 指向 ROM 的 0000H　　D．执行完一条指令后 PC 自动减 1

5．MCS-51 系统中，若晶振频率为 8MHz，则一个机器周期等于（　　　）μs。

A．1.5　　　　　　　B．3　　　　　　　　C．1　　　　　　　D．0.5

三、问答题

1．单片机的主要用途是什么？列举你所知道的目前应用较为广泛的单片机种类。

2．计算机字长的含义是什么？8051 单片机的字长是多少？

3．请介绍单片机的应用领域并举一个具体例子，说明单片机在其中所起的作用。

4．请说明单片机的主要特点。

5．请说明当今单片机发展的方向有哪些？

6．单片机与通用微机有什么异同？

7．请画出单片机组成的结构框图，并加以说明。

8．8051 单片机复位后的状态如何？复位方法有几种？画出常用的两种复位电路。

9．$\overline{EA}$/VPP 引脚有何功用？在 89C51 单片机应用系统中 $\overline{EA}$/VPP 引脚如何连接，为什么？8031 的 $\overline{EA}$ 引脚应如何处理，为什么？

10．什么是时钟周期？什么是机器周期？什么是指令周期？89C51 CPU 机器周期与时钟周期是什么关系？如果晶振频率为 12MHz，则一个机器周期是多少微秒？

11．请说明复位电路的作用。

12．请说明单片机运行的基本过程。

13．请画出单片机的最小系统。

14．根据你的理解，请说明单片机系统制作的过程。

四、补充习题

1．计算机中最常用的字符信息编码是（　　　）。

A．ASCII　　　　　　　B．BCD 码　　　　　　　　C．余 3 码　　　　　　　　D．循环码

2．十六进制数 7 的 ASCII 码是（　　　）。

A．37H　　　　　　　　B．7　　　　　　　　　　　C．07　　　　　　　　　　D．47H

3．在计算机中，字符的编码普遍采用的是（　　　）。

A．BCD 码　　　　　　　B．十六进制　　　　　　　C．格雷码　　　　　　　　D．ASCII 码

4．将下列各无符号二进制数转换为十进制数。

①11010101B；②11010011B；③10101011B；④10111101B。

5．将下列各数转换为二进制数。

①215D；②253D；③01000011BCD；④00101001BCD。

6．已知原码如下，写出其反码和补码（其最高位为符号位）。

①[X]原=01011001B；②[X]原=00111110B；③[X]原=11011011B；④[X]原=11111100B。

7．当微机把下列数看成无符号数时，它们相应的十进制数为多少？如果把它们看成补码，最高位为符号位，那么它们相应的十进制数是多少？

①10001110B；②10110000B；③00010001B；④01110101B。

第2章

Keil C 的操作及单片机的存储器、I/O 端口

目　　的：通过操作 Keil C 软件，熟悉单片机编程及相关操作的过程；通过对单片机存储器的介绍，熟悉单片机存储器的结构。通过测试单片机的 I/O 端口电压，了解 I/O 端口的状态；通过相关知识介绍，熟悉单片机 4 组 I/O 端口的结构特点。

知识目标：掌握单片机程序的基本组成，掌握单片机存储器的结构。熟悉 4 组端口，特别是 P0、P1 的内部结构及其特点。

技能目标：能使用 Keil C 软件；能在 Keil C 环境下编写程序并进行编译等操作。能测试端口的电流电压，能通过编程改变 I/O 端口的电平状态。

素质目标：学习新软件、新工具的使用方法，养成良好的学习习惯，特别是理论联系实际的习惯。

教学建议：

微课 2：第 2 章教学建议

重点内容		1. Keil C 软件的操作过程
		2. 8051 存储器结构（这也是难点及学习单片机的关键）
		3. I/O 端口复位状态
		4. 各端口结构特点
		5. 各端口的作用与功能
教	教 学 难 点	8051 存储器的结构；地址与存储容量的关系；各端口结构的讲解
	建 议 学 时	10 学时
	教 学 方 法	通过教师在机房演示学习，每人操作一台计算机来熟悉 Keil C 软件的操作过程；通过与日常生活中的类比讲述存储器的结构。通过各端口电平的测量及编程改变其状态，使学生掌握各端口的电平状态及特点；通过内部电路讲解说明为什么具有这些特点及使用中应注意的问题
学	学 习 难 点	8051 存储器结构的理解；Keil C 的操作步骤；各端口结构的理解
	必备前期知识	计算机操作；存储器；门电路
	学 习 方 法	通过跟随教师的操作，掌握 Keil C 软件的操作步骤；通过与日常生活中的类比，理解 8051 存储器的结构；通过测量与编程改变端口电平，掌握各端口的特点；通过复习数字电路，特别是门电路的知识，结合教师的讲解，理解各端口为什么具备各自的特点

‖ 2.1　Keil C 软件的操作 ‖

1. Keil C 软件的启动

2-1　安装 Keil μV5

前面已经介绍了 Keil C 软件，那么该怎样操作这一软件呢？下面以任务 2 为例介绍操作步骤。

Keil C51 软件是众多优秀单片机应用开发软件之一，它集编辑、编译、仿真于一体，支持汇编语言、PLM 语言和 C 语言，界面友好，易学易用。下面介绍 Keil C51 软件的使用方法。

启动 Keil C51 时的屏幕如图 2.1 所示，几秒钟后，进入 Keil C51 编辑界面，如图 2.2 所示。

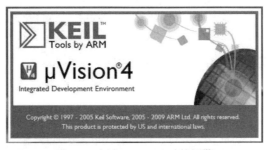

图 2.1　启动 Keil C51 时的屏幕

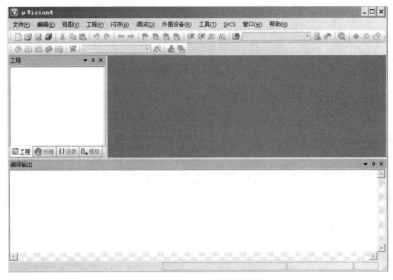

图 2.2　Keil C51 编辑界面

2．简单程序的调试

学习程序设计语言或某种程序软件最好的方法是直接实践操作，下面通过简单的编程、调试，引导大家学习 Keil C51 软件的基本使用方法和基本的调试技巧。

（1）建立一个新工程，单击"工程"选项卡，在弹出的下拉菜单中选中"新建 μVision 工程"选项，如图 2.3 所示。

（2）选择要保存的路径，输入工程文件的名字。例如，保存到 00 目录里，工程文件名为 00。要养成每进行一个项目就建一个单独文件夹的习惯，这样便于管理与查找，将同一项目的不同文件散放到不同文件夹是一个坏习惯。保存一个项目如图 2.4 所示，单击"保存"按钮。

图 2.3　新建一个工程

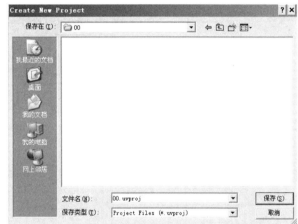

图 2.4　保存一个项目

（3）这时会弹出一个对话框，要求选择单片机的型号，可以根据所使用的单片机型号来选择。Keil C51 几乎支持所有 51 核单片机，本书以常用的 Atmel 的 89C51 来说明，如图 2.5 所示。选择 89C51 之后，右边栏是对这个单片机的基本说明，单击"确定"按钮。

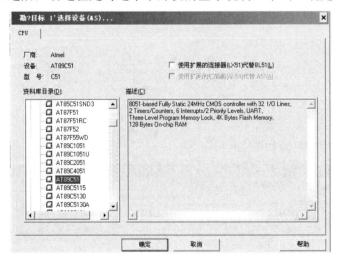

图 2.5　选择一个器件

（4）选择完器件后的界面如图 2.6 所示，一般单击"否"按钮，项目建立完毕的界面如图 2.7 所示。

图 2.6　选择完器件后的界面

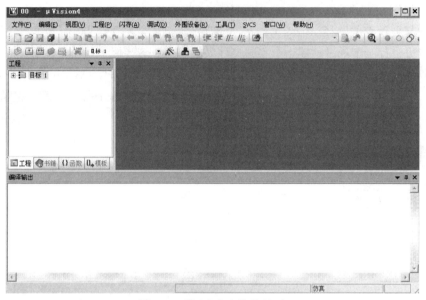

图 2.7　项目建立完毕的界面

下面开始编写第一个程序。

（5）新建一个文件如图 2.8 所示，单击"文件"选项卡，在下拉菜单中单击"新建"选项。

图 2.8　新建一个文件

新建一个文件后的界面如图 2.9 所示。

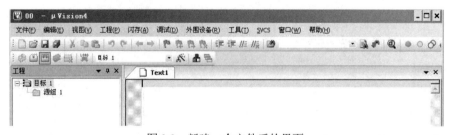

图 2.9　新建一个文件后的界面

此时光标在编辑窗口闪烁，这时可以输入用户的应用程序，但编者建议首先保存该空白文件，单击"文件"选项卡，在下拉菜单中单击"另存为"选项，保存一个新建的文件如图 2.10 所示。在"文件名"文本框中，输入文件名，同时必须输入正确的扩展名。注意，如果用 C 语言编写程序，则扩展名必须为.c；如果用汇编语言编写程序，则扩展名必须为.asm。单击"保存"按钮。

图 2.10　保存一个新建的文件

（6）回到编辑界面后，单击"目标 1"前面的"+"号，右击"源组 1"，会弹出如图 2.11 所示的将文件添加到项目中去的选项图。

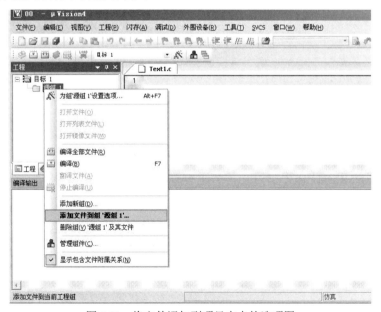

图 2.11　将文件添加到项目中去的选项图

单击"添加文件到'源组 1'"选项，会弹出如图 2.12 所示的选择添加的文件对话框。

图 2.12　选择添加的文件对话框

选中"Text1.c"文件，单击"添加"按钮及"关闭"按钮，会出现将文件添加到项目中后的界面图，如图 2.13 所示。

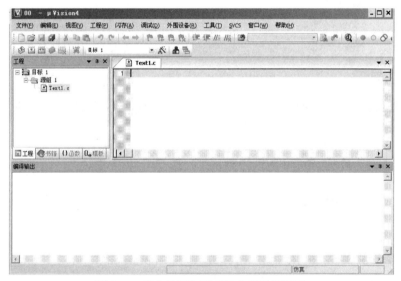

图 2.13　将文件添加到项目中后的界面图

此时"源组 1"文件夹中会多出一个子项"Text1.c"。子项的数量与所增加的源程序的数量相同。

（7）现在，请输入如下 C 语言源程序：

```c
#include <reg52.h>              //包含文件
#include <stdio.h>
void main(void)                 //主函数
{
    SCON=0x52;
    TMOD=0x20;
    TH1=0xf3;
```

```
        TR1=1;                          //此行及以上 3 行为 printf 函数所必需的
        printf("Hello I am KEIL. \n");   //打印程序执行的信息
        printf("I will be your friend.\n");
        while(1);
    }
```

　　在输入上述程序时，读者可以发现事先保存待编辑文件的好处，即 Keil C51 会自动识别关键字，并以不同的颜色提示用户加以注意，这样用户会少犯错误，有利于提高编程效率。上面的程序现在还不要求理解，以后会逐步学习。将程序输入后的界面图如图 2.14 所示。

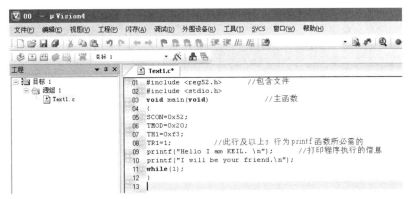

图 2.14　将程序输入后的界面图

　　（8）在图 2.14 中，先单击"工程"选项卡，在下拉菜单中单击"编译"选项（或使用快捷键"F7"）。编译成功后，再单击"调试"选项卡，在下拉菜单中单击"启动/停止仿真调试"选项（或使用组合键"Ctrl+F5"），启动调试后的界面图如图 2.15 所示。

图 2.15　启动调试后的界面图

　　（9）调试程序：在图 2.14 中，先单击"调试"选项卡，在下拉菜单中单击"运行"选项

（或使用快捷键"F5"）；然后单击"调试"选项卡，在下拉菜单中单击"停止"选项（或使用快捷键"Esc"）；再单击"视图"选项卡，在下拉菜单中单击"串口窗口"中的"UART #1"选项，就可以看到程序运行后的界面图，如图 2.16 所示。

图 2.16　程序运行后的界面图

至此，在 Keil C51 上做了一个完整工程的全过程，但这只是纯软件的开发过程，如何使用程序下载器查看程序运行的结果呢？

（10）退出仿真环境（先单击"停止"按钮，再单击"启动/停止仿真调试"按钮），回到编辑界面。单击"工程"选项卡，在下拉菜单中单击"为目标'目标 1'设置选项"选项，单击"输出"→"产生 HEX 文件"选项，使程序编译后产生 HEX 代码，供下载器软件使用。把程序下载到 AT89S51 单片机中，即下载到单片机的程序存储器中。产生下载文件的界面图如图 2.17 所示。

2-2 使用 Keil µV5

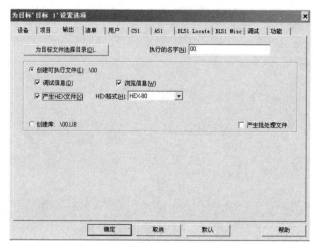

图 2.17　产生下载文件的界面图

那么，单片机的存储器结构又是怎样的呢？下面进行介绍，对于任何一种嵌入式芯片或系统而言，它的存储器结构是最关键、最重要的部分，一定要掌握。

‖ 2.2　MCS-51 系列单片机存储器的结构 ‖

计算机存储器地址空间有两种结构形式：冯·诺依曼结构（普林斯顿结构）和哈佛结构，如图 2.18 所示。

MCS-51 系列单片机采用哈佛结构，即程序存储器与数据存储器分开编址。8051 单片机的程序存储器配置和 8051 单片机的存储器配置如图 2.19 和图 2.20 所示。

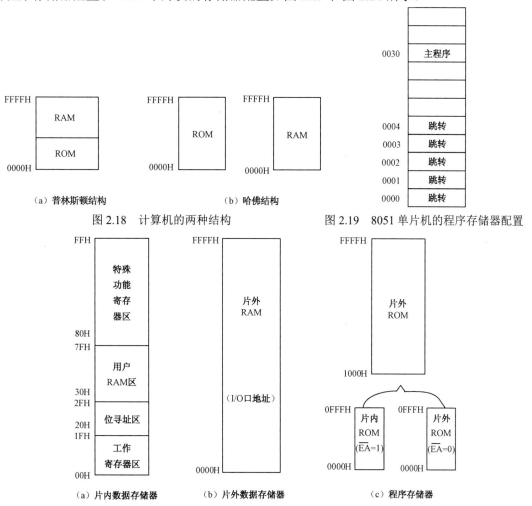

图 2.18　计算机的两种结构　　　　　图 2.19　8051 单片机的程序存储器配置

图 2.20　8051 单片机的存储器配置

MCS-51 系列单片机的存储器共有 4 个物理存储空间（片内、外 RAM，片内、外 ROM），或 3 个逻辑存储空间（片内数据存储空间、片外数据存储空间及内外统一编址的程序存储空间）。

2.2.1 程序存储器

程序存储器的主要作用是存放程序、表格或常数（非易失性——掉电保存）。在 Keil C 软件中生成的.hex 文件通过编程器或下载电路放到这一区域。程序存储器的字长是 8 位。标准 8051 程序存储器的容量是 4KB。1KB=1024 字节（0～03FFH），4KB=4096 字节（0～0FFFH），8KB=8192 字节（0～1FFFH）……

8051 的片内 ROM 只有 4KB，而通过扩展最大能达到 64KB。

ROM 的 6 个特殊存储器单元引导程序跳转。

0000H：跳转到复位后程序自动运行的首地址。

0003H：跳转到外部中断 0 入口地址。

000BH：跳转到定时器 0 溢出中断入口地址。

0013H：跳转到外部中断 1 入口地址。

001BH：跳转到定时器 1 溢出中断入口地址。

0023H：跳转到串行口中断入口地址。

程序一般应安排在 0030H 地址以后。8051 的内部数据存储器如图 2.21 所示。

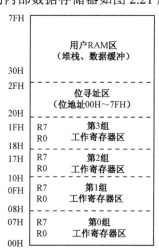

图 2.21　8051 的内部数据存储器

当 $\overline{\text{EA}}$ 引脚接高电平时，4KB 以内的地址在片内 ROM 中，大于 4KB 的地址在片外 ROM 中，两者共同构成 64KB 空间；当 $\overline{\text{EA}}$ 引脚接低电平时，片内 ROM 被禁用，全部 64KB 地址都在片外 ROM 中。

由于现在的单片机一般都有足够容量的片内 ROM，故 $\overline{\text{EA}}$ 引脚一般接高电平。

8051 单片机的寄存器如表 2.1 所示。

表 2.1　8051 单片机的寄存器

符　号	地　址	功 能 介 绍
B	F0H	B 寄存器
ACC	E0H	累加器
PSW	D0H	程序状态字
IP	B8H	中断优先级控制寄存器

续表

符　号	地　址	功 能 介 绍
P3	B0H	P3 口锁存器
IE	A8H	中断允许控制寄存器
P2	A0H	P2 口锁存器
SBUF	99H	串行口锁存器
SCON	98H	串行口控制寄存器
P1	90H	P1 口锁存器
TH0	8DH	定时器/计数器 0（高 8 位）
TH1	8CH	定时器/计数器 1（高 8 位）
TL1	8BH	定时器/计数器 1（低 8 位）
TL0	8AH	定时器/计数器 0（低 8 位）
TMOD	89H	定时器/计数器方式控制寄存器
TCON	88H	定时器/计数器控制寄存器
DPH	83H	数据地址指针（高 8 位）
DPL	82H	数据地址指针（低 8 位）
SP	81H	堆栈指针
P0	80H	P0 口锁存器
PCON	87H	电源控制寄存器

2.2.2　内部数据存储器

数据存储器用于存放运算中间结果、数据暂存和缓冲、标志位、待调试程序等。MCS-51 单片机的数据存储器由片内数据存储器和片外数据存储器两部分组成。它们在物理结构和逻辑上都是相互独立的。

MCS-51 单片机的片内数据存储器由两部分组成，一部分为内部 RAM 区，地址为 00H～7FH；另一部分是特殊功能寄存器区，离散分布在地址为 80H～FFH 的区域。

低 128B（00H～7FH）为普通 RAM 区；

高 128B（80H～FFH）为特殊功能寄存器区。

1. 低 128 字节的区域

> **小知识**：寄存器（Register）与存储器（Memory）的概念
>
> 寄存器是指一些由与非门构成的结构，而存储器则由 MOS 管构成。寄存器访问速度快，但是所占面积大。而存储器所占面积小，可以集成较大容量，但访问速度较慢。
>
> 在 51 单片机中两者差别不大，甚至部分寄存器和存储器是重合的，如 Rn 与①区 RAM，SFR 与高 128 字节 RAM 区。

（1）工作寄存器区（00H～1FH）：有 4 组工作寄存器组 Rn（n=0～7），每组 8 个，共 32 个工作寄存器。利用 Rn 寄存器进行编程可以提高编程效率。

① 不必考虑存储单元的具体地址。

② 可在同名 Rn 之间进行快速切换。

③ 寄存器寻址执行指令的速度快。

（2）位寻址区：共有 16 个字节单元（20H～2FH），又可划分为 128 个位地址单元（00H～7FH）。可按两种方式存取数据，既可按字节存取 8 位数据，也可按位存取 1 位数据，这给用户操作带来很大方便，可以增强存储器对数据处理的灵活性。由于可以按位存取，故每一字节的每一位都有一个地址，从低字节 20H 的最低位开始位地址为 00，一直到高字节 2FH 的最高位位地址为 7FH，共 128 个位地址。

（3）用户 RAM 区：共有 80 个字节单元（30H～7FH），但只能按字节进行数据存取操作。

2. 高 128 字节 RAM 区

在 80H～FFH 的高 128 字节 RAM 区中，离散地分布着 21 个特殊功能寄存器（Special Function Register），又称特殊功能寄存器区。

字节地址末位是 0 或 8 的 SFR 都具有位地址。这 21 个寄存器在单片机的控制中都有自己独特的作用，也是需要重点掌握的，在以后的介绍中，将逐步展开。

SFR 之外的其他存储单元用户均不可用（系统留用）。

2.2.3 外部数据存储器

MCS-51 单片机的外部数据存储器和外部设备的 I/O 端口是统一编址的，即把外部设备当成外部数据存储器来处理，这样方便对外部设备进行操作。这一寻址空间，地址可达 64KB（0000H～FFFFH），它的地址和 ROM 是重叠的。8051 从硬件上通过不同的选通信号来选通 ROM 和 RAM，从外部 ROM 取指令使用选通信号 $\overline{\text{PSEN}}$，而从外部 RAM 读数据用选通信号 $\overline{\text{RD}}$，通过软件使用不同的指令从 ROM 或 RAM 中读数据，因此二者不会因地址重叠而出现混乱。

> ## 项目一 任务 3 测试与改变 I/O 端口的状态
>
> 要求：测试单片机未写入程序之前 I/O 端口的状态，并将 P1 口都变为低电平。
>
> 任务分析：单片机在裸机或复位状态下，每一引脚电平状态是怎样的？能否改变？如何改变？

‖ 2.3 I/O 端口的测试 ‖

在已制作的跑马灯单片机系统中，装上没有写入任务程序的单片机后，测试 P0、P1、P2、P3 口各引脚的状态。结果是 P0 口为高阻状态，P1～P3 口为高电平，这也是单片机复位时各端口的状态。

改变端口的状态，将其中的单片机写入下面的程序，测试 P1 口的电平。

程序如下。

```
#include<reg51.h>
main()
{
    P1=0;
}
```

结果是 P1 口各引脚变为低电平，可见可以通过程序改变端口输出的电平。

那么，为什么与数字电路不一样，引脚的状态能够通过程序改变呢？单片机的端口结构是怎样的？又有何特点？下面将阐述这个问题。

2.4　I/O 端口的内部结构与特点

2.4.1　P1 口的结构组成

P1.n：1 个锁存器+1 个场效应管驱动器+2 个三态门缓冲器。P1 口引脚的内部结构如图 2.22 所示，P1 口具有输出、读引脚、读锁存器三种工作方式。

输出：D 端=1→$\overline{Q}$=0→V 截止→P1.n=1；D 端=0→$\overline{Q}$=1→V 导通→P1.n=0。

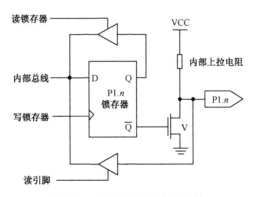

图 2.22　P1 口引脚的内部结构

读引脚：读引脚三态门控制信号"读引脚"为 1，打开三态门，P1.n 引脚的状态进入内部总线。

读锁存器：读锁存器控制信号"读锁存器"为 1，打开三态门，锁存器 Q 端状态通过三态门 2 进入内部总线。

场效应管 V 的状态会影响 P1.n 的状态，如 V 导通→P1.n 电平≡0（钳位），可能造成读引脚出错。为正确读出 P1.n 引脚电平，需要在读引脚前先使 V 截止，令 D=1→$\overline{Q}$=0→V 截止→读 P1.n→不会出错。

可见，P1 口作为输入时是有条件的（应先写 1），而作为输出时无条件，因此称 P1 口为准双向口。

2.4.2 P0 口的结构组成

P0.n：1 个锁存器+2 个三态缓冲器+1 个输出控制电路（非门 X、与门 A、电子开关 MUX）+1 个输出驱动电路（场效应管 V2、V1）。P0 口引脚的内部结构如图 2.23 所示。

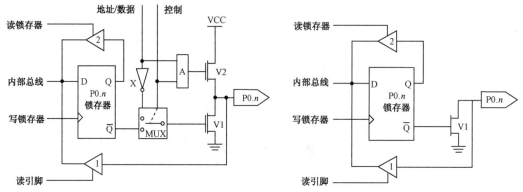

图 2.23 P0 口引脚的内部结构

P0 口既可以作为通用 I/O 端口实现输入/输出功能，也可以作为单片机地址/数据线实现外设扩展功能。

（1）P0 口作为通用 I/O 端口使用时，控制端=0→MUX 打到下端→$\overline{Q}$ 与 V1 栅极接通，引脚与锁存器相连，同时封锁与门，A≡0→地址/数据端与 A 输出无关，V2 截止使 V1 漏极断开。为使漏极开路的 V1 有效，必须通过外接上拉电阻与电源接通，上拉电阻的阻值一般为 4.7Ω～10kΩ。此时，P0 口与 P1 口作为通用 I/O 端口使用是一样的。注意：P1～P3 口无须外接上拉电阻（已有内部上拉电阻）。

（2）P0 口作为地址/数据线时（控制端=1），MUX 打到上端，与地址/数据线相连，引脚也与内部地址/数据线相连，作为地址/数据线引脚使用，不是通用 I/O 端口。此时，地址/数据线端无条件输入/输出，是严格意义上的双向口，地址/数据线方式下没有漏极开路问题，无须外接上拉电阻。

各端口的特点如表 2.2 所示。

2-3 P3 口的结构组成   2-4 P2 口的结构组成

表 2.2 各端口的特点

内部电路	端口			
	P0	P1	P2	P3
D 锁存器	√	√	√	√
MUX 开关	√		√	
输出控制	√		√	√
内部上拉电阻		√	√	√

可见，P1 口一般只作为通用 I/O 端口使用，其他端口除可作为通用 I/O 端口使用外，P0

口与 P2 口在扩展存储器时，还可作为地址总线使用，P0 口同时兼作为数据总线，P3 口具有第二功能。MCS-51 单片机的端口到底是作为什么功能使用并不需要人们去设定，只要编写的程序涉及端口的使用，内部电路会自动辨别设定，这给人们的使用带来了很大的方便。

结论：①每一端口在输入时必须先写"1"。如要将 P1 端口的状态给变量 a，应这样编写程序"P1=0xff; a=P1;"。②P0 口在用通用 I/O 端口时要接上拉电阻。

小知识：漏极开路与上拉电阻

上拉就是将不确定的信号通过一个电阻钳位在高电平，电阻同时起限流作用。上拉电阻就是将电源高电平引出的电阻接到输出。如果电平用 OC（集电极开路，TTL）或 OD（漏极开路，CMOS）输出，那么不用上拉电阻是不能工作的。这个很容易理解，管子没有电源就不能输出高电平。如果输出电流比较大，输出的电平就会降低（电路中已经有了一个上拉电阻，但是电阻值太大，压降太高），可以用上拉电阻提供电流分量，把电平"拉高"（就是并联一个电阻在 IC 内部的上拉电阻上，让它的压降小一点）。当然，管子按设计需要工作在线性范围内的上拉电阻不能太小，也可用这个方式来实现门电路电平的匹配。下拉同理。上拉是指对器件注入电流，下拉是指输出电流。

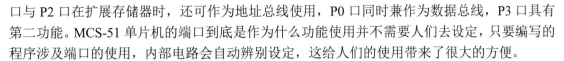

2.5　补充知识：数字电子技术相关内容

2.5.1　基本逻辑门

在数字电路中，门电路是最基本的逻辑元件，它的应用极为广泛。所谓"门"，就是一种开关，在一定条件下允许信号通过，条件不满足时信号就不能通过。因此，门电路的输入信号与输出信号之间存在一定的逻辑关系，所以门电路又称逻辑门电路。基本的逻辑门电路有"与"门、"或"门和"非"门。

在分析逻辑门电路时只有两种相反的工作状态，用"1"和"0"来表示。例如，开关接通为"1"，断开为"0"；电灯亮为"1"，灭为"0"；晶体管截止为"1"，饱和为"0"；信号的高电平为"1"，低电平为"0"等。"1"是"0"的反面，"0"也是"1"的反面。用逻辑关系式表示，则为

$$1=\overline{0} \text{ 或 } 0=\overline{1}$$

1. 与

图 2.24 所示为"与"运算电路，其中，开关 A 和 B 串联，只有当 A 与 B 同时接通时（条件），电灯才亮（结果）。这两个串联开关所组成的就是一个"与"门电路，"与"逻辑关系可用下式表示：$Y=A \cdot B$。

它的意义是：

A	B	Y	$A \cdot B=Y$
断	断	灭	$0 \cdot 0=0$
通	断	灭	$1 \cdot 0=0$

断	通	灭	$0 \cdot 1 = 0$
通	通	亮	$1 \cdot 1 = 1$

上面右侧的关系式是逻辑"与"运算，或称为逻辑乘法运算。"与"门的表示符号如图 2.25 所示。

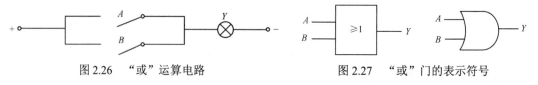

图 2.24　"与"运算电路　　　　　　　　图 2.25　"与"门的表示符号

2．或

图 2.26 所示为"或"运算电路，其中，开关 A 和 B 并联，只要当 A 接通或 B 接通，或 A 和 B 都接通（条件），电灯就亮（结果）。这两个并联开关所组成的就是一个"或"门电路，"或"逻辑关系可用下式表示：$Y=A+B$。

它的意义是：

A	B	Y	$A+B=Y$
断	断	灭	$0+0=0$
通	断	亮	$1+0=1$
断	通	亮	$0+1=1$
通	通	亮	$1+1=1$

上面右侧的关系式是逻辑"或"运算，或称为逻辑加法运算。"或"门的表示符号如图 2.27 所示。

图 2.26　"或"运算电路　　　　　　　　图 2.27　"或"门的表示符号

3．非

图 2.28 所示为"非"运算电路，其中，联动开关有两个触点，任意一个接通，另一个就断开，故用 A 和 $\overline{A}$ 表示。当 A 接通时，$\overline{A}$ 断开，电灯就灭。若 A 断开，则 $\overline{A}$ 接通，电灯就亮。这个开关所组成的就是一个"非"门电路，"非"逻辑关系可用下式表示：$Y=\overline{A}$。

它的意义是：

A	$\overline{A}$	Y	$\overline{A}=Y$
断	通	亮	$\overline{0}=1$
通	断	灭	$\overline{1}=0$

上面右侧的关系式是逻辑"非"运算。"非"门的表示符号如图 2.29 所示。

图 2.28　"非"运算电路　　　　　　　　图 2.29　"非"门的表示符号

图 2.30 所示为基本逻辑门真值表及电路表示符号，其中，上面一排是国际上常用的逻辑门符号，下面一排对应的是我国使用的国标符号。图 2.30（d）所示为"异或"门，当两输入信号相异时，输出为"1"；当两输入信号相同时，输出为"0"。图 2.30（e）所示为"与非"门，相当于一个"与"门后再接一个非门。图 2.30（f）所示为"或非"门，相当于一个"或"门后再接一个"非"门。

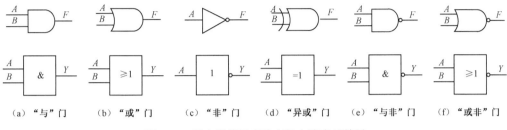

（a）"与"门　　（b）"或"门　　（c）"非"门　　（d）"异或"门　　（e）"与非"门　　（f）"或非"门

图 2.30　基本逻辑门真值表及电路表示符号

2.5.2　门电路

在数字逻辑系统中，门电路不是由有触点的开关组成，而是由二极管和晶体管等分立元件组成的，常用的是各种集成门电路。门电路的输入和输出信号都是用电位（或叫电平）的高、低来表示的，而电位的高、低则用"1"和"0"两种状态来区分。若规定高电位为"1"，低电位为"0"，则称正逻辑系统；若规定高电位为"0"，低电位为"1"，则称负逻辑系统。如果没有特殊注明，则采用的都是正逻辑系统。各种逻辑门的真值表如表 2.3 所示。

表 2.3　各种逻辑门的真值表

输　　入		输　　出					
A	B	与门	或门	非门*	异或门	与非门	或非门
0	0	0	0	1	0	1	1
0	1	0	1	1	1	1	0
1	0	0	1	0	1	1	0
1	1	1	1	0	0	0	0

*对于非门只考虑输入端 A 的电平。

1. TTL 门电路

TTL 门电路是数字电路中应用最广的门电路，基本门有"与"门、"或"门和"非"门。复合门有"与非"门、"或非"门、"与或非"门和"异或"门等。这种电路的电源电压为+5V，电源电压允许变化范围比较小，一般为 4.5～5.5V。高电平的典型值是 3.6V（高电平≥2.4V，合格），低电平的典型值是 0.3V（低电平≤0.45V，合格）。

2. CMOS 门电路

CMOS 门电路具有输入电阻高、功耗小、制造工艺简单、集成度高、电源电压变化范围大（3～18V）、输出电压摆幅大和噪声容限高等优点，因而在数字电路中得到了广泛的应用。

高电平的典型值是电源电压 VDD，低电平的典型值是 0V。由于 CMOS 门电路的输入电阻很高，容易受静电感应而造成击穿，使其损坏，因此使用时应注意以下几点。

（1）CMOS 门电路一定要先加 VDD，后加输入信号 V_i，而且应满足 VSS≤V_i≤VDD，工作结束时，先撤去输入信号，后去掉电源。

（2）首先要避免电源电压 VDD、VSS 超过极限电压，其次要注意电源电压的高低会影响电路的工作频率，绝对不允许接反。禁止在电源接通的情况下，装拆线路或器件。

说明：

VCC——C=circuit，表示电路，即接入电路的电压。

VDD——D=device，表示器件，即器件内部的工作电压。

VSS——S=series，表示公共连接，通常指电路公共接地端电压。

对于数字电路来说，VCC 是电路的供电电压，VDD 是芯片的工作电压（通常 VCC>VDD），VSS 是接地电压。

有些 IC 既有 VDD 引脚又有 VCC 引脚，说明这种器件自身带有电压转换功能。

在场效应管（或 COMS 器件）中，VDD 为漏极，VSS 为源极，VDD 和 VSS 指的是元件引脚，而不表示供电电压。

一般来说 VCC 等于模拟电源，VDD 等于数字电源，VSS 等于数字地，VEE 等于负电源。

2.5.3　LED 数码管

单片机中通常使用 7 段 LED 构成字形为"8"且加一个小数点的数码管，以显示数字、符号及小数，各种 LED 和常见数码管如图 2.31 和图 2.32 所示。

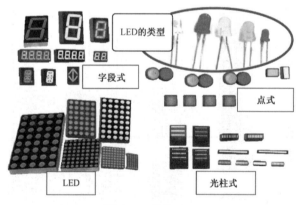

图 2.31　各种 LED

图 2.32　常见数码管

显示器有共阴极和共阳极两种，发光二极管的阳极连在一起的称为共阳极显示器；阴极连在一起的称为共阴极显示器。

一位显示器由 8 个发光二极管组成，其中 7 个发光二极管构成字形"8"的各个笔画，另一个为小数点，数码管的结构图如图 2.33 所示。

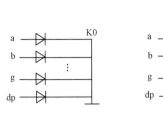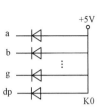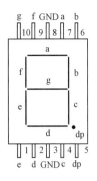

图 2.33　数码管的结构图

当在某段发光二极管上施加一定的正向电压时，该段笔画即亮，不加电压则灭。

以共阴极显示器为例，当 a、b、c 三段为 1 时，数码管显示数字"7"。共阴极和共阳极 7 段 LED 显示字形编码表如表 2.4 所示。

表 2.4　共阴极和共阳极 7 段 LED 显示字形编码表

显 示 字 符	0	1	2	3	4	5	6	7	8
共阴极段码	3F	06	5B	4F	66	6D	7D	07	7F
共阳极段码	C0	F9	A4	B0	99	92	82	F8	80
显 示 字 符	9	A	B	C	D	E	F	—	灭
共阴极段码	6F	77	7C	39	5E	79	71	40	00
共阳极段码	90	88	83	C6	A1	86	8E	BF	FF

表 2.4 表示 7 段，7 段最高位为小数点段，表 2.4 表示小数点不点亮。

小　结

本章以项目一任务 2——Keil C 的操作练习（输出两行文字）为引导，全面讲述了 Keil C 软件的操作过程，还介绍了 8051 单片机存储器的结构。通过项目一任务 3——测试与改变 I/O 端口的状态，引出单片机 I/O 端口的结构与特点。P0 口是漏极开路的，故输出为高阻状态，它作为数据/地址的低 8 位；P1 口是单纯的通用 I/O 端口；P2 口可作为地址总线的高 8 位；P3 口具有第二功能，与串行通信、定时器、中断及存储器扩展相关。最后，本章还补充了数字电路的相关知识。本章重点如下。

（1）Keil C 软件的操作过程。

（2）8051 存储器结构（这也是难点及学习单片机的关键）。

（3）I/O 端口复位状态。

（4）各端口结构特点。

（5）各端口的作用与功能。

习　题

一、填空题

1．MCS-51 片内＿＿＿＿＿＿＿范围内的数据存储器，既可以字节寻址又可以位寻址。8051 在物理上有＿＿＿＿个独立的存储空间，有＿＿＿＿个逻辑空间。

2．MCS-51 系列单片机的 ROM 寻址范围为＿＿＿＿，外部 RAM 的寻址范围为＿＿＿＿，内部 RAM 低 128B 区可分为＿＿＿＿、＿＿＿＿、＿＿＿＿三部分，高 128B 单元又称＿＿＿＿＿区，其中字节地址具有＿＿＿＿＿＿＿＿＿＿＿＿＿＿特征的可进行位寻址。

3．MCS-51 有＿＿个并行 I/O 端口，其中 P0～P3 口是准双向口，所以由输出转输入时必须先写入＿＿。

4．P0 口要能输出高低电平，必须外接＿＿＿＿电阻。

5．8051 的几个端口中只有＿＿＿＿口作为通用 I/O 端口，其他几个端口都具有＿＿＿＿功能。

6．P0 口的第二功能是＿＿＿＿＿和＿＿＿＿＿。

7．P2 口的第二功能是＿＿＿＿＿＿。

8．P3 口的第二功能中，与串行通信相关的引脚是＿＿＿＿和＿＿＿＿；与中断相关的是＿＿＿＿和＿＿＿；与定时器相关的是＿＿＿＿和＿＿＿＿；与扩展存储器相关的是＿＿＿＿和＿＿＿＿。

二、选择题

1．程序存储器的选通信号是（　　　）。

A．$\overline{\text{WR}}$　　　　　B．ALE　　　　　C．$\overline{\text{PSEN}}$　　　　　D．$\overline{\text{RD}}$

2．MCS-51 系列单片机存储器主要分配特点是（　　　）。

A．ROM 和 RAM 分开编址　　　　　　　　B．ROM 和 RAM 统一编址

C．内部 ROM 和外部 ROM 分开编址　　　　D．内部 ROM 和内部 RAM 统一编址

3．如某存储器，地址线为 A0～A10，数据线为 D0～D7，则存储量为（　　　）。

A．2KB　　　　　B．1KB　　　　　C．2Kb　　　　　D．1Kb

4．不具有第二功能的端口是（　　　）。

A．P0　　　　　B．P1　　　　　C．P2　　　　　D．P3

5．不能输出高、低电平的端口是（　　　）。

A．P0　　　　　B．P1　　　　　C．P2　　　　　D．P3

6．数据总线是下列哪个端口（　　　）。

A．P0　　　　　B．P1　　　　　C．P2　　　　　D．P3

7．地址总线的高 8 位是哪个端口（　　　）。

A．P0　　　　　B．P1　　　　　C．P2　　　　　D．P3

8．STC 单片机程序下载使用的端口是（　　　）。

A．P0　　　　　B．P1　　　　　C．P2　　　　　D．P3

三、问答题

1．8051 单片机存储器的组织采用何种结构？存储器地址空间如何划分？各地址空间的地址范围和容量如何？在使用上有何特点？

2．假设某 CPU 含有 16 根地址线，8 根数据线，则该 CPU 最多寻址能力是多少？

3．89C51 CPU 复位后内部 RAM 各单元内容是否改变？

4．8051 单片机存储器的组织结构是怎样的？

5．片内数据存储器分为哪几个性质和用途不同的区域？

6．在 8031 扩展系统中，外部程序存储器和数据存储器共用 16 位地址线和 8 位数据线，为什么两个存储空间不会发生冲突？

7．8051 单片机的 P0～P3 口在结构上有何不同？在使用上有何特点？

8．P3 口的第二功能是什么？

9．复位后各端口的状态是怎样的？

10．为什么在单片机上直接外接 LED 时，要让电流流入而不是流出单片机引脚？

11．以 P1 口为例，说明单片机是怎样输出高低电平的。

四、编程题

1．请编写一程序将 P1 口的输出变为低电平。

2．请编写一程序读入 P1 口的状态。

五、补充习题

1．设计一个交通信号灯的检测报警电路。当信号灯正常工作时，红、黄、绿三盏灯中只有一盏灯亮，其余两灯灭；否则说明信号灯发生故障，此时应发出报警信号。用"与非"门实现。

2．用"与非"门组成下列逻辑门：

（1）"与或"门，$Y = ABC + DEF$。

（2）"或非"门，$Y = \overline{A + B + C}$。

3．写出如图 2.34 所示两图的逻辑式。

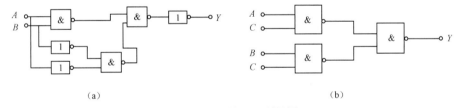

（a） （b）

图 2.34 习题五-3 逻辑图

第3章

仿真演练与程序的下载

目　　的: 通过单片机仿真软件 Proteus 的使用练习,掌握它的使用方法,并通过与 Keil C 软件的联合使用,掌握在没有硬件的情况下,使用单片机仿真软件的方法。通过练习 ISP 在系统编程的方法,掌握将编写的程序下载到单片机中的方法。

知识目标: 掌握 Proteus 的使用方法,初步掌握使用 Proteus 与 Keil C 进行单片机设计与调试的方法。

技能目标: 能使用 Proteus 绘制单片机系统电路图,能正确设置 Proteus 与 Keil C 联合调试程序的参数,能够仿真单片机系统,能够将二进制文件下载到单片机中。

素质目标: 养成在制作硬件前,先仿真验证设计可行性的习惯。

教学建议:

微课 3: 第 3 章教学建议

重点内容		1. 用 Proteus 画电路图 2. Proteus 与 Keil C 联调的参数设定 3. STC 单片机的 ISP 方法
教	教 学 难 点	Proteus 中元件的查找;ISP 电路的制作
	建 议 学 时	4 学时
	教 学 方 法	通过教师演示、学生模仿,使学生掌握 Proteus 软件的操作方法及与 Keil C 联调的方法;通过制作及操作 ISP 软件掌握 ISP 的方法
学	学 习 难 点	Proteus 中如何查找及定位元件;ISP 电路的制作
	必备前期知识	计算机操作基础;焊接技能
	学 习 方 法	通过跟随教师的操作逐步掌握 Proteus 软件的操作方法及与 Keil C 软件联调的方法;通过实际制作 ISP,为今后独立制作及开发单片机系统打下基础

项目一　任务 4　仿真数码管显示

要求: 设计一个单片机控制的数码管电路,使 6 个数码管依次显示 0~5。

任务分析: 如果没有条件制作硬件系统,能不能学习单片机呢?如果要设计一个单片机系统,能不能在制作硬件之前仿真这一系统?如果有这样的仿真软件,该如何操作?对于软件的操作,首先要关心其基本的入门问题,如打开后的环境、各菜单项的意义与作用。对于本任务,如何画电路图是一个关键问题,其中包括如何找元件、如何连线、如何修改等一系列问题,更深入一步,还有如何使用电路图的问题。

3.1　Proteus 的仿真演练

在设计一个单片机系统时，特别是在制作硬件系统前，一般都要经过仿真，保证系统正确并能运行。如果仿真不能通过，则说明所做的设计是行不通的，这样也就没有必要制作这一硬件系统了（当然，即使仿真通过了也并不能保证设计就一定是正确的）。这为现代电子设计带来了很大的方便，同时也可大大节约成本。对学习者而言，如果没有条件购置单片机学习系统或暂时没有办法购置相应的元器件，利用仿真的方法，一样可以进行模拟硬件的学习，而且 Proteus 这一软件在仿真单片机时的效果，与实际制作的硬件系统效果几乎没有差别，这为学习单片机带来了极大的方便。下面介绍 Proteus 软件的使用方法。

3.1.1　数码管显示电路原理图

绘制数码管显示电路，并仿真这一电路，项目一任务 4 的电路图如图 3.1 所示。电路的核心是单片机 AT89C51。单片机 P1 口 8 个引脚接 LED 显示器段选码（A、B、C、D、E、F、G、DP）的引脚，单片机 P2 口 6 个引脚接 LED 显示器位选码（1、2、3、4、5、6）的引脚，电阻起限流作用，总线使电路图变得简洁。程序设计实现 LED 显示器的选通并显示字符。

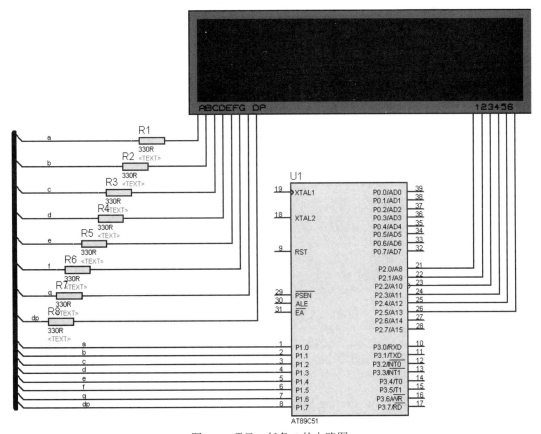

图 3.1　项目一任务 4 的电路图

3.1.2 Proteus 8 Professional 界面简介

在传统的基于曲线图的电路仿真基础上，Proteus VSM 提供了完全交互电路动画曲线，用户能够用鼠标操作元件模型来控制设计，并能从显示界面上观察到过程。此外，它还提供了很多虚拟仪器，如电压计、电流计、示波器。这些虚拟仪器使电路仿真非常直观，如同在实际中操作一样。软件可升级到 Proteus VSM 协同仿真。如果设计中需要 PIC、AVR、MCS8051/52 或 68HC11 处理器，可购买 VSM 附加模型。此技术允许用户实时仿真包括所有相关电子元器件在内的完全基于微处理器的设计。

安装完 Proteus 后，运行 ISIS Professional，会出现如图 3.2 所示的 Proteus 窗口。为了方便介绍，分别对窗口内各部分进行中文说明（见图 3.2）。下面简单介绍各部分的功能。

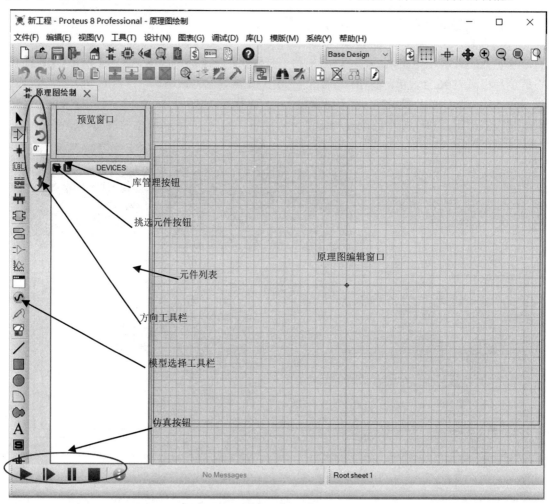

图 3.2 Proteus 窗口

1）原理图编辑窗口（The Editing Window）

顾名思义，它是用来绘制原理图的。蓝色方框内为可编辑区，元件要放到其中。注意，这个窗口是没有滚动条的，可用预览窗口改变原理图的可视范围。

2）预览窗口（The Overview Window）

可显示两个内容，一个是当用户在元件列表中选择一个元件时，它会显示该元件的预览图；另一个是当用户的鼠标焦点落在原理图编辑窗口时（放置元件到原理图编辑窗口后或在原理图编辑窗口中单击鼠标后），它会显示整张原理图的缩略图，并会显示一个绿色方框，绿色方框里面的内容就是当前原理图窗口中显示的内容，因此可用鼠标在它上面单击来改变绿色方框的位置，从而改变原理图的可视范围，Proteus 的预览窗口如图 3.3 所示。

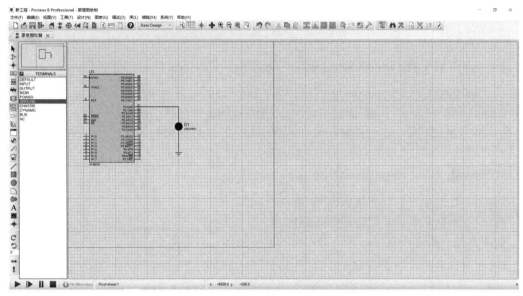

图 3.3　Proteus 的预览窗口

3）模型选择工具栏（Mode Selector Toolbar）

（1）主要模型（Main Modes）。

选择元件（Components）（默认选择）。

放置连接点。

放置标签（用总线时会用到）。

放置文本。

用于绘制总线。

用于放置子电路。

用于即时编辑元件参数（先单击该图标，再单击要修改的元件）。

（2）配件（Gadgets）。

终端接口（Terminals），有 VCC、地、输出、输入等接口。

器件引脚，用于绘制各种引脚。

仿真图表（Graph），用于各种分析，如 Noise Analysis。

录音机。

信号发生器（Generators）。

电压探针，使用仿真图表时要用到。

电流探针，使用仿真图表时要用到。

虚拟仪表，如示波器等。

（3）2D 图形（2D Graphics）。

／ 画各种直线。

■ 画各种方框。

● 画各种圆。

◠ 画各种圆弧。

◠◠ 画各种多边形。

A 添加各种文本。

⊞ 画符号。

✛ 画原点等。

4）元件列表（The Object Selector）

用于挑选元件（Components）、终端接口（Terminals）、信号发生器（Generators）、仿真图表（Graph）等。例如，当选择元件时，单击"P"按钮会打开挑选元件对话框，选择一个元件（单击"OK"按钮）后，该元件会在元件列表中显示，以后要用到该元件时，只需在元件列表中选择即可。

5）方向工具栏（Orientation Toolbar）

旋转：⟲⟳ 0　旋转角度只能是 90 的整数倍。

翻转：↔ ↕ 完成水平翻转和垂直翻转。

使用方法：先右击元件，再单击相应的旋转图标。

6）仿真工具栏（仿真按钮）

▶ 运行。

▮▶ 单步运行。

▮▮ 暂停。

▮■ 停止。

3.1.3　绘制原理图

绘制原理图要在原理图编辑窗口中的蓝色方框内完成。原理图编辑窗口的操作与常用的 Windows 应用程序相同，正确的操作是：单击选择元件；右击删除元件；单击拖选多个元件；双击编辑元件属性；先右击后单击拖动元件；连线用单击，删除连线用右击；改连接线时先单击连线，再单击拖动；中键缩放原理图。具体操作见下面的例子。

下面以一个简单的实例来完整展示 Keil C 与 Proteus 相结合的仿真过程。

（1）将所需元器件添加到对象选择器窗口。单击对象选择器按钮 ，弹出"Pick Devices"页面，查找元件时的窗口 1 如图 3.4 所示，在"关键字"文本框中输入 89c51，系统在对象库中进行搜索查找，并将搜索结果显示在"结果"列表中。

在"结果"列表中选择"AT89C51"选项。接着，在"关键字"文本框中重新输入 7seg，再在"结果"列表中选择"7SEG-MPX6-CA-BLUE"选项（6 位共阳 7 LED 显示器），添加至选择器窗口，查找元件时的窗口 2 如图 3.5 所示。

最后，在"关键字"文本框中重新输入 RES，选中"元件名称完全匹配（Match Whole Words）"复选框，查找元件时的窗口 3 如图 3.6 所示。

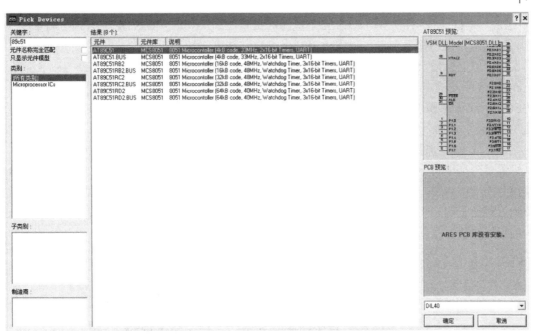

图 3.4　查找元件时的窗口 1

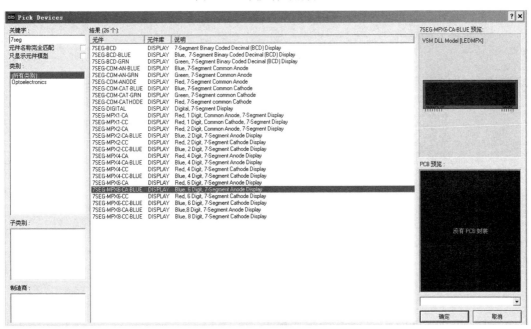

图 3.5　查找元件时的窗口 2

图 3.6　查找元件时的窗口 3

在"结果"列表中获得与 RES 完全匹配的搜索结果。双击"RES"选项，则可将 RES（电阻）添加至对象选择器窗口。单击"确定"按钮，结束对象选择。

经过以上操作，在对象选择器窗口中已有了 7SEG-MPX6-CA-BLUE、AT89C51、RES 三个元器件对象。若单击 AT89C51，则会在预览窗口中见到 AT89C51 的实物图；若单击 RES 或 7SEG-MPX6-CA-BLUE，则会在预览窗口中见到 RES 或 7SEG-MPX6-CA-BLUE 的实物图，如图 3.6 所示。此时，绘图工具栏中的元器件按钮处于选中状态。

（2）放置元器件至图形编辑窗口。在对象选择器窗口中选中 7SEG-MPX6-CA-BLUE，将鼠标置于图形编辑窗口中该对象欲放位置单击，该对象完成放置。同理，将 AT89C51 和 RES 放置到图形编辑窗口中，放置元件时的窗口 1 如图 3.7 所示。若对象位置需要移动，则将鼠标移到该对象上右击，此时该对象的颜色变成红色，表明该对象已被选中，按下鼠标左键，拖动鼠标将对象移至新位置后松开鼠标，完成移动操作。

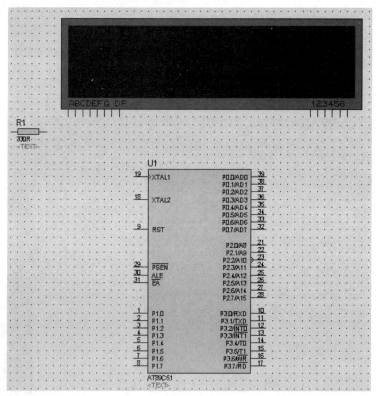

图 3.7　放置元件时的窗口 1

由于电阻 R1～R8 的型号和电阻值均相同（可通过双击电阻值打开的对话框来改变电阻值，"R"表示欧姆，"k"表示千欧，这里电阻为 330R），因此可利用复制功能画图。将鼠标移到 R1 上，右击选中 R1，在标准工具栏中单击复制按钮，拖动鼠标，按下鼠标左键，将对象复制到新位置，如此反复，直到按下鼠标右键，结束复制，放置元件时的窗口 2 如图 3.8 所示。此时，系统会自动区分电阻名的标志。

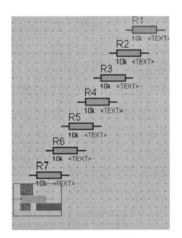

图 3.8　放置元件时的窗口 2

（3）放置总线至图形编辑窗口。单击绘图工具栏中的总线按钮，使之处于选中状态。将鼠标置于图形编辑窗口，单击确定总线的起始位置。移动鼠标，屏幕出现粉红色细直线，找到总线的终止位置，单击，再右击，以表示确认并结束画总线操作。此后，粉红色细直线被蓝色的粗直线所替代。放置总线时的窗口如图 3.9 所示。

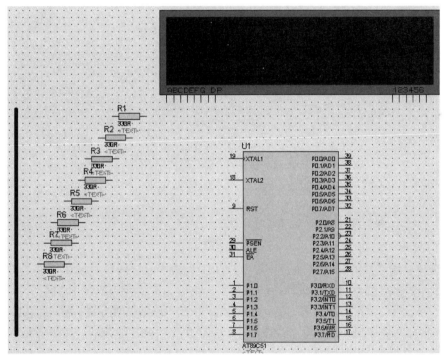

图 3.9　放置总线时的窗口

（4）元器件之间的连线。Proteus 的智能化可以在用户想要画线时进行自动检测。下面将电阻 R1 的右端连接到 LED 显示器的 A 端。当鼠标的指针靠近 R1 右端的连接点时，鼠标的指针会出现一个"□"号，表明找到了 R1 的连接点，单击，移动鼠标（不用拖动鼠标），将鼠标的指针靠近 LED 显示器 A 端的连接点时，鼠标的指针会出现一个"□"号，表明找到了

LED 显示器的连接点，同时屏幕上出现了粉红色的连接线，单击，粉红色的连接线变成了深绿色，同时线形由直线自动变成了 90° 的折线，这是因为选中了线路自动路径功能。

Proteus 具有线路自动连线功能（简称 W），当选中两个连接点后，"W"将选择一个合适的路径连线。可通过使用标准工具栏里的"切换自动连线器"按钮来关闭或打开，也可以在菜单栏的"工具"选项卡下找到这个图标。同理，可以完成其他连线。在此过程的任何时刻，都可以按"Esc"键或右击放弃画线。

（5）元器件与总线的连线。画总线时为了和一般的导线区分，通常画斜线来表示分支线，此时需要用户自己决定走线路径，只需在想要的拐点处单击（按下"Ctrl"快捷键可产生斜线），放置连线如图 3.10 所示。

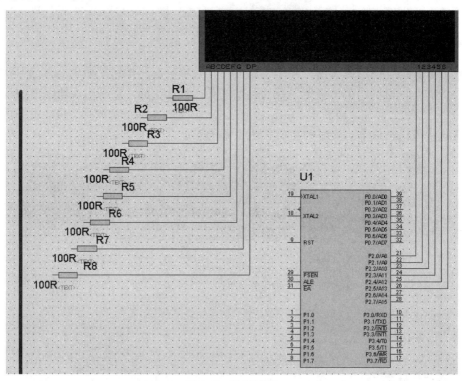

图 3.10　放置连线

（6）给与总线连接的导线贴标签。单击绘图工具栏中的导线标签按钮，使之处于选中状态。将鼠标置于图形编辑窗口欲标标签的导线上，鼠标的指针会出现一个"×"号，放置导线标签如图 3.11 所示，表明找到了可以标注的导线。单击，弹出编辑导线标签对话框，如图 3.12 所示。在"标号"文本框中输入标签名称（如 a），单击"确定"按钮，结束对该导线标签的标注。同理，可以标注其他导线的标签。注意，在标注导线标签的过程中，相互接通的导线必须标注相同的标签名。

图 3.11　放置导线标签

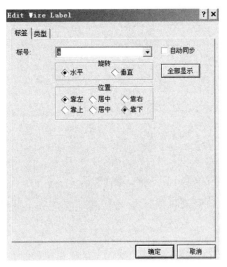

图 3.12　放置导线标签时弹出的对话框

至此，便完成了整个电路图的绘制。

3.2　Keil C 与 Proteus 连接调试

步骤 1，若 Keil C 和 Proteus 均已正确安装到 C:\Program Files 目录里，则把 C:\ProgramFiles\Labcenter Electronics\Proteus 8.10 Professional\MODELS\VDM51.dll 复制到 C:\ProgramFiles\keilC\C5 1\BIN 目录下。

步骤 2，用记事本打开 C:\Program Files\keilC\C51\TOOLS.INI 文件，在 C51 目录下加入 TDRV5=BIN\VDM51.DLL ("Proteus VSM Monitor-51 Driver")，其中"TDRV5"中的"5"要根据实际情况填写，不能和里面内容重复（如已有 TDR5，则应加入 TDR6）。（步骤 1 和步骤 2 只需在初次使用时进行设置。如果 Proteus 的安装程序中有 Keil C 的驱动程序 vdmagdi.exe，则在安装完 Keil C 和 Proteus 后，再安装这一程序即可，步骤 1、2 可省略。）

步骤 3，打开 Keil μVision5 集成环境，创建一新项目（Project），为该项目选定合适的单片机 CPU 器件（如 Atmel 公司的 AT89C51），并为该项目加 Keil C 源程序。此段程序在此可暂不掌握，以后会学习。

源程序如下。

```
#include "reg5 1 .h"
//led 位选及段码
unsigned char code Select[]= {0x01,0x02,0x04,0x08,0x10,0x20};
unsigned char code LED_CODES[]=
{ 0xc0, 0xF9, 0xA4, 0xB0, 0x99, //0～4
0x92,0x82,0xF8,0x80,0x90,//5～9
0x88,0x83,0xC6,0xA1,0x86,//A, b, C, d, E
0x8E,0xFF,0x0C,0x89,0x7F,0xBF};//F, 空格, P, H, ., -
void main()
```

```
{
    char i=0;
    long int j;
    while(1)
    {
        P2=0;
        P1=LED_CODES[i];
        P2=Select[i];
        for ( j=300;j>0;j --) ;  //该 LED 模型靠脉冲点亮，第 i 位靠脉冲点亮后会自动熄灭
        //修改循环次数，改变点亮下一位之前的延时，可得到不同的显示效果
            i++;
        if(i>5) i=0;
    }
}
```

步骤 4，单击"工程"→"为目标'目标 1'设置选项"选项或单击工具栏的快捷按钮 ，在弹出的对话框中单击"调试"选项卡，选择与 Proteus 联合仿真，如图 3.13 所示。在右侧"使用"单选按钮后的下拉菜单里选中"Proteus VSM Monitor-51 Driver"选项，并且还要选中"使用"单选按钮。单击"设置"按钮，设置通信接口，在"Host"文本框中添加"127.0.0.1"，如果使用的不是同一台计算机，则需要在这里添加另一台计算机的 IP 地址（另一台计算机也应安装 Proteus）。在"Port"文本框中添加"8000"。Proteus 设置与 Keil C 联合仿真如图 3.14 所示，单击"OK"按钮即可。最后编译工程，进入调试状态并运行。

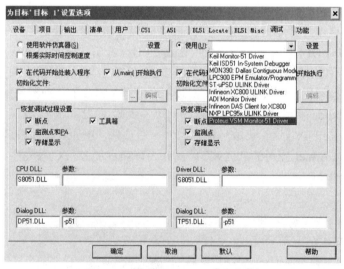

图 3.13　选择与 Proteus 联合仿真

步骤 5，Proteus 的设置。进入 Proteus 的 ISIS，单击"调试"→"使用远程调试监控"选项，Proteus 设置与 Keil C 联合仿真如图 3.14 所示。

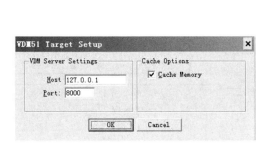

图 3.14　Proteus 设置与 Keil C 联合仿真

此后，便可实现 Keil C 与 Proteus 的连接调试。

步骤 6，Keil C 与 Proteus 连接仿真调试。在 Keil C 环境中单击仿真运行开始按钮，能清楚地观察到每一个引脚电平的变化，红色代表高电平，蓝色代表低电平，灰色表示高阻状态。在 LED 显示器上可以看到显示数据，运行结果如图 3.15 所示。

图 3.15　运行结果

⫶ 3.3　制作与使用 ISP ⫶

现在对单片机烧写程序一般可以不使用专用的编程器，很多单片机（如 STC、AT 等品种）都具有 ISP（在系统编程）功能，即在电路板上直接下载程序到芯片中。这时只要在单片机电路中加上下载电路即可（只使用很少的元件，不会造成成本的大幅增加）。例如，对于 STC 单片机，只需要通过串口线，一端接计算机串口，另一端接电路板的下载接口（串口），即可将程序下载到单片机中，系统与计算机脱离后，程序在单片机中自行运行。

大部分 STC89 系列单片机在销售给用户之前已在单片机内部固化了 ISP 系列引导程序，配合 PC 端的控制程序即可将用户的程序代码下载进单片机内部，故不需要编程器（速度比通用编程器快）。不要用通用编程器编程，否则可能将单片机内部已固化的 ISP 系统引导程序擦除，造成无法使用 STC 提供的 ISP 软件下载用户的编程代码。

下载程序流程图如图 3.16 所示。

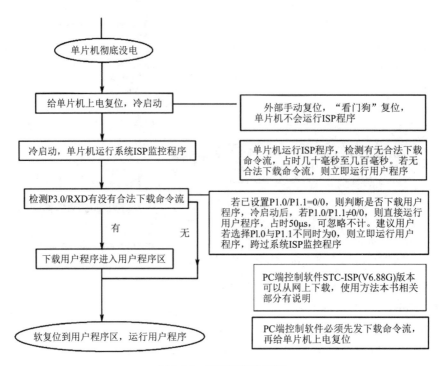

图 3.16 下载程序流程图

STC 系列单片机用 USB 连线下载程序如下。

直接使用 USB 接口的下载电路图如图 3.17 所示。

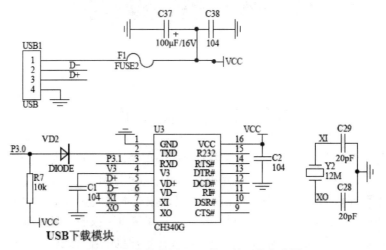

图 3.17 直接使用 USB 接口的下载电路图

图 3.17 中只需要一根 USB 线即可，一端口接电脑的 USB 口，另一端口接开发板或下载板的 USB 口。由于现在的笔记本电脑一般没有串口，需要运行驱动"CH341SER.exe"，安装后，笔记本电脑中的模拟串口如图 3.18 所示。

3-1 安装 ISP

3-2 使用 ISP

图 3.18 笔记本电脑中的模拟串口

打开下载软件"STC-ISP",单击"扫描"按钮即可看到当前的串口,选择正确的单片机型号,STC-ISP 下载软件界面如图 3.19 所示。从"打开程序文件"选项打开需要下载的.hex 文件,打开程序文件后的界面如图 3.20 所示。单击"下载/编程"按钮,并给单片机系统断电后通电,即可将程序下载到单片机中,在右下方可以看到下载过程及下载成功的信息,下载成功后的部分界面如图 3.21 所示。

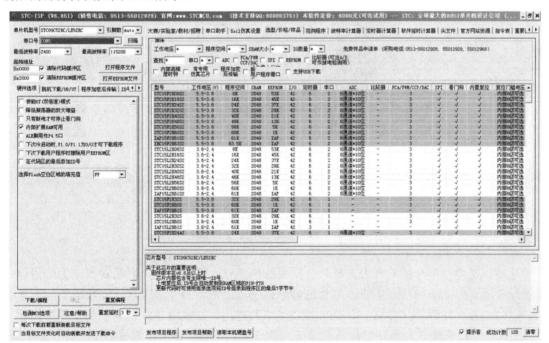

图 3.19 STC-ISP 下载软件界面

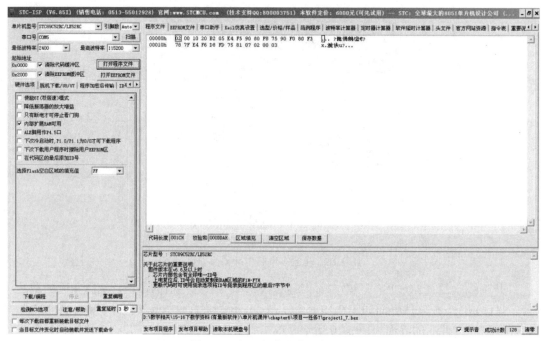

图 3.20　打开程序文件后的界面

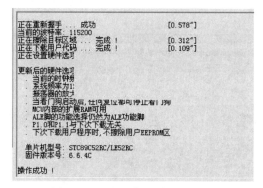

图 3.21　下载成功后的部分界面

3-3 STC 系列单片机用
USB 转串口线下载程序

3.4　开发板电路图

开发板是学习单片机的有力工具。开发板价格便宜，使用方便，容易获得，为广大单片机爱好者所喜爱。它小巧，集成了单片机最小系统及最常用的外围电路，如数码管、流水灯（跑马灯）、独立按键、LCD 接口、红外接口、下载电路、蜂鸣器等。在本书的使用中推荐使用开发板。可用它来作为各项目任务的验证与执行单元。还可将它作为核心板，进一步扩展，完成更多的功能。下面介绍它的主要部分。

图 3.22 所示为开发板总体电路图。图中按各功能部分进行了划分。由于电路相对复杂，在阅读时要注意，特别是买到的开发板可能与本电路图略有不同，但基本大同小异。在程序下载前应对照电路图对相应的引脚做一些修改。

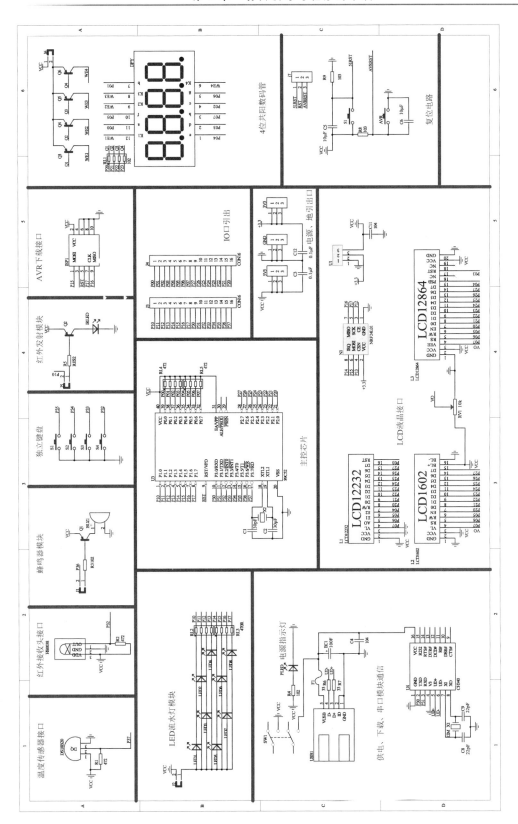

图 3.22 开发板总体电路图

图 3.23 所示为主控电路的电路图。单片机的型号可能与买到的不同，但只要是 51 单片机，使用起来并没有什么区别，只是在下载时，要注意选对单片机。P0 口通过 8 个 470Ω 的电阻上拉。EA（31 号引脚）引脚接了高电平，以选择片内的存储器（8KB，ROM）。还要注意晶振的频率，在定时时是要考虑的。

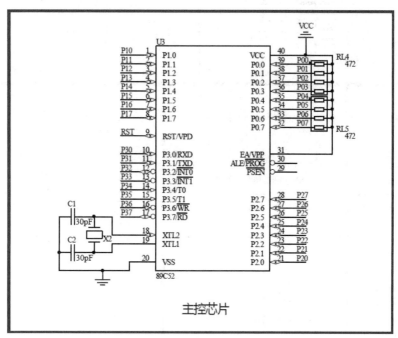

图 3.23　主控电路的电路图

图 3.24 所示为跑马灯部分的电路图。8 个 LED 的阳极接电源，为高电平；每个的阴极通过 470Ω 的电阻接到 P1 口的相应引脚。一般开发板的 LED 是贴片封闭的，要注意找到它在实物上的位置。

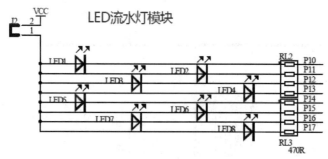

图 3.24　跑马灯部分的电路图

图 3.25 所示为 4 位共阳数码管部分的电路图。数码管的各段接到 P0 口的相应引脚。它的各阳极通过一个 PNP 型的三极管来驱动，只要三极管的基极为低电平，则相应的阳极就接到了高电平（电源正极）。而每一基极又经过一个 1K 的基极电阻接到 P2 口的相应引脚来进行控制。故，虽然数码管是共阳极的，在控制时相应的引脚（位码）是低电平才能接通该数码管。

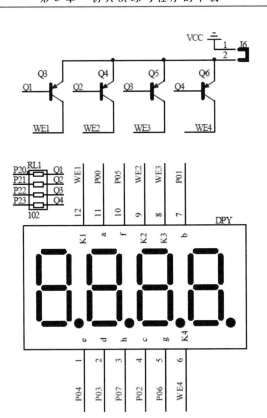

图 3.25 4 位共阳数码管部分的电路图

图 3.26 所示为复位电路部分的电路图。图中 AVRRST 是 AVR 单片机的复位键，无须理会。51RST 是 51 单片机的复位键，在图 1.1 中要注意跳冒的位置（一般开发板是兼顾几种单片机型的，所以通过跳冒来选择），应是 RST 与 51RST 相接，不能接错。

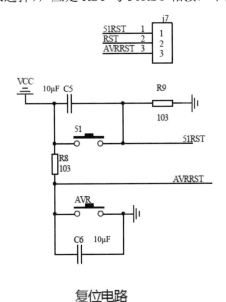

复位电路

图 3.26 复位电路部分的电路图

图 3.27 所示为供电、下载、串口通信部分的电路图。在推动电源按钮时，USB 口还可对整个电路供电，在耗电量不大时使用。但建议使用单独的电源供电，尤其是耗电量大时，一定要用独立电源供电，不要使用 USB 供电。为了下载程序方便，在自己制作单片机系统时，建议将这一部分添加到电路板中。

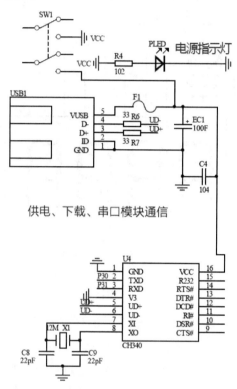

图 3.27　供电、下载、串口通信部分的电路图

图 3.28 所示为 LCD 液晶接口部分的电路图，它可兼容 LCD1602 和 LCD12864 两种液晶屏。通过电位器可调节液晶屏的亮度。

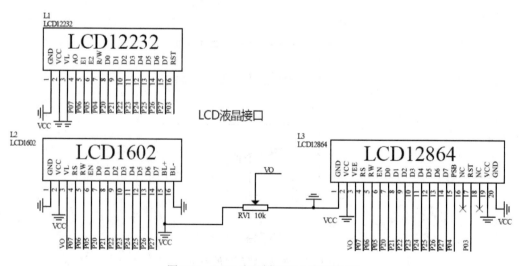

图 3.28　LCD 液晶接口部分的电路图

图 3.29 所示为蜂鸣器及 4 位独立键盘部分的电路图。蜂鸣器通过一个 PNP 型三极管驱动后接到 P36 引脚。4 个独立的按键接到 P32～P35 四个引脚，按下时为低电平，松开时为高电平。

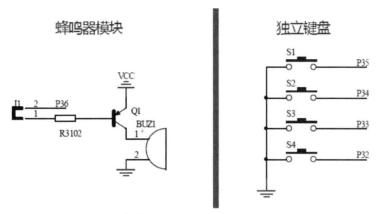

图 3.29　蜂鸣器及 4 位独立键盘部分的电路图

图 3.30 所示为数字温度传感器 DS18B20 的接口电路图。通过 P37 引脚可读取实时温度，对 DS18B20 进行控制。

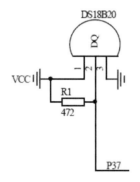

图 3.30　数字温度传感器 DS18B20 的接口电路图

小　　结

本章通过完成 6 个数码管的仿真演示过程，首先展示了 Proteus 仿真软件的操作过程，包括如何选择元件、如何连线、如何仿真；随后通过与 Keil C 软件的联调，阐述了软件联调的方法。还介绍了用 ISP 下载程序的操作方法。最后，对一种开发板的电路图进行了分析介绍。本章重点如下。

（1）用 Proteus 画电路图。

（2）Proteus 与 Keil C 联调的参数设定。

（3）STC 单片机的 ISP 方法。

‖ 习　题 ‖

一、填空题

1. Proteus 软件具有_____和_____两大功能。

2. Proteus 软件可以和_____软件联合仿真单片机，让程序在_____运行，而运行的结果在_____中显示。

3. 在 Proteus 软件中寻找元件时，电阻的符号是_____，电容的符号是_____，发光二极管的符号是_____，数码管的符号是_____。

二、选择题

1. Proteus 软件能仿真的单片机有（　　）。

A．PIC　　　　　　　B．8051　　　　　　　C．AVR　　　　　　　D．DSP

2. Proteus 软件中的虚拟仪器有（　　）。

A．示波器　　　　　B．信号发生器　　　　C．逻辑分析仪　　　　D．指示灯

3. 下列哪些方法仿真单片机是可行的（　　）。

A．直接将程序装载到 Proteus 软件中的单片机中运行

B．直接在 Keil C 软件中运行程序

C．在 Proteus 软件中建立电路，在 Keil C 软件中运行程序

D．画好电路图后，单击"运行"按钮，就可在 Proteus 软件中运行程序

三、操作与编程题

1. 请用 Proteus 画出单片机最小系统的电路图，并仿真实现使 P1 口输出为低电平。

2. 在 P0 口外接 8 个 LED，请画出电路图，并仿真实现点亮这 8 个发光二极管。

3. 制作点亮 8 个发光二极管的电路，并将程序下载到单片机中，实现这一功能。

第二部分 初步使用单片机

第4章

C51 程序的编制

目　　的：通过实例掌握 C51 的编程方法及与标准 C 语言的异同点。掌握跑马灯及交通灯控制程序的编制方法。

知识目标：掌握 C51 的数据结构、存储类型、基本运算符、基本语句结构、程序结构，掌握 C51 程序的编制方法。

技能目标：能区分与运用 C51 的特殊数据结构，能够编制基于 C51 的中等程度的单片机控制程序。

素质目标：养成在已有基础上扩展知识的学习习惯。

教学建议：

微课 4：第 4 章教学建议

重点内容		1. C51 扩展的数据类型
		2. C51 数据的存储位置
		3. if、switch…case、while、do…while、for 结构
		4. C51 函数、程序编制方法
		5. 跑马灯及交通灯控制程序的编制
教	教 学 难 点	C51 特殊的数据类型；C51 数据存储位置；C51 编程
	建 议 学 时	10～14 学时
	教 学 方 法	通过编程示范、学生模仿及上机调试，使其掌握 C51 的编程方法，掌握 C51 特殊的数据类型及存储器位置。教师要通过剖析，讲解编程要点。如果学生不具备 C 语言的知识，还要补充基本知识，但没有必要太细致，只要能够使用即可。这一部分也可分散在以后的时间内逐步讲解
学	学 习 难 点	C51 特殊数据类型及存储位置的理解；C51 编程的方法
	必备前期知识	C 语言程序设计
	学 习 方 法	开始时多模仿教师的程序，只要程序能通过即可；要多练习，多上机调试。如果没有学过 C 语言还要自学其基本知识，但没有必要从头学到尾，只需在教师的教导下学习基本的及与单片机关联性强的内容即可。如果觉得难度太大，可将这一章分散在以后的章节中逐步掌握

项目一　任务 5　点亮一个发光二极管

　　要求：在跑马灯电路中只点亮一个 LED。

　　任务分析：看起来好像点亮一个 LED 要比前面点亮 8 个 LED 的任务简单，但其实不然。在单片机的控制下每一个 LED 的状态是由程序控制的，点亮一个 LED 使用的程序及数据结构与点亮 8 只不一样。这就涉及单片机的 C51 程序结构与编程的问题。C51 与标准 C 语言是否一样，有没有区别？区别或特别的地方就是人们要重点关注与掌握的。

‖ 4.1　C51 的数据结构 ‖

4.1.1　C51 应用举例

4-1 C51 的特点

项目一的任务 5 点亮一个发光二极管的解答如下所述。

复位时的仿真情况如图 4.1 所示，现在只需让发光二极管 VD1 点亮，程序该如何编制？显然，要使 VD1 点亮就要使 P1.0 为低电平，而其他引脚为高电平，程序如下。

1. 方法一

```
#include<reg51.h>
main()
{
    unsigned char a=0xfe;
    P1=a;
    while(1);
}
```

程序解释：

（1）"#include<reg51.h>"称为包含语句，其作用是将 8051 的特殊功能寄存器的地址及位地址加以定义，使它们在程序中可识别。

（2）"main()"称为主函数。在一个程序中，必须有且仅能有一个主函数，程序启动时，总是先从主函数开始运行，单片机复位后也是如此。

（3）"unsigned char a=0xfe;"称为变量定义语句，它指出变量 a 为无符号的字符型变量，其初始值为十六进制数"FE"。注意，";"是一条语句的结束标识符，不能省略。

（4）"P1=a;"是赋值语句，其作用是将 a 的值传递给 P1，故 P1 的最低位为 0，VD1 亮。

（5）"while(1);"的作用是让程序停下来。因为如果程序不停下来，将一直往下运行，即运行到未知的区域，造成不可预测的结果。

项目仿真：观察电平变化。

首先，将 Keil C 及 Proteus 放到一个界面中，在 Keil C 中运行程序，在 Proteus 中观察运行结果。在复位及刚启动仿真时可以看到 P1 口都为高电平（红色），如图 4.1 所示。然后，单步运行程序，当运行到语句"P1=a;"后，可以看到 P1.0 处的电平变为低电平（蓝色），与此相连的 LED 亮了，图 4.2 所示为运行后的仿真情况。以后也可用类似的方法观察程序的运行过程。

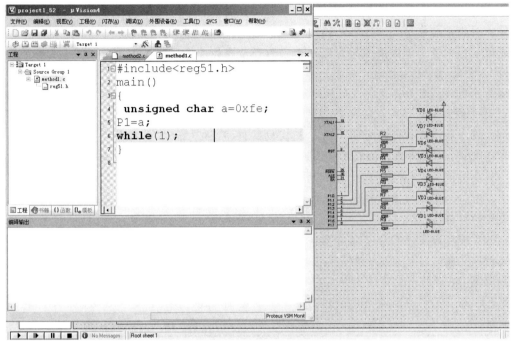

图 4.1 复位时的仿真情况

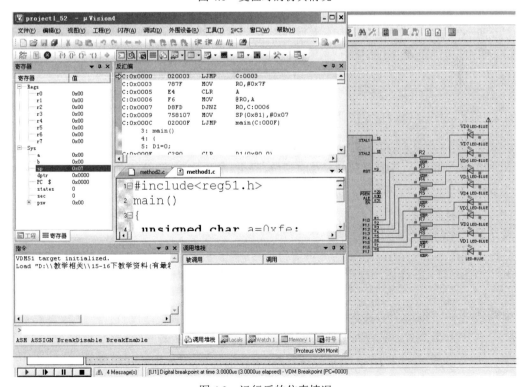

图 4.2 运行后的仿真情况

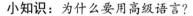

小知识：为什么要用高级语言？

当设计一个小的嵌入式系统时，一般都使用汇编语言。在很多工程中这是一个很好的方法，因为代码一般都不超过 8KB，而且都比较简单。如果硬件工程师要同时设计软件和硬件，则经常会采用汇编语言来编写程序。过去，硬件工程师一般不熟悉像 C 语言一类的高级语言，但使用汇编语言的麻烦在于它的可读性和可维护性低（特别当程序没有很好标注时），代码的可重用性也比较低。如果使用 C 语言，则可以很好地解决这些问题。用 C 语言编写的程序，因为其具有很好的结构性和模块化，更容易阅读和维护，而且由于模块化，使 C 语言编写的程序有很好的可移植性。功能化的代码能够很方便地从一个工程移植到另一个工程，从而减少开发时间。用 C 语言编写程序比汇编语言更符合人们的思考习惯，开发者可以更专心地考虑算法而不考虑一些细节问题，这样就减少了开发和调试的时间。

程序员使用 C 语言不必十分熟悉处理器的运算过程，这意味着对新的处理器也能很快上手，不必知道处理器的具体内部结构，使用 C 语言编写的程序比用汇编语言编写的程序有更好的可移植性。

很多处理器支持 C 语言编译器，但所有这些并不说明汇编语言就没有立足之地。很多系统特别是实时时钟系统，都是用 C 语言和汇编语言联合编程的。对时钟要求很严格时，使用汇编语言是唯一的方法。除此之外，根据经验，包含硬件接口的操作都应该用 C 语言来编程。C 语言的特点就是可以使用户尽量少地对硬件进行操作，是一种功能性和结构性很强的语言。

2. 方法二

```
#include<reg51.h>
sbit D1=P1^0;
main()
{
    D1=0;
    while(1);
}
```

这种方法更简便，其中变量 D1 为位变量。"sbit D1=P1^0;"是什么意思？变量有哪些类型呢？都有什么特点？下面将讨论 C51 的数据结构。

4.1.2　数据的存储种类

Keil C 的 C51 编译器与标准的 C 语言编译器基本相同，只有少部分有扩展，下面进行详细说明。

C51 变量或常量定义的 4 个要素：存储种类、数据类型、存储位置、名称（变量名或常量名）。其中数据类型、名称是必须有的，存储种类、存储位置可以缺省。

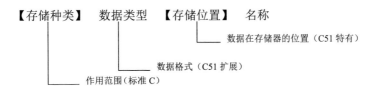

数据的存储种类如下。

（1）自动变量（auto）——在函数内部定义的变量。退出函数后，分配给该变量的存储单元即自行消失（局部变量）。

（2）外部变量（extern）——在函数外部定义的变量，可始终保持变量的数值（全局变量）。

强调：一个外部变量只能被定义一次，在定义文件之外的地方使用时需用 extern 进行声明。

（3）静态变量（static）——静态局部变量/静态全局变量。

（4）寄存器变量（register）——以寄存器为存储空间的变量。

若省略存储种类选项，则变量默认为自动变量。

4.1.3　基本数据类型

数据的不同格式叫作数据类型，标准 C 语言的数据类型如表 4.1 所示。在单片机学习中，特别是学习初级阶段用得最多的是字符型和整型这两种。

表 4.1　标准 C 语言的数据类型

数据类型		长　度	值　域
字符型	unsigned char	单字节	0～255
(char)	signed char	单字节	−128～+127
整型	unsigned int	双字节	0～65535
(int)	signed int	双字节	−32768～+32767
长整型	unsigned long	4 字节	0～4294967295
(long)	signed long	4 字节	−2147483648～+2147483647
浮点型	float	4 字节	10^{-38}～10^{38}
(float)	double	8 字节	10^{-308}～10^{308}
指针型	普通指针*	1～3 字节	0～65535

* 有符号数类型可以忽略 signed 标识符。

4.1.4　C51 扩展数据类型

C51 扩展数据类型包括 bit、sfr 或 sfr16、sbit。

1．sfr 或 sfr16 型

sfr 定义特殊功能寄存器 SFR 的地址，其定义的语法规则如下。

```
sfr 或 sfr16 sfr_name = 字节地址常数;
```

例如：

> sfr P0 = 0x80;　　　　//定义 P0 口地址 80H
>
> sfr PCON = 0x87;　　　//定义 PCON 地址 87H
>
> sfr16 DPTR=0x82;　　　//定义 DPTR 的低端地址 82H

有些新型的单片机、新增的寄存器在 Keil C 的文件夹"inc"里可能没有，这时需要在程序的最前面用此方法进行定义。例如，宏晶公司的单片机 STC12C5A60S 中一个称为 AUXR 的寄存器，在内部 RAM 中的地址为 0x8E，可定义如下。

> sfr AUXR=0x8E;

做了这种定义以后，在程序中就可以对 AUXR 进行操作了。

2．sbit 型

sbit 型是能够按位寻址的特殊功能寄存器中的位变量，其定义的语法规则如下。

> sbit　　位变量名 = 位地址表达式;

这里的位地址表达式有三种形式：直接位地址、特殊功能寄存器名带位号、字节地址带位号。

SFR 的名称及其分布如表 4.2 所示。

表 4.2　SFR 的名称及其分布

序号	特殊功能寄存器名称	符号	字节地址	位　地　址							
1	P0 口锁存器	P0	80H	87H	86H	85H	84H	83H	82H	81H	80H
2	堆栈指针	SP	81H	—							
3	数据地址指针（低 8 位）	DPL	82H	—							
4	数据地址指针（高 8 位）	DPH	83H	—							
5	电源控制寄存器	PCON	87H	—							
6	定时器/计数器控制寄存器	TCON	88H	8FH	8EH	8DH	8CH	8BH	8AH	89H	88H
7	定时器/计数器方式控制寄存器	TMOD	89H	—							
8	定时器/计数器 0（低 8 位）	TL0	8AH	—							
9	定时器/计数器 1（低 8 位）	TL1	8BH	—							
10	定时器/计数器 0（高 8 位）	TH0	8CH	—							
11	定时器/计数器 1（高 8 位）	TH1	8DH	—							

（1）sbit bit_name = 位地址常数;

将位于 SFR 字节地址内的绝对位地址定义为位变量名。例如：

> sbit CY = 0xD7;

（2）sbit bit_name = sfr_name ^ 位位置;

将已有定义的 SFR 的 0～7 位定义为位变量名。例如：

> sfr PSW = 0xD0;
>
> sbit CY = PSW^7;

（3）sbit bit_name = sfr 字节地址 ^ 位位置;

将 SFR 字节地址的相对位地址定义为位变量名。例如：

sbit CY = 0xD0^7;

以上三种定义对于 CY 来讲是一样的，即它们是等效的。

第 4.1.1 节方法二中对位变量的定义也可以是"sbit D=0x90^0;"，因为 P1 口的地址为
0x90。"sbit D1=P1^0;"最容易掌握，初学者用得最多，也不易出错。

C51 编译器在头文件"reg51.h"中定义了全部 sfr/sfr16 和 sbit 变量。

用一条预处理命令#include <reg51.h>把这个头文件包含到 C51 程序中，无须重定义即可
直接使用它们的名称。reg51.h 中的内容如下。

```
#ifndef __REG51_H__
#define __REG51_H__


/*    BYTE Register    */
sfr P0    = 0x80;
sfr P1    = 0x90;
…


/*    BIT Register    */
/*    PSW    */
sbit CY    = 0xD7;
sbit AC    = 0xD6;
…
sbit RI    = 0x98;
#endif
```

（4）几点说明：

① 用 sbit 定义的位变量必须能够按位操作，而不能对无位操作功能的位定义位变量。

② 用 sbit 定义的位变量必须放在函数外面作为全局位变量，而不能在函数内部定义。

③ 用 sbit 每次只能定义一个位变量。

④ 对其他模块定义的位变量（bit 型或 sbit 型）的引用声明，都使用 bit。

⑤ 用 sbit 定义的是一种绝对定位的位变量（因为名字是与确定位地址对应的），具有特
定的意义，在应用时不能像 bit 型位变量那样随便使用。

3. bit 型位变量的 C51 定义

除了通常的 C 语言类型，C51 编译器还支持 bit 数据类型，称为位变量。它只有一位，其
值只能是 0 或 1，这对于记录系统状态是十分有用的，因为它往往需要使用某一位而不是整
个数据字节。例如：

bit door = 0 ;　　//定义一个名为 door 的变量且初值为 0

这与标准 C 语言的变量定义及初始化用法是一致的。

在 C51 中定义位变量的一般语法规则如下。

位类型标识符(bit) 位变量名;

bit　my_bit;　　　　　　　　　　/* 把 my_bit 定义为位变量 */

bit　direction_bit;　　　　　　　　/* 把 direction_bit 定义为位变量*/

函数参数列表中可以包含类型为 bit 的参数，也可使用 bit 类型的返回值。例如：

```
bit done_flag=0;      /* 把 done_flag 定义为位变量 */
bit testfunc (bit flag1,bit flag2)
{                              /* flag1 和 flag2 为 bit 类型的参数*/
   return (flag);              /* flag 是 bit 类型的返回值*/
}
```

对位变量定义的限制如下。

（1）位变量不能定义成一个指针，原因是不能通过指针访问 bit 类型的数据，如定义 "bit *ptr;" 是非法的。

（2）不存在位数组，如不能定义 "bit SHOW_BUF[6];"。

（3）值得注意的是，使用中断禁止（#pragma disable）或包含明确的寄存器组切换（using n）的函数不能返回位值，否则编译器会给出一个错误信息。

在位定义中，允许定义存储类型，位变量都被放入一个位段，此位段位于 51 单片机片内的 RAM 中，因此存储器类型限制为 data、bdata 和 idata。如果把位变量的存储类型定义为其他存储类型，将导致编译出错。

4.1.5　数据的存储位置

51 系列单片机有三个逻辑存储空间：片内数据存储器（内部 RAM 区）、片外数据存储器（外部 RAM 区）和程序存储器（code 区），数据的存储位置示意图如图 4.3 所示。数据可任意存储到其中的某一个存储器中。

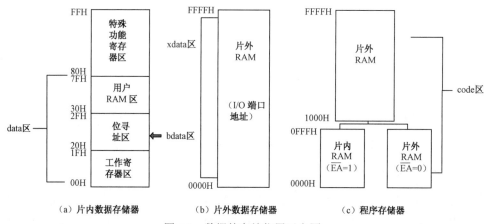

图 4.3　数据的存储位置示意图

1. code 区

code 区是用来存放可执行代码的存储区，用 16 位寻址空间可达 64KB 代码段，是只读的。当要对外接存储器，如 EPROM 进行寻址时，处理器会产生一个信号，但这并不意味着代码区一定要用一个 EPROM。目前一般使用 E^2PROM 作为外接存储器，它可以被外围器件或 8051 进行改写。这使系统更新更加容易，新的软件可以下载到 E^2PROM 中，而不用拆开它再装入一个新的 E^2PROM 中。另外，带电池的 SRAMs 也可用来代替 EPROM，它可以像 E^2PROM 一样进行程序的更新，并且没有像 E²PROM 那样存在读写周期的限制。但是，当电源耗尽时，存储在 SRAMs 中的程序也随之丢失。使用 SRAMs 来代替 EPROM 时允许快速下载新程序到目标系统中，这避免了编程/调试/擦写这样一个循环过程，而且不再需要使用昂贵的在线仿真器。

比较大型的数据一般存放在此区域，如用单片机控制 LED 电子屏显示汉字时，汉字字库要占很大的存储空间，这时就应把它存储在这一区域。例如，存储"武汉…"两个字的数组定义如下。

```
unsigned char code tab[][32]={
{0xFF,0xFD,0xFF,0xF5,0x03,0xED,0xFF,0xFD,0x00,0x80,0xFF,0xFD,
0xDF,0xFD,0xDF,0xFB,0x1B,0xFA,0xDB,0xFB,0xDB,0xFB,0xDB,
0xF7,0x1B,0xB7,0xE3,0xAF,0xF8,0x9F,0xFF,0xBF},/*"武"*/
{0xFB,0xFF,0xF7,0xFF,0x17,0xC0,0xBF,0xEF,0xBE,0xEF,0x6D,0xF7,
0x6D,0xF7,0x77,0xF7,0xF7,0xFA,0xFB,0xFA,0xF8,0xFD,0xFB,0xFA,
0x7B,0xE7,0x9B,0x8F,0xEB,0xDF,0xFF,0xFF},/*"汉"*/
…}
```

将表格、数组等定义成 code 型常数，在 Keil C 编译后，会大大减少程序占用的存储空间，这一情况以后会碰到。

2. data 区

data 区是 8051 内 128 字节的内部 RAM 或 8052 的前 128 字节内部 RAM 存储区，这部分主要作为数据段。指令用一个或两个周期来访问数据段。访问 data 区比访问 xdata 区快。通常把使用比较频繁的变量或局部变量存储在 data 区中，但是必须节省使用 data 区，因为它的空间有限。

第 4.1.1 节方法一中的变量"a"还可定义为"unsigned char data a=0xfe;"。其实，如果没有说明数据存储类型，那么默认数据存储在 data 区。

3. bdata 区

8051 内部 RAM 区另外一个子段叫作位寻址段 bdata，包括 16 个字节 20H～2FH，共 128 位，每一位都可以单独寻址。8051 有好几条位操作指令，这使程序控制非常方便，并且可帮助软件代替外部组合逻辑，这样就减少了系统中的模块数。位寻址段的这 16 个字节也可像数据段中的其他字节一样进行字节寻址。

bdata 区变量（字节型、整型、长整型）被保存在 RAM 中的位寻址区，因此可以对 bdata 区变量的各位进行位变量定义。这样，既可以对 bdata 区变量进行字节（或整型、长整型）操作，也可以进行位操作。

bdata 区变量的位定义格式：

　　sbit　位变量名　= bdata 区变量名^位号常数；

bdata 区变量在此之前应该是定义过的，位号常数可以是 0～7（8 位字节变量），或 0～15（16 位整型变量），又或 0～31（32 位字长整型变量）。例如：

```
unsigned    char  bdata    operate;
对 operate 的低 4 位做位变量定义：
sbit    flag_key=operate^0;    //键盘标志位
```

```
sbit    flag_dis=operate^1;      //显示标志位
sbit    flag_mus=operate^2;      //音乐标志位
sbit    flag_run=operate^3;      //运行标志位
```

4．idata 区

8051 系列的一些单片机，如 8052 有附加的 128 字节的内部 RAM，位于从 80H 开始的地址空间中，被称为 idata 区。idata 区的地址和 SFRs 的地址是重叠的，需要通过区分所访问的存储区来解决地址重叠问题，因为 idata 区只能通过间接寻址来访问。

5．xdata 区

存储空间为 64KB，与 code 区一样采用 16 位地址寻址，称为外部数据区，简称 xdata 区。这个区通常包括一些 RAM，如 SRAM，或一些需要通过总线接口的外围器件。对 xdata 区的读写操作至少需要 2 个处理周期。处理 xdata 区中的数据至少需要 3 个指令周期，因此使用频繁的数据应尽量保存在 data 区中。

第 4.1.1 节方法一中，如果要将变量"a"置于这一区域，则应表示为"unsigned char xdata a=0xfe;"。

6．pdata 区

这一区域只是对 xdata 区进行了分页处理，每一页称为一个 pdata 区。

C51 的存储位置与存储空间对应关系表如表 4.3 所示。

表 4.3　C51 的存储位置与存储空间对应关系表

存 储 类 型	存储空间位置	字 节 地 址	说　　　明
data	片内低 128B 存储区	0H～7FH	访问速度快，可作为常用变量或临时性变量存储器
bdata	片内可位寻址存储区	20H～2FH	允许位与字节混合访问
idata	片内高 128B 存储区	80H～FFH	只有 52 系列才有
pdata	片外页 RAM	00H～FFH	常用于外部设备访问
xdata	片外 64KB RAM	0000H～FFFFH	常用于存放不常用的变量或等待处理的数据
code	程序 ROM	0000H～FFFFH	常用于存放数据表格等固定信息

小技巧：

1．用局部变量代替全局变量

把变量定义成局部变量比全局变量更有效率。编译器为局部变量在内部存储区中分配存储空间，而为全局变量在外部存储区中分配存储空间，这会降低访问速度。另一个避免使用全局变量的原因是，用户必须在系统的处理过程中调节使用全局变量，因为在中断系统和多任务系统中不止一个过程会使用全局变量。

2．为变量分配内部存储区

局部变量和全局变量可被定义在用户想要的存储区中。根据之前的讨论，当用户把经常使用的变量放在内部 RAM 时，可使程序的速度得到提高。除此之外，还缩短了代码，因为外部存储区寻址的指令相对比较麻烦。考虑到存储速度，应按下面的顺序使用存储器：data idata pdata xdata。

C51 扩展的若干关键字一览表如表 4.4 所示。

表 4.4　C51 扩展的若干关键字一览表

关　键　字	用　　途	说　　明
_at_	地址定位	为变量进行存储器绝对空间地址定位
alien	函数特性声明	声明与 PL/M-51 编译器的接口
bdata	存储器类型说明	可位寻址的内部数据存储器
bit	位变量声明	声明一个位变量或位函数
code	存储器类型说明	程序存储器
compact	存储模式声明	声明一个紧凑编译存储模式
data	存储器类型说明	直接寻址的内部数据存储器
far	远变量声明	Keil 用 3B 指针来引用它
idata	存储器类型说明	间接寻址的内部数据存储器
interrupt	中断函数声明	定义一个中断服务函数
large	存储模式声明	声明一个大编译存储模式

小知识：关于变量名

变量名可以由字母、数字和下画线三种字符组成，并且第一个字符必须为字母或下画线，变量名长度随编译系统而定。

变量名具有字母大小写的敏感性，如 SUM 和 sum 代表不同的变量。

强调：头文件中定义的变量都是大写的。

变量名不得使用标准 C 语言和 C51 语言的关键字。

数据结构定义举例：

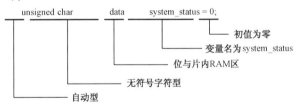

unsigned char bdata status_byte;

//定义 status_byte 为无符号字符型自动变量，该变量位于 bdata 区

unsigned int code unit_id[2]={0x1234，0x89ab};

/*定义 unit_id[2]为无符号整型自动变量，该变量位于 code 区，是长度为 2 的数组，并且初值为 0x1234 和 0x89ab*/

static char m, n;

//定义 m 和 n 为两个位于 data 区中的有符号字符型静态变量

项目一　任务 6　根据输入状态决定输出端口的状态

要求：用开关输入改变 P0 口的状态，并由此决定 P1 口的输出电平。

任务分析：开关状态如何读入单片机，如何由 P0 口状态选择 P1 口的输出，这涉及 C 语言中常见的程序选择结构问题。有几种选择结构呢？它们是如何使用的呢？

4.2　C51 的程序结构

与一般 C 语言的结构相同，以 main() 函数为程序入口，程序体中包含若干语句，还可以包含若干函数。

C51 包含的头文件除 reg51.h 外，通常还有 math.h、absacc.h、intrins.h、ctype.h、stdio.h、stdlib.h。常用的是 reg51.h（定义特殊功能寄存器和位寄存器）和 math.h（定义常用数学运算）。

4.2.1　C51 的运算符

1. 算术与逻辑运算符

C51 的算术与逻辑运算符与 C 语言基本相同。

```
+   -   *   /      （加、减、乘、除）
>   >=  <   <=     （大于、大于或等于、小于、小于或等于）
==  !=             （测试等于、测试不等于）

&&  ||  !          （逻辑与、逻辑或、逻辑非）

>>  <<             （位右移、位左移）
&  |               （按位与、按位或）
^  ~               （按位异或、按位取反）
```

2. 赋值运算符

- 赋值语句的作用是把某个常量、变量或表达式的值赋给另一个变量。
- 符号为 "="，这里并不是等于的意思，而是表示赋值。等于用符号 "=="表示。
- 赋值语句左边必须是变量或寄存器，并且必须先定义。
- 常量不能出现在左边。

3. 复合的赋值运算符

```
i+=2; 等价于 i=i+2;
a*=b+5; 等价于 a=a*(b+5);
x%=3; 等价于 x=x%3;
```

4. 自增、自减运算

自增运算符（++）和自减运算符（--）：

（1）前置运算——++变量、--变量，即先增减，后运算。

（2）后置运算——变量++、变量--，即先运算，后增减。

4.2.2　C51 的基本语句

C51 的基本语句与标准 C 语言基本相同。

> if——选择语言
> switch/case——多分支选择语言
> while——循环语言
> do-while——循环语言
> for——循环语言

1. if 语句

if 语句有三种形式，分别如下。

1）if 语句（无 else）

if 语句的结构流程图如图 4.4 所示。

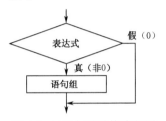

图 4.4　if 语句的结构流程图

基本 if 语句的格式如下。

```
if(表达式)
{
        语句组;
}
```

if 语句的执行过程：当表达式的结果为真时，执行其后的语句组，否则跳过该语句组，继续执行下面的语句。

在 if 语句中，表达式必须用括号括起来。

在 if 语句中，花括号"{}"里面的语句组如果只有一条语句，则可以省略花括号。例如，"if(P3_0==0) P1_0=0;"语句，但是为了提高程序的可读性和防止程序书写错误，建议读者在任何情况下，都加上花括号。

2）if-else

项目一任务 6 的解答如下所述。

根据 P0 口的工作状态决定 P1 口的输出电平，项目一任务 6 电路图如图 4.5 所示。

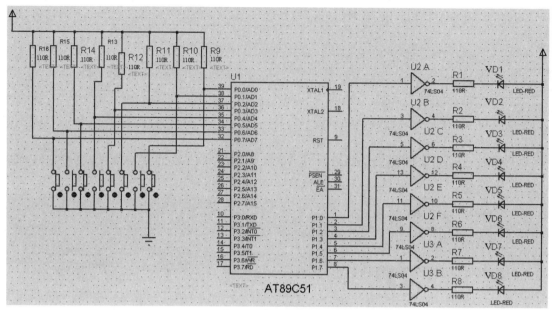

图 4.5　项目一任务 6 电路图

if-else 语句的一般格式如下。

```
if(表达式)
{
        语句组 1;
}
else
{
        语句组 2;
}
```

当 P0 口有开关被按下时，LED 全亮；如果没有开关被按下，则 LED 都灭，程序如下。

```
#include"at89x51.h"
main()
{
        if(P0>0)              //如果没有开关被按下
            P1=0x00;          //LED 都灭
        else
            P1=0xff;          //有开关被按下，LED 都亮
}
```

注释：at89x51.h 与 reg51.h 基本相同，它是 Atmel 公司产品的专用头文件。

if-else 语句的执行过程：当表达式的结果为真时，执行其后的语句组 1，否则执行语句组 2，if-else 语句流程图如图 4.6 所示。

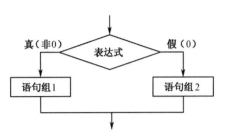

图 4.6　if-else 语句流程图

3）if-else-if 语句

if-else-if 语句是由 if-else 语句组成的嵌套，用来实现多个条件分支的选择，其一般格式如下。

```
if(表达式 1)
{
    语句组 1;
}
else if(表达式 2)
{
    语句组 2;
}
    …
else if(表达式 n)
{
    语句组 n;
}
else
{
    语句组 n+1;
}
```

if-else-if 语句流程图如图 4.7 所示。

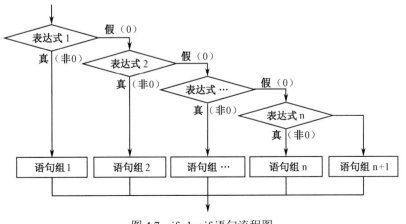

图 4.7　if-else-if 语句流程图

项目一任务 6 的解答方法二如下所述。

如图 4.5 所示，根据 P0 口的工作状态决定 P1 口的输出数据，即控制相应的 LED 显示。

```
#include<reg51.h>
main()
{
    while(1)                    //按下 P0 口哪个开关，相对应的 P1 口 LED 就亮
    {
            if(P0==0x00)
                P1=0x00;
            else if(P0==0x01)
                P1=0x01;
            else if(P0==0x02)
                P1=0x02;
            else if(P0==0x04)
                P1=0x04;
            else if(P0==0x08)
                P1=0x08;
            else if(P0==0x10)
                P1=0x10;
            else if(P0==0x20)
                P1=0x20;
            else if(P0==0x40)
                P1=0x40;
            else if(P0==0x80)
                P1=0x80;
            else
                P1=0x00;        //其他情况，LED 都灭
    }
}
```

2. 并行多分支结构（switch/case）

项目一任务 6 的解答方法二为串行多分支结构，其特点是判断有顺序。当分支较多时，嵌套的 if 语句层数多，程序将变得冗长，程序的可读性差，此时还可选用并行多分支结构。

项目一任务 6 解答方法三如下所述。

```
#include<reg51.h>
main()
{
    unsigned char k;

    while(1)                    //建立死循环
    {
```

```
                    k=P0&0xff;         //读取 P1 口的值，即开关的状态
                    switch(k)
                    {
                            case 0xfe:P1=0x01;break;      //S0 被按下
                            case 0xfd:P1=0x02;break;      //S1 被按下
                            case 0xfb:P1=0x04;break;      //S2 被按下
                            case 0xf7:P1=0x08;break;      //S3 被按下
                            case 0xef:P1=0x10;break;      //S4 被按下
                            case 0xdf:P1=0x20;break;      //S5 被按下
                            case 0xbf:P1=0x40;break;      //S6 被按下
                            case 0x7f:P1=0x80;break;      //S7 被按下
                            default:P1=0x00;break;        //其他情况，LED 全灭
                    }
            }
}
```

多分支选择的 switch 语句，其一般形式如下。

```
switch(表达式)
{
        case 常量表达式 1:   语句组 1;break;
        case 常量表达式 2:   语句组 2;break;
        …
        case 常量表达式 n:   语句组 n;break;
        default:   语句组 n+1;
}
```

该语句的执行过程：首先计算表达式的值，并逐个与 case 后的常量表达式的值相比较。当表达式的值与某个常量表达式的值相等时，执行该常量表达式后的语句组，然后再执行 break 语句，跳出 switch 语句，继续执行下一条语句。如果表达式的值与所有 case 后的常量表达式的值均不相同，则执行 default 后面的语句组。

注意：
- 各个 case 语句及 default 语句出现的次序不影响执行的结果，各种情况的地位相同。
- break 语句不可少，否则不会退出，而会继续执行后面的 case 语句。
- 每一个 case 语句的常量表达式必须互不相同，以免造成混乱。

项目一　任务 7　跑马灯的控制 1

要求：跑马灯电路图 1 如图 4.8 所示，当开关 S 闭合时，P2.0 为低电平，VD1～VD8 亮；断开时，P2.0 为高电平，VD1～VD4 亮。

任务分析：除了前面两种选择结构，还有没有其他方法决定是否执行一段程序？这一任务就是要处理这样一个问题，即由开关的状态决定 P2.0 的电平，根据 P2.0 的电平决定是否点亮全部 LED。

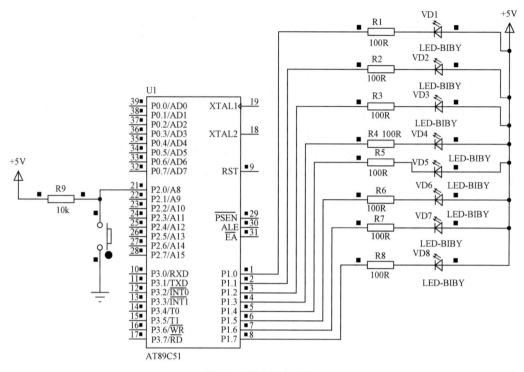

图 4.8　跑马灯电路图 1

3．循环结构

主要包括 while 循环、do…while 循环和 for 循环三种结构。

1）while 循环

while 循环流程图如图 4.9 所示。

```
#include<reg51.h>
main()
{
    while(1)
    {
        while((P2&0x01)==0)    //读取出 P2.0 的引脚状态
            P1=0x00;           //若 P2.0 为 0，即开关被按下，
                               //则所有 LED 亮
        P1=0x0f;               //若 P2.0 为 1，即开关未被按
                               //下，则仅 VD1～VD4 亮
    }
}
```

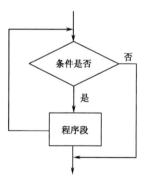

图 4.9　while 循环流程图

2）do…while 循环

do…while 循环的特点如下。

- 先执行，后判断。
- 至少执行一次。

do…while 循环流程图如图 4.10 所示。

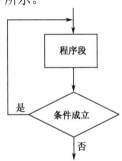

图 4.10　do…while 循环流程图

```
main()
{
    int sum=0, a=0;
    do
    {
        sum+=a;             //累加
        a++;                //修改控制量
    }
    while(a<=10);           //判断是否结束，此处分号不能少
    while(1);
}
```

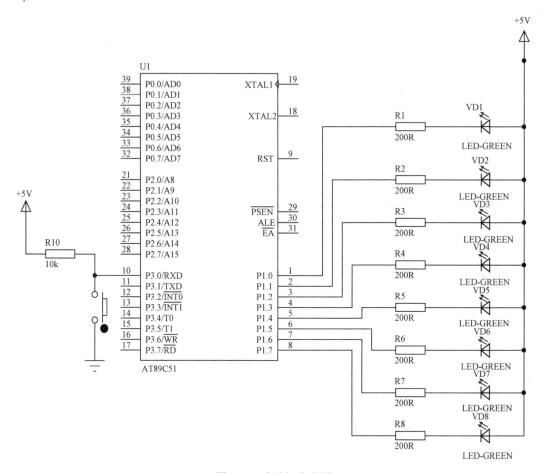

图 4.11 跑马灯电路图 2

使用 do…while 循环结构解决上述问题，程序如下。

```
#include<reg51.h>
main()
{
    unsigned int a;
    unsigned char x;
    for(; ;)            //建立死循环
    {
        do
        {
            P1=0xff;                //开关未被按下，全灭
            for(a=0;a<50000;a++);   //延时
            x=P3;                   //读取 P3，即开关的状态
        }
        while((x&0x01)!=0);         //判断开关是否被按下
        P1=0x00;                    //开关被按下，全亮
```

```
            for(a=0;a<50000;a++);          //延时
    }
}
```

3）for 循环

总循环次数已确定的情况下，可采用 for 语句，for 循环流程图如图 4.12 所示，for 语句形式如下。

```
    for(循环变量赋初值; 循环继续条件; 循环变量增值)
    {
            循环体语句组;
    }
```

试用 for 循环结构编写一段程序，计算 1+2+…+10。

```
    main()
    {
            int a，sum;          //用 char 型变量行不行？
            sum=0;
            for(a=0;a<=10;a++)
                    sum+=a;
            while(1);          //防止程序跑飞！！
    }
```

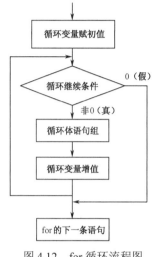

图 4.12　for 循环流程图

项目一　任务 10　跑马灯的控制 3

要求：编写一段程序从 P1 口输出数据 0～255。

任务分析：如何从 0 到 255 进行变化，变化的结果如何输出到 P1 口，在仿真时如何观察这一变化，这些都是本任务要解决的问题。

电路可使用前面的跑马灯电路，输出的二进制数字从 LED 上观察。程序采用 for 循环结构，程序如下。

```
        #include<reg51.h>
        main()
        {
            unsigned char a;
            unsigned int b;
            while(1)
            {
                    for(a=0;a<=255;a++)
                    {
                            P1=a;
                            for(b=0;b<50000;b++);          //延时
                    }
```

```
        }
    }
```

通过电路图 4.11 可以清晰地观察二进制数的递增过程，既可训练二进制数的读取，又有趣味性。

项目— 任务 11 跑马灯的设计

要求：跑马灯电路图 3 如图 4.13 所示，试用 for 循环结构编写一段程序，从 P1 口输出数据，依次点亮 VD1～VD8。

任务分析：依次点亮 8 个 LED，关键是如何改变 P1 口的输出，即用怎样的规律去改变 P1 口的电平。可以使用算法，这比较简单；也可以使用固定的图形模式，这样做虽然麻烦，但应变起来比较方便。

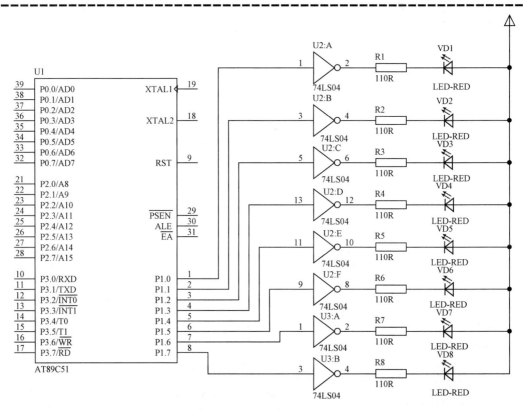

图 4.13 跑马灯电路图 3

```
#include<reg51.h>
main()
{
    unsigned int a;
    unsigned char b, c;
    for(  ;  ;  )
```

```
    {
        c=0x80;
        for(b=0;b<8;b++)
          {
            P1=c;           //点亮一个 LED
            for(a=0;a<50000;a++);
            c=c>>1;         //准备点亮下一个 LED
          }
      }
  }
```

4．引申

根据制作的跑马灯电路，可以设计各种交替的显示效果。

通过以上的跑马灯程序设计，可以总结出以下几点。

（1）程序设计要有思想。

（2）思想的体现要用流程图，跑马灯程序设计的流程图如图 4.14 所示。

（3）程序根据流程图编写。

（4）程序设计没有标准答案，没有最好，适合自己的就是好的。

（5）多读程序、多模仿、多实践就是学习方法。

跑马灯设计的核心问题其实是如何改变 P1 口的赋值，改变 P1 口的赋值有两种方法，分别是"移动"方法和"数组改变"方法。

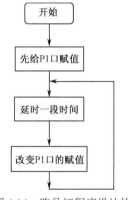

图 4.14　跑马灯程序设计的流程图

上面的程序就是采用了第一种方法，通过移动变量 c 来改变 P1 口的赋值，从而改变显示效果。这种方法在实现简单的跑马灯图案时较方便，但要实现复杂的图案就不方便了。

例如，要实现双向移动，则程序如下。

```
//与此对应的电路图中应除掉与 LED 相连的非门
#include<reg51.h>
main()
{
    void delay(unsigned int);
    unsigned char a,b,c,i;
    for(; ;)
    {
        a=0x7f;            //第一个 LED 亮
        b=0xfe;            //最后一个 LED 亮
        for(i=0;i<4;i++)
        {
            c=a&b;         //第一个 LED 和最后一个 LED 亮
```

```
        P1=c;
        delay(200);          //延时
        a=a>>1;              //为下一个 LED 亮做准备
        b=b<<1;              //为上一个 LED 亮做准备
    }
  }
}
void delay(unsigned int j)
…
```

可见这种方法比较麻烦，那么有没有其他更好的办法呢？把要显示的图案做成一个数组，按顺序读取数组的值即可。当图案改变时，程序不用做较大修改，只改变图案数组即可。

```c
#include <reg51.h>
#define led P1      //用 LED 替换 P1，如果 LED 放在其他端口，只需改变 P2 口即可
void delay(unsigned int j )
{
    unsigned int i,t;
    for(t=j;t>0;t--)
    {
        for (i=0;i<255;i++)
        ;
    }
}
main()
{
    unsigned char list[]={0x7e,0x3c,0x18,0x00,0x18,0x3c,0x7e,0xff};//所需要的图案
    for(; ;)
    {
        unsigned char i;
        unsigned char *T=list;
        for(i=0;i<8;i++)
        {
            led=*T;
            delay(50);
            T++;
        }
    }
}
```

对这一程序进行编译后给出的结果如下。

> "Program Size: data=21.0 xdata=0 code=395"

这一段程序占用 395 字节的程序存储空间，如果将数组存储位置定义为 "code"，即将上面的数组数据类型改为 "unsigned char code list[]"，则经过编译后结果如下。

> "Program Size: data=13.0 xdata=0 code=130"

仅占 130 字节的程序存储器空间，可见变量（或常数）的存储类型是很重要的，使用恰当，会节省很多程序空间。为什么会这样呢？因为编程使用的是 C 语言，虽然其编译效率较高，但是将 C 语言变成能在单片机上运行的二进制代码时（先变为汇编语言代码），会产生效率问题。在上面的程序中，如果把数据放在内部 RAM 中（data 区），由于数据在那里是可以改写的，编译器在处理时不方便，从而产生了长的二进制代码。这也是为什么要掌握单片机存储器的道理。

小知识：关于指针

指针是一个包含存储区地址的变量。因为指针中包含了变量的地址，所以它可以对它所指向的变量进行寻址。使用指针是非常方便的，因为它很容易从一个变量移到下一个变量，所以可以写出对大量变量进行操作的通用程序指针。使用指针时要定义类型，说明指向何种类型的变量。假设用关键字 long 定义一个指针，C 语言把指针所指的地址看成一个长整型变量的基址，这并不说明这个指针被强迫指向长整型的变量，也不是说变量和基址为长整型，而是说明 C 语言把该指针所指的变量看成是长整型的。下面是一些指针定义的例子。

> unsigned char *my_ptr, *anther_ptr;
>
> unsigned int *int_ptr;

指针可被赋予任意已经定义的变量或存储器的地址，例如：

> my_ptr=&char_val;　　//指针指向变量 char_val 的地址
>
> Int_ptr=&int_array[10];　　//指针指向数组 int_array[10] 的首地址

本章节前面的例子中 "unsigned char *T=list;" 定义了指向数组 list 首地址的指针 T。

Keil C 允许用户规定指针指向的存储段，这种指针叫具体指针。使用具体指针的好处是节省存储空间，编译器不用为存储器选择和决定正确的存储器操作指令产生代码，这样使代码更加简短，但必须保证指针不指向所声明的存储区以外的地方，否则会产生错误而且很难调试。例如：

> char data *xd_ptr;//指向 data 区域的指针

项目一　任务 12　跑马灯的控制 4

要求：如图 4.11 所示，编写一段程序，使 P1 口驱动的 8 个 LED 亮 1s，再灭 1s。

任务分析：前一任务已使用过延时函数，那么 C51 的函数有哪些类型呢？各有何特点呢？

4.2.3　C51 函数

1．函数的分类

在 C 语言程序中，子程序的作用是由函数来实现的，函数是 C 语言的基本组成模块，一个 C 语言程序是由若干个模块化的函数组成的。

C 语言程序都是由一个主函数 main( ) 和若干个子函数构成的，有且只有一个主函数。程序由主函数开始执行，主函数根据需要来调用其他函数，其他函数可以有多个。

1）标准库函数

标准库函数是由 C51 的编译器提供的，用户不必定义这些函数，可以直接调用。Keil C51 编译器提供了 100 多个库函数供人们使用。常用的 C51 库函数包括一般 I/O 端口函数、访问 SFR 地址函数等，在 C51 编译环境中，以头文件的形式给出。

C51 中的 intrins.h 库函数：C51 除了提供标准 C 语言库函数，还有自己特有的 9 个库函数，都包含在 intrins.h 库中。其原型如下所述。

```
/*--------------------------------------------------------------
INTRINS.H

Intrinsic functions for C51.
Copyright (c) 1988-2002 Keil Elektronik GmbH and Keil Software，Inc.
All rights reserved.
--------------------------------------------------------------*/

#ifndef __INTRINS_H__
#define __INTRINS_H__

extern void            _nop_       (void);
extern bit             _testbit_ (bit);
extern unsigned char _cror_   (unsigned char,unsigned char);
extern unsigned int   _iror_   (unsigned int,unsigned char);
extern unsigned long _lror_   (unsigned long,unsigned char);
extern unsigned char _crol_   (unsigned char,unsigned char);
extern unsigned int   _irol_   (unsigned int,unsigned char);
extern unsigned long _lrol_   (unsigned long,unsigned char);
extern unsigned char _chkfloat_(float);

#endif
```

crol 字符循环左移
cror 字符循环右移
irol 整数循环左移
iror 整数循环右移
lrol 长整数循环左移

lror 长整数循环右移

nop 空操作 8051 NOP 指令

testbit 测试并清零位 8051 JBC 指令

_chkfloat_测试并返回源点数状态

函数名：_crol_、_irol_、_lrol_

功能：_crol_、_irol_、_lrol_以位形式将 val 左移 n 位，该函数与 8051 "RLA" 指令相关，上面几个函数的参数类型不同，分别为字符型、整型、长型。

例如：

```
#include <reg51.h>
main()
{
    unsigned int y;
    ...
    y=0x00ff;
    y=_irol_(y,4);              /*将 y 左移 4 位，得到：y=0x0ff0*/
}
```

函数名：_cror_、_iror_、_lror_

功能：_cror_、_iror_、_lror_以位形式将 val 右移 n 位，该函数与 8051 "RRA" 指令相关，这几个函数的参数类型不同。

例如：

```
#include <reg51.h>
main()
{
    unsigned int y;
    y=0xff00;
    y=_iror_(y,4);              /*将 y 右移 4 位，得到：y=0x0ff0*/
}
```

函数名：_nop_

原型：void _nop_(void);

功能：_nop_产生一个 NOP 指令，该函数可作为 C 语言程序的时间延时。C51 编译器在 _nop_函数工作期间不产生函数调用，即在程序中直接执行 NOP 指令。

例如：

```
P0=1;
_nop_();
P0=0;
```

函数名：_testbit_

原型：bit _testbit_(bit x);

功能：_testbit_产生一个 JBC 指令，该函数测试一个位，当置位时返回 1，否则返回 0。如果该位置为 1，则将该位复位为 0。8051 的 JBC 指令即用作此目的。

testbit 只能用于可直接寻址的位，不允许在表达式中使用。

2）用户自定义函数

用户自定义函数是用户根据需要自行编写的函数，它必须先定义之后才能被调用。

2．C51 函数定义的一般形式

函数定义的一般形式如下。

```
函数类型  函数名(形式参数表)
形式参数说明
{
    局部变量定义
    函数体语句
}
```

（1）"函数类型"说明了自定义函数返回值的类型。

（2）"函数名"是自定义函数的名称。

（3）"形式参数表"给出函数被调用时传递数据的形式参数，其类型必须要加以说明。ANSI C 标准允许在形式参数表中对形式参数的类型进行说明。如果定义的是无参数函数，可以没有形式参数表，但是圆括号不能省略。

（4）"局部变量定义"是对在函数内部使用的局部变量进行定义。

（5）"函数体语句"是为完成函数的特定功能而设置的语句。

3．函数调用

函数调用就是在一个函数体中引用另外一个已经定义的函数，前者称为主调用函数，后者称为被调用函数，函数调用的一般格式如下。

```
函数名(实际参数列表);
```

对于有参数类型的函数，若实际参数列表中有多个实参，则各参数之间用逗号隔开。实参与形参顺序对应，个数应相等，类型应一致。

在一个函数中调用另一个函数需要具备如下条件。

（1）被调用函数必须是已经存在的函数（库函数或用户自己已经定义的函数）。如果函数定义在调用之后，那么必须在调用之前（一般在程序头部）对函数进行声明。

（2）如果程序使用了库函数，则要在程序的开始处用＃include 预处理命令将调用函数所需要的信息包含在本文件中。如果不是在本文件中定义的函数，那么在程序开始处要用 extern 修饰符进行函数原型说明。

项目一的任务 12 跑马灯控制 4 的解答如下所述。

编写一段程序，使 P1 口驱动的 8 个 LED 亮 1s，再灭 1s。跑马灯电路图 4 如图 4.15 所示。

```c
#include<reg51.h>
void delay();                //先使用后定义的函数，在使用前要进行声明！
main()
{
    while(1)
```

```
                {
                     P1=0;
                     delay();              //延时
                     P1=0xff;
                     delay();              //延时
                }
        }
        void delay(void)
        {
                     unsigned int a;
                     a=0;
                     while(a<50000)
                             a++;
        }
```

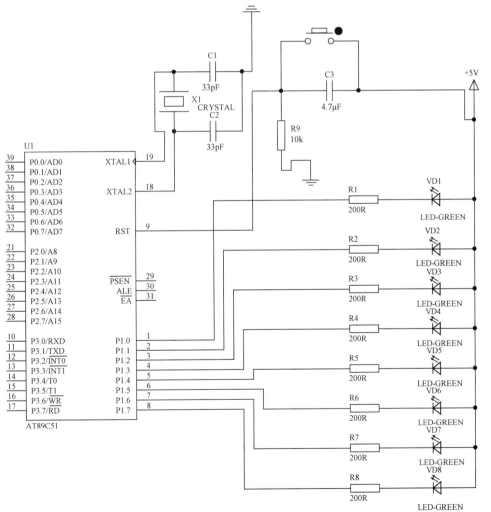

图 4.15　跑马灯电路图 4

"void delay(void)" 为延时函数，在程序中通过变量 a 不断自加来占用单片机的运行时间，达到延时的效果。这种方法虽然可以延时，但单片机此时却不做任何有意义的工作，效率低下。以后将学习在单片机的 CPU 工作的同时，定时器保持运行的延时方法。

如果函数没有写明返回值类型，则默认返回值为 int 型；无返回值说明 void。

项目一　任务 13　跑马灯的控制 5

要求：如图 4.11 所示，试编写一段程序，使 P1 口驱动的 LED 亮 1s，再灭 2s。

任务分析：在上面例子中，如果要改变 LED 亮灭时间为任意时间不方便，故可编写带有形参的延时函数。

```c
#include<reg51.h>
char delay(char );
main()
{
    while(1)
    {
        P1=0;
        delay(20);
        P1=0xff;
        delay(40);
    }
}
char delay(char k)
{
    unsigned int a,b;
    for(a=0;a<k;a++)
        for(b=0;b<4000;b++);
    return 0;
}
```

有了形参后，改变 LED 亮灭时间就很方便了。

微课 11：以流水灯为载体讲述顺序结构、
分支选择结构、循环结构和子函数

4-2　流水灯

4.3 交通灯控制器

4.3.1 程序的移植

到现在为止，已经学习了很多程序的编制，也学会了仿真、下载程序的方法。但每个人采用或制作的开发板可能各不相同，将程序下载到不同的开发板时，不一定能实现原来的功能。如将项目一任务 11 的程序下载到某开发板时，效果是灭的 LED 在移动，而将第 3.2 节中的仿真程序下载后，没有显示 "012345"。某开发板的部分电路原理图如图 4.16 所示。

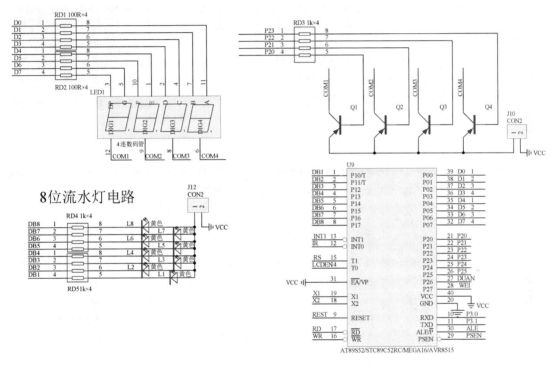

图 4.16　某开发板的部分电路原理图

分析电路图可知，这一电路中 8 个发光二极管直接与 P1 口相连，没有如图 4.13 所示那样连接 "非" 门，故控制相应的引脚为低电平时，会点亮相应的发光二极管。修改项目一任务 11 程序中的语句 "c=0x80;" 为 "c=~0x80;"，即可达到与项目一任务 11 同样的效果。再分析图 4.16 可知，虽然 4 个发光二极管也是共阳极的，但它们要通过一个 PNP 型的三极管驱动，只有与它相连的 P2 口相应引脚为低电平，三极管才导通，相应的数码管阳极才为高电平，故对 P2 的控制与第 3.2 节中的仿真程序相反。还可以发现，数码管的各段也与之不同，是接到 P0 口的，而不是 P1 口。

不需要修改程序的其他部分，只修改端口控制部分即可。

```
P2=0;
P1=LED_CODES[i];
P2=Select[i];
```

改为：

```
P2=0xff;        // 关闭显示
P0=LED_CODES[i];    /送段码
P2=~Select[i];      //送位码
```

再将生成的.hex 文件下载到开发板上，某开发板下载修改后的程序的效果图如图 4.17 所示。由于只有 4 只数码管，显示的为"0123"。

上面做的其实就是程序的移植，即将控制程序移植到不同的电路中。很多时候，没有必要，时间紧张时也不允许对每一电路的控制程序进行从零开始的重编，而只需要将相似的电路的控制程序移植来即可。这就需要能看懂电路图，根据电路的不同，主要是端口的不同，对被移植程序的相应部分进行修改，而完全没有必要将移植来的整个程序全部读懂。这一方法既在编写程序中常用，也在很多实际工作中经常用到，学会了会达到事半功倍的效果。

图 4.17　某开发板下载修改后的程序的效果图

项目二　交通灯控制器的设计

如图 4.18 所示，有一个十字路口，现要求按以下规律控制交通灯。

- 南北方向红灯亮，东西方向绿灯亮，延时 60s；
- 南北方向红灯亮，东西方向黄灯亮，延时 3s；
- 南北方向绿灯亮，东西方向红灯亮，延时 120s；
- 南北方向黄灯亮，东西方向红灯亮，延时 3s；
- 周而复始，循环不止。
- 当开关 S1 被按下时，东西方向绿灯亮，南北方向红灯亮，强制性东西方向通行。
- 当开关 S2 被按下时，南北方向绿灯亮，东西方向红灯亮，强制性南北方向通行。

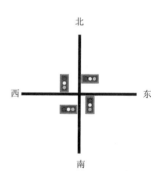

图 4.18　十字路口交通灯示意图

项目介绍：此项目具有中等难度。通过此项目的训练，可提高学生的单片机系统的硬件设计能力、软件设计能力，特别是提高学生的程序调试能力。

交通灯控制程序流程图如图 4.19 所示，交通灯电路图如图 4.20 所示。在图 4.20 中，仿真交通灯的 LED 之所以没有连线，是为了提高视觉效果，将线隐藏了起来。

元件清单：单片机（STC89C51）；40 个引脚座；LED×6（红、绿、黄各 2 个）；电阻 100Ω×6、10kΩ×3；电容 30pF×2、10μF、0.1μF×4；石英晶体 6MHz；74LS04；MAX232；RS-232 接口（母口）；RS-232 连接线；万能焊接板；单股导线；按钮开关×2；交通灯控制器。其中，交通灯控制器可单独制作，也可与跑马灯合做在一块万能焊接板上（推荐）。

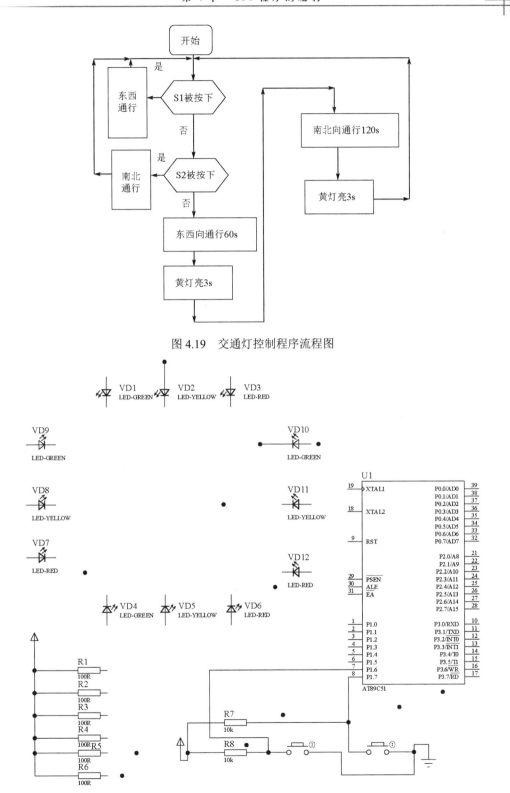

图 4.19　交通灯控制程序流程图

图 4.20　交通灯电路图

项目二　任务 1　交通灯的控制

要求：设计控制电路图、程序流程图，编写控制程序，调试程序，实现控制功能。这一功能，以后还要扩展，如增加通行时间、倒计时功能。

任务分析：交通灯的 3 种颜色可通过红、黄、绿 3 种颜色的 LED 来模仿，南北及东西各放置 3 个 LED，共 6 个 LED。控制电路与跑马灯电路类似，其中要增加 2 个控制用的开关。控制程序比跑马灯的程序复杂得多，这里有开关状态的判断问题，还有两个路口 LED 状态的转换问题等。

4.3.2　交通灯的控制

1．电路设计

如图 4.20 所示，在 P1 口外接两个方向的交通灯 VD1～VD6，颜色分别为红、黄、绿，并且连接两个控制开关 S1、S2。只要控制恰当，即可实现所要求的控制功能。

2．控制程序流程图

交通灯控制程序流程图如图 4.19 所示。先判断开关 S1、S2 是否断开，如果是，则执行相关的控制；如果不是，则按照红、黄、绿交替进行无限循环。

3．控制程序

编写控制程序必须考虑以下问题：交通灯的亮、灭控制字；如何判断 S1 及 S2 的状态？如何根据 S1 及 S2 的状态做出选择？

1）交通灯控制

电路图上的对应关系：南北方向为红—P1.0，黄—P1.1，绿—P1.2；东西方向为红—P1.3，黄—P1.4，绿—P1.5；S1—P1.6；S2—P1.7。根据电路图可知，只要控制 LED 的阴极为低电平，该交通灯就亮，为高电平就灭。这里用 C51 特有的特殊位变量 sbit 控制实现：先在最前面对各位进行定义，然后在每一子程序中控制相应的位为 0（低电平）或 1（高电平）。

2）对 S1 及 S2 状态的判断

对 S1 及 S2 状态的判断也用特殊位变量 sbit 控制实现。特殊位变量 force_east_west_run 为低则说明 S1 被按下，东西向强制通行；特殊位变量 force_south_north_run 为低则说明 S2 被按下，南北向强制通行。

3）常态下，两方向轮流通行

在没有按钮被按下的情况下，两个方向轮流通行。为了实现不间断运行，主程序前面要加上死循环。这也是单片机程序的标准结构，因为程序运行完后，会自动往下运行，可能到达未知代码区，出现死机或跑飞。为了避免出现死机或跑飞，加上死循环是一种有效的方法。

4）控制程序

```c
#include "reg52.h"
#define ON 0                        //定义交通灯亮，这里为低电平控制
#define OFF 1                       //定义交通灯灭，这里为高电平控制
#define S_N_GO_time 120             //定义南北运行时间
#define E_W_GO_time 60              //定义东西运行时间
#define E_W_to_S_N_GO_time 30       //定义东西转南北运行时间
#define S_N_to_E_W_GO_time 30       //定义南北转东西运行时间
/*      各端口与交通灯的连接关系：东西向红灯接 P1.3，东西向黄灯接 P1.4，东西向绿灯接 P1.5；
南北向红灯接 P1.0，南北向黄灯接 P1.1，南北向绿灯接 P1.2；强制东西向通行开关接 P1.6，强制南北向通行
开关接 P1.7          */
sbit D_X_R=P1^3;
sbit D_X_Y=P1^4;
sbit D_X_G=P1^5;
sbit N_B_R=P1^0;
sbit N_B_Y=P1^1;
sbit N_B_G=P1^2;
sbit force_east_west_run=P1^6;
sbit force_south_north_run=P1^7;
delay(int x)                        //延时函数
  {
  int i,j;
  for(j=0;j<x;j++)
     for(i=0;i<5000;i++)
       ;
  }
/*  东西通行函数    */
  east_west_run()
  {
  D_X_G=ON;                         //东西绿灯亮
  N_B_R=ON;                         //南北红灯亮
  D_X_R=OFF;
  D_X_Y=OFF;
  N_B_Y=OFF;
  N_B_G=OFF;
  delay(E_W_GO_time);
  }
/*  东西通行转南北通行函数    */
  east_west_to_south_north_run()
  {
```

```
    D_X_R=OFF;
    D_X_Y=ON;                        //东西黄灯亮
    D_X_G=OFF;
    N_B_R=ON;                        //南北红灯亮
    N_B_Y=OFF;
    N_B_G=OFF;
    delay(E_W_to_S_N_GO_time);
    }
/*  南北通行函数     */
south_north_run()
{
  D_X_R=ON;                          //东西红灯亮
  D_X_Y=OFF;
  D_X_G=OFF;
  N_B_R=OFF;
  N_B_Y=OFF;
  N_B_G=ON;                          //南北绿灯亮
  delay(S_N_GO_time);
}
/*  南北通行转东西通行函数    */
  south_north_to_east_west_run()
  {
  D_X_R=ON;                          //东西红灯亮
  D_X_Y=OFF;
  D_X_G=OFF;
  N_B_R=OFF;
  N_B_Y=ON;                          //南北黄灯亮
  N_B_G=OFF;
  delay(S_N_to_E_W_GO_time)  ;
}
  main()
  {
  while(1)
{
if(!force_east_west_run)              //如果强制东西通行按钮被按下，则东西通行
east_west_run();
else if(!force_south_north_run)       //如果强制南北通行按钮被按下，则南北通行
south_north_run();
/*  如果没有强制通行按钮被按下，则两个方向转换通行：东西通行   东西转南北通行   南北通行
南北转东西通行   */
```

```
    else
        {
        east_west_run();
        east_west_to_south_north_run();
        south_north_run();
        south_north_to_east_west_run();
            }
                }
        }
```

以上是一个中等难度的单片机系统设计，涉及硬件设计与软件设计，并且要将软、硬件结合起来，这是单片机系统设计的特点。单片机系统的设计往往不仅是控制程序的设计，因为控制程序与硬件电路是密切相关的，所以必须同时针对底层硬件进行程序设计。将程序下载到开发板上，用 8 个 LED 中的 6 个代表两个方向的 6 个交通灯，可以观察程序的运行情况，只是开发板上的 LED 颜色是同一色的。也可在开发板外单独再制作一个交通灯板，将它通过杜邦线接入单片机的扩展引出端口即可。交通灯运行实物图如图 4.21 所示。

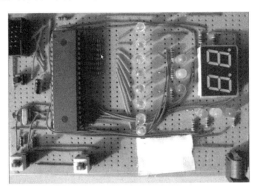

4-3 用字节操作解答项目二任务 1 交通灯的控制

图 4.21　交通灯运行实物图

4.4　补充知识：数组的概念

1. 数组的概念

数组属于常用的数据类型，数组中的元素数目固定、类型相同，数组元素的数据类型就是该数组的基本类型。例如，整型数据的有序集合称为整型数组，字符型数据的有序集合称为字符型数组。

数组分为一维、二维、三维和多维数组等，常用的是一维、二维和字符型数组。

数组是构造类型数据：由基本类型数据按照一定规则组成。

数组是有序数据的集合：数组中的每一个元素都属于同一个数据类型，用一个统一的数组名和下标来唯一地确定数组中的元素。

应用场合：在需要处理的数据为数量已知的若干个相同类型的数据时应用。

注意：先定义，后使用。

2．一维数组的定义和引用

1）一维数组的定义

一般格式：

> 类型标识符　数组名[常量表达式];

例如：

> int array[10];
>
> unsigned char num[7];

说明：

（1）数组名，数组名中存放的是一个地址常量，它代表整个数组的首地址。同一数组中的所有元素，按其下标顺序占用一段连续的存储单元。

（2）使用方括号而非圆括号。

（3）常量表达式，可以是常量或符号常量，表示数组元素的个数（也称数组长度）。不允许对数组大小动态定义。

（4）数组元素下标从 0 开始，如 array[0], array[1], …, array[9]。

2）一维数组的引用

数组元素的表达形式：

> 数组名[下标表达式]

例如：

> Array[4] = 100;　array[8] = 34;　array[10] = 56;

注意：数组下标不能越界。

一个数组元素具有和相同类型单个变量一样的属性，可以对它赋值，也可以参与各种运算。

3）一维数组的初始化

一般格式：

> 数据类型　数组名[常量表达式]={初值表}

（1）定义时赋初值，如 int score[5]={1,2,3,4,5}。

（2）给一部分元素赋值，如 int score[5]={1,2}。

（3）使所有元素为 0，如 int score[5]={0}。

（4）给全部数组元素赋初值时，可以不指定数组长度，如 int score[]={1,2,3,4,5}。

‖ 小　结 ‖

本章内容较多，以跑马灯的设计为引导，讲述程序设计，涉及的内容有 C 语言的基本知识及 C51 的特性，包括数据类型、存储类型、运算符及几种常用语句结构（if、switch…case、while、do…while、for）。最后还通过项目二——交通灯控制器引入了 C51 函数，并通过编写这个中等难度的程序提升设计与编写程序的能力。本章重点如下。

（1）C51 扩展的数据类型。

（2）C51 的存储类型。

（3）if、switch…case、while、do…while、for 结构。

（4）C51 函数。

（5）跑马灯及交通灯程序编写方法。

习　　题

一、填空题

1．C51 扩展的数据类型有＿＿＿＿＿、＿＿＿＿＿、＿＿＿＿＿、＿＿＿＿＿。

2．用 C51 编写单片机程序，与用 ANSI C 编写程序的不同之处是，需要根据单片机＿＿＿＿＿结构及内部资源定义相应的＿＿＿＿＿类型和变量。

3．C51 变量定义的四个要素是＿＿＿＿＿、＿＿＿＿＿、＿＿＿＿＿、＿＿＿＿＿。

4．sfr 定义特殊功能寄存器 SFR 的地址，例如：

```
sfr P0 = 0x80;        //定义 P0 口＿＿＿＿＿为 80H
sfr16 DPTR=0x82;      //定义 DPTR 的＿＿＿＿＿为 82H
```

5．bit door = 0 ;   //定义一个叫 door 的＿＿＿＿＿变量且初值为＿＿＿＿＿

6．下列是一个子函数。

```
bit testfunc (bit flag1,  bit flag2)
{                         /* flag1 和 flag2 为＿＿＿＿＿类型的参数*/
…
return (flag);            /* flag 是＿＿＿＿＿类型的返回值 */
}
```

7．51 系列单片机有 3 个逻辑存储空间：＿＿＿＿＿＿＿＿＿、＿＿＿＿＿＿＿＿＿、＿＿＿＿＿＿＿＿＿，数据可任意存储到其中某一个存储器中。

8．code 区是用来存放可执行代码的存储区，用 16 位寻址空间可达＿＿＿＿＿＿代码段，是只读的。常数，如汉字字库，常放在此区存储，但＿＿＿＿＿＿一般不能存储于此区域。

9．data 区是 8051 内＿＿＿＿＿字节的内部 RAM 或 8052 的前 128 字节内部 RAM 存储区。访问 data 区比访问 xdata 区要＿＿＿＿＿。通常把使用比较频繁的＿＿＿＿＿存储在 data 区中，但是必须节省使用 data 区，因为它的空间有限。

10．位寻址段 bdata，包括＿＿＿＿＿个字节，共＿＿＿＿＿位，每一位都可单独寻址。

11．xdata 区存储空间为＿＿＿＿＿KB，和 code 区一样采用 16 位地址寻址，称为外部数据区。这个区通常包括一些 RAM，如 SRAM 或一些需要通过总线接口的＿＿＿＿＿。使用频繁的数据应尽量保存在＿＿＿＿＿区中。

12．switch…case 语句的执行过程：首先计算＿＿＿＿＿的值，并逐个与 case 后的常量表达式的值＿＿＿＿＿，当表达式的值与某个常量表达式的值相等时，则执行对应该常量表达式后的语句组，再执行＿＿＿＿＿语句，跳出 switch 语句的执行，继续执行下一条语句。如果表达式的值与所有 case 后的常量表达式的值均不相同，则执行＿＿＿＿＿后的语句组。

二、选择题

1．以下哪些是单片机扩展的数据类型（　　）。

A．bdata　　　　　　　B．bit　　　　　　　　　C．code　　　　　　　　　D．data

2．以下哪个语句与其他 3 个语句的意义不同（　　）。

A．sbit CY = 0xD7;　　　　　　　　　　　　B．sfr PSW = 0xD0; sbit CY = PSW^7;

C．sbit CY = 0xD0^7;　　　　　　　　　　　D．sbit CY = 0xD0

3．以下不正确的说法是（　　）。

A．用 sbit 定义的位变量必须能够按位操作，而不能对无位操作功能的位定义位变量

B．用 sbit 定义的位变量必须放在函数外面作为全局位变量，而不能在函数内部定义

C．用 sbit 每次只能定义一个位变量

D．用 sbit 定义的是一种绝对定位的位变量（因为名字是与确定位地址对应的），具有特定的意义，在应用时能像 bit 型位变量那样随便使用

4．以下不正确的说法是（　　）。

A．位变量不能定义成一个指针，原因是不能通过指针访问 bit 类型的数据，如定义"bit *ptr;"是非法的

B．不存在位数组，如不能定义 bit SHOW_BUF［6］

C．在位定义中，允许定义存储类型，位变量都被放入一个位段，此位段位于 51 单片机片内的 RAM 中，因此存储器类型限制为 data、bdata、idata、pdata 和 xdata。如果把位变量的存储类型定义为其他存储类型将导致编译出错

D．使用中断禁止（#pragma disable）或包含明确的寄存器组切换（using n）的函数不能返回位值，否则编译器会给出一个错误信息

5．C51 包含的头文件有（　　）。

A．reg51.h　　　　　B．math.h　　　　　　　C．absacc.h　　　　　　　D．intrins.h

6．关于 switch…case 语句，下列说法不正确的是（　　）。

A．各个 case 及 default 出现的次序，不影响执行的结果，各种情况的地位相同

B．break 语句可以省略

C．每一个 case 的常量表达式必须互不相同，以免造成混乱

D．break 语句不可少，否则不会退出，而会继续执行后面的 case 语句

7．以下不是循环结构的是（　　）。

A．while 结构　　　　B．do…while 结构　　　C．if 语句　　　　　　　D．for 语句

8．在一个函数中调用另一个函数需要具备如下条件（　　）。

A．被调用函数必须是已经存在的函数（库函数或用户自己已经定义的函数）

B．如果函数定义在调用之后，那么必须在调用之前（一般在程序头部）对函数进行声明

C．如果程序使用了库函数，则要在程序的开始处用＃include 预处理命令将调用函数所需要的信息包含在本文件中

D．如果不是在本文件中定义的函数，那么在程序开始处要用 extern 修饰符进行函数原型说明

三、编程题

1．修改程序

试改正下列程序（直接改），试编写一段程序从 P1 口输出数据。

```
#include<reg51.h>
main()
{
    char a;
    while(1)
    {
        for(a=0;a==255;a++)
        {
            P1=a;
            for(b=0;b<50000;b++);            //延时
        }
    }
}
```

2．完善程序（在空格中加入适当的语句）

（1）以下是计算 100 以内自然数之和的程序。

```
main()
{
    unsigned int _____, sum= _____;
    for(;a<=100;a++)
        sum+=a;
    while(1);
}
```

（2）以下是计算 100 以内自然数之和的程序。

```
main()
{
    int a=_____, sum=0;
    for(; a<=100 ;)
    {
        sum+=a;
        _____;
    }
    while(1);
}
```

3．编写程序

（1）试用 while 循环编写一段延时程序。

（2）试用 for 循环编写一段延时程序。

（3）试编写一个主程序及一个子程序。子程序为有形参的延时程序，主程序调用子程序实现延时，达到设定时间后使 P1.0 输出低电平。

（4）编写一个循环闪烁的程序。有 8 个发光二极管，每次某盏灯闪烁点亮 10 次后，转到下一盏灯闪烁 10 次，循环不止。画出电路图。

（5）利用 89C51 的 P1 口控制 8 个 LED。相邻的 4 个 LED 为一组，使 2 组每隔 0.5s 交替发光一次，周而复始。试编写程序。

（6）试编写一个跑马灯程序。要求控制 P1 口所接的 8 个 LED 从两头向中央汇合。

（7）如图 4.22 所示电路，当开关 S0 闭合时，LED0 亮；…；开关 S7 闭合时，LED7 亮。其他情况下 LED 全灭，任一时刻只能有一个 LED 亮。要求用 switch…case 语句。

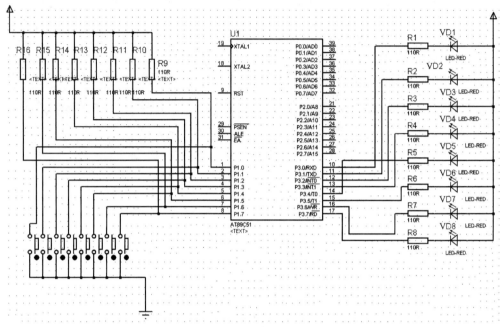

图 4.22　习题三-3（7）对应电路图

（8）如图 4.23 所示电路，试用 do…while 循环编写一段程序，当 P3.0 闭合时，P1 口的 LED0～LED7 闪烁；当 P3.0 断开时，LED 全灭。

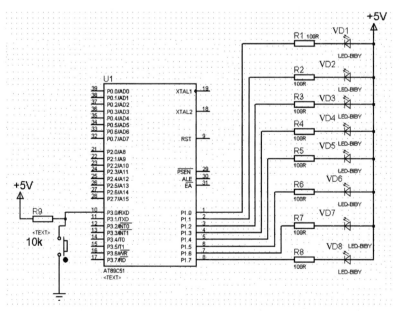

图 4.23　习题三-3（8）对应电路图

（9）综合练习：在 P0 口接有 8 个发光二极管，试分别编写程序实现以下功能。

① 测试 P1 口的电平，若为低则相应的发光二极管亮。

② 8 个发光二极管亮一会，灭一会，即不断闪烁。

③ 2 个发光二极管从右向左运动。

要求画出电路图及编写程序的流程图。

四、制作练习

在已有的跑马灯电路板上制作交通灯。

编写一个交通灯控制程序，平时东西向、南北向正常转换，当 S1 被按下时，东西向通行；当 S2 被按下时，南北向通行。

要求：

（1）画出电路图。

（2）画出程序流程图。

（3）列出程序清单（详细注释）。

（4）制作交通灯演示系统。

（5）将程序下载到单片机中，通电观察结果是否正确。

单片机的中断系统

目　　的：通过交通灯控制器设计及其他任务，掌握单片机中断系统，并能运用它处理单片机控制的相关问题。

知识目标：理解单片机中断系统的结构，掌握其控制寄存器，掌握中断嵌套的概念，理解单片机中断的执行过程。

技能目标：能运用中断的方法编写交通灯控制程序，能利用中断的方法设计中等难度的单片机控制系统。

素质目标：养成不断提升知识水平及技能水平的学习习惯。养成将学习内容与日常生活类比的学习习惯。

微课5：第5章教学建议

教学建议：

重点内容		1. 8051 中断系统的结构 2. 中断控制寄存器 IE、IP 等 3. 中断服务程序的编写
教	教学难点	8051 中断系统结构的理解；中断设置及中断服务程序的编写
	建议学时	6～8 学时
	教学方法	通过与日常生活中的情况类比讲解中断的概念及单片机的中断机制；教师在机房通过演示及学生跟随练习，传授中断设置及中断程序的编程方法
学	学习难点	中断的运行过程理解；中断的设置及应用
	必备前期知识	程序设计方法
	学习方法	通过自己列举生活中与中断类似的例子及对照，掌握中断的概念及单片机内部的中断结构；通过上机练习，掌握中断的设置及编程应用方法

项目二　任务2　改进的交通灯控制器

要求：用中断的方法响应交通灯控制器中的 S1、S2。

任务分析：交通灯控制系统存在的主要问题是无法在任意时间通过 S1 及 S2 强制交通灯达到所需的状态，分析可知，必须等交通灯的一个转换循环结束，S1 及 S2 的强制作用才能生效，通过仿真也可观察到这一现象，但这在现实中是不允许的。如果有地方发生火灾或有重病患者要紧急送往医院，这类事情是耽误不得的。

5.1　中断概念的引出

既然项目二任务 1 的方法不能及时响应对交通状态的干预，那么只能通过中断的方式强制执行所需的工作（暂停现在的工作）。

用中断控制的交通灯程序流程图如图 5.1 所示。

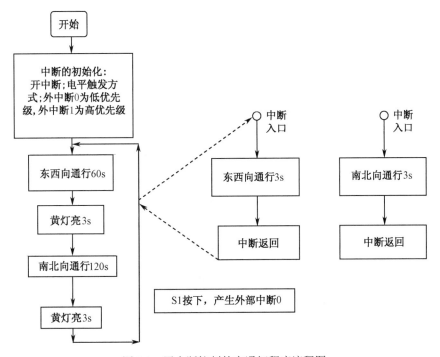

图 5.1　用中断控制的交通灯程序流程图

中断不同于中止和打断。中止是程序运行到某处后停止运行，打断是指原来进程被转移到其他进程而不再回来；而中断是不会停止的，从中断处转而去执行中断服务程序后仍然会回到原来中断处继续执行下去。

那么，从上面几个例子总结一下，中断要做哪些工作呢？

至少要处理以下几个事情。

- 中断处位置的记录。因为中断后还要回来，而回到何处，只有之前记录了中断处位置，才能回到正确的位置。
- 中断前的重要信息存储。因为去处理中断事务可能更改原来的记录信息，故必须将原来的重要信息保存起来。回到原来处理的事情时，才能利用原有的信息，而不是处理被中断程序更改过的信息。
- 中断处理的去向。要处理中断的事情，必须知道到哪里去处理。
- 中断允许。如果现在处理的问题很重要，那么现在的进程就不能被打断。只有在重要的事情处理完之后，才去响应中断请求。
- 中断的优先级。如果同时出现几个中断要求处理，必须按照轻重缓急程度处理，因此必须对它们编制一个优先等级。

单片机中断系统的结构及控制方式与日常生活中的中断问题的处理极其相似，可以通过类比的方法，掌握单片机的中断系统。

5.2 单片机中断系统的结构

中断是指在突发事件到来时先中止当前正在进行的工作，转而去处理突发事件。待处理完成后，再返回到原先被中止的工作处，继续进行随后的工作。

- 引起突发事件的来源称为中断源。
- 中断源要求服务的请求称为中断请求。
- 对中断请求提供的服务称为中断服务。
- 中断管理系统处理事件的过程称为中断响应过程。

中断过程示意图和中断执行过程流程示意图如图 5.2 和图 5.3 所示。

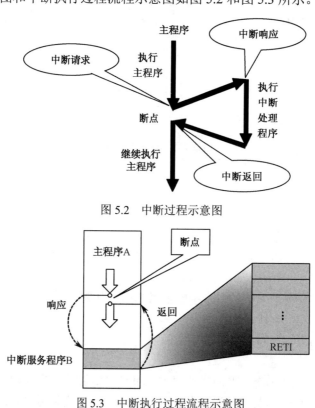

图 5.2 中断过程示意图

图 5.3 中断执行过程流程示意图

5.2.1 8051 的中断源

（1）$\overline{\text{INT0}}$（P3.2）。可由 IT0（TCON.0）选择其为低电平有效还是下降沿有效。当 CPU 检测到 P3.2 引脚上出现有效的中断信号时，中断标志 IE0（TCON.1）置 1，向 CPU 申请中断。

（2）$\overline{\text{INT1}}$（P3.3）。可由 IT1（TCON.2）选择其为低电平有效还是下降沿有效。当 CPU 检测到 P3.3 引脚上出现有效的中断信号时，中断标志 IE1（TCON.3）置 1，向 CPU 申请中断。

以上两个中断源称为外部中断源，因为它们都是由外部输入的。

（3）定时器 T0。TF0（TCON.5），片内定时器/计数器 T0 溢出中断请求标志。当定时器/计数器 T0 发生溢出时，置位 TF0，并向 CPU 申请中断。

（4）定时器 T1。TF1（TCON.7），片内定时器/计数器 T1 溢出中断请求标志。当定时器/计数器 T1 发生溢出时，置位 TF1，并向 CPU 申请中断。

（5）串行通信。RI（SCON.0）或 TI（SCON.1），串行口中断请求标志。当串行口接收完一帧串行数据时置位 RI 或当串行口发送完一帧串行数据时置位 TI，向 CPU 申请中断。

8051 单片机中断结构框图如图 5.4 所示。

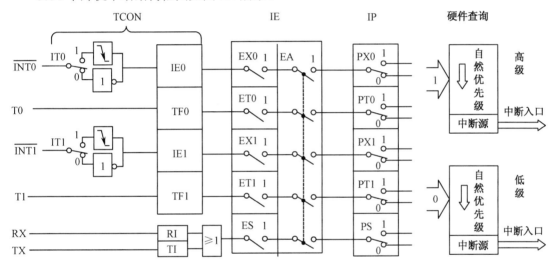

图 5.4　8051 单片机中断结构框图

5.2.2　中断请求标志

中断请求标志与两个控制寄存器相关，如下所述。

1．定时器控制寄存器（TCON）的中断标志

定时器控制寄存器 TCON 的中断标志如图 5.5 所示。

位	7	6	5	4	3	2	1	0
字节地址：88H	TF1	TR1	TF0	TR0	IE1	IT1	IE0	IT0

图 5.5　定时器控制寄存器 TCON 的中断标志

（1）IT0（TCON.0），外部中断 0 触发方式控制位。

当 IT0=0 时，为电平触发方式。

当 IT0=1 时，为边沿触发方式（下降沿有效）。

（2）IE0（TCON.1），外部中断 0 中断请求标志位。

（3）IT1（TCON.2），外部中断 1 触发方式控制位。

（4）IE1（TCON.3），外部中断 1 中断请求标志位。

（5）TF0（TCON.5），定时器/计数器 T0 溢出中断请求标志位。

（6）TF1（TCON.7），定时器/计数器 T1 溢出中断请求标志位。

2. 串行口控制寄存器（SCON）的中断标志

串行口控制寄存器 SCON 的中断标志如图 5.6 所示。

位	7	6	5	4	3	2	1	0
字节地址：98H	—	—	—	—	—	—	TI	RI

图 5.6　串行口控制寄存器 SCON 的中断标志

（1）TI（SCON.1），串行口发送中断标志位。当 CPU 将一个发送数据写入串行口发送缓冲器时，就启动了发送过程。每发送完一个串行帧，由硬件置位 TI。CPU 响应中断时，不能自动清除 TI，TI 必须由软件清除。

（2）RI（SCON.0），串行口接收中断标志位。当允许串行口接收数据时，每接收完一个串行帧，由硬件置位 RI。同样，RI 必须由软件清除。

5.2.3　中断允许控制

中断允许寄存器 IE 的中断标志如图 5.7 所示。

位	7	6	5	4	3	2	1	0
字节地址：A8H	EA	—	—	ES	ET1	EX1	ET0	EX0

图 5.7　中断允许寄存器 IE 的中断标志

CPU 对中断系统所有中断及某个中断源的开放和屏蔽是由中断允许寄存器 IE 控制的。

（1）EX0（IE.0），外部中断 0 允许位。

（2）ET0（IE.1），定时器/计数器 T0 中断允许位。

（3）EX1（IE.2），外部中断 1 允许位。

（4）ET1（IE.3），定时器/计数器 T1 中断允许位。

（5）ES（IE.4），串行口中断允许位。

（6）EA（IE.7），CPU 中断允许（总允许）位。

以上各位为 1 时，允许相应的中断，为 0 时禁止相应的中断。其中，EA 为中断的总开关。

5.2.4　中断优先级控制

中断优先级控制寄存器 IP 的中断标志如图 5.8 所示。

位	7	6	5	4	3	2	1	0
字节地址：B8H	—	—	PT2	PS	PT1	PX1	PT0	PX0

图 5.8　中断优先级控制寄存器 IP 的中断标志

8051 单片机有两个中断优先级，可实现二级中断服务嵌套。每个中断源的中断优先级都是由中断优先级寄存器 IP 中的相应位的状态来规定的。

（1）PX0（IP.0），外部中断 0 优先级设定位。

（2）PT0（IP.1），定时器/计数器 T0 优先级设定位。

（3）PX1（IP.2），外部中断 1 优先级设定位。

（4）PT1（IP.3），定时器/计数器 T1 优先级设定位。

（5）PS（IP.4），串行口优先级设定位。

（6）PT2（IP.5），定时器/计数器 T2 优先级设定位（8052 扩展，8051 无）。

上面各位为 1 时，是高优先级，为 0 时是低优先级。同一优先级的中断请求不止一个时，则有中断优先权排队问题。同一优先级的中断优先权排队，由中断系统硬件确定的自然优先级形成，各中断源响应优先级中断程序入口地址表如表 5.1 所示。

表 5.1 各中断源响应优先级中断程序入口地址表

中 断 源	中 断 标 志	中断服务程序入口	优先级顺序
外部中断 0（$\overline{INT0}$）	IE0	0003H	高
定时器/计数器 0（T0）	TF0	000BH	↓
外部中断 1（$\overline{INT1}$）	IE1	0013H	↓
定时器/计数器 1（T1）	TF1	001BH	↓
串行口	RI 或 TI	0023H	低

8051 单片机的中断优先级有三条原则。

- CPU 同时接收到几个中断时，首先响应优先级别最高的中断请求。
- 正在进行的中断过程不能被新的同级或低优先级的中断请求中断。
- 正在进行的低优先级中断过程能被高优先级的中断请求中断。

5.2.5 中断的入口

单片机响应中断时，系统会自动跳到相应的地址，即中断入口地址执行中断程序。这一过程是由中断系统自动安排的，不需要人为干预。中断入口地址表如表 5.1 所示，它们位于程序最开始的一段区间（0003H～0023H）。

5.2.6 8051 单片机中断处理过程

1. 中断响应条件

（1）中断源有中断请求。

（2）此中断源的中断允许位为 1。

（3）CPU 开中断（EA=1）。

以上条件同时满足时，CPU 才有可能响应中断。

2．中断服务的进入与返回

进入中断服务是单片机自动安排的，进入前首先会保存中断处的地址及重要信息。进入中断服务后则执行相应的服务程序，执行服务程序结束后还要恢复原来的地址及重要信息，然后返回到中断处执行原来的程序。

3．中断响应时间

中断响应时间是从发出中断请求到响应中断之间的时间，这个时间不长，一般为 3～8 个机器周期。

⫿ 5.3　中断服务程序的编制 ⫿

5.3.1　中断服务程序编制的格式

中断响应过程就是自动调用并执行中断函数的过程。

C51 编译器支持在 C 语言源程序中直接以函数形式编写中断服务程序。常用的中断函数定义语法如下。

```
void    函数名()    interrupt    n
```

其中，n 为中断类型号，C51 编译器允许 0～31 个中断，n 取值范围为 0～31。下面给出了 8051 控制器提供的 5 个中断源所对应的中断类型号和中断服务程序入口地址对应表，如表 5.2 所示。

表 5.2　中断类型号和中断服务程序入口地址对应表

中 断 源	n	入 口 地 址
外部中断 0	0	0003H
定时器/计数器 0	1	000BH
外部中断 1	2	0013H
定时器/计数器 1	3	001BH
串行口	4	0023H

5.3.2　项目二任务 2 的解答：交通灯中断控制器设计

1．电路图

交通灯电路图如图 5.9 所示。电路与原来的不同之处是将两个控制开关 S1 及 S2 移到了外部中断输入端口 $\overline{\text{INT0}}$ 和 $\overline{\text{INT1}}$ 处。当开关合上时，输入低电平产生中断，断开时不产生中断。

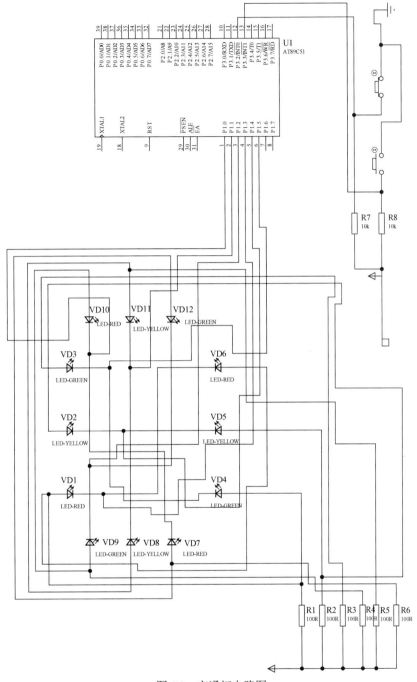

图 5.9　交通灯电路图

2．控制程序流程图

用中断控制的交通灯程序流程图如图 5.1 所示。中断的产生是随机的，并没有固定的时刻。只有 S1 或 S2 被按下时产生中断。还可对它们设置中断优先级，从而避免同时被按下时，不好确定响应哪个中断的情况。

3. 控制程序

```c
#include "reg52.h"
#define ON 0
#define OFF 1
#define S_N_GO_time 120
#define E_W_GO_time 60
#define E_W_to_S_N_GO_time  30
#define S_N_to_E_W_GO_time  30
sbit D_X_R=P1^3;
sbit D_X_Y=P1^4;
sbit D_X_G=P1^5;
sbit N_B_R=P1^0;
sbit N_B_Y=P1^1;
sbit N_B_G=P1^2;
//sbit force_east_west_run=P1^6;            //删除原来的 S1、S2 连接
//sbit force_south_north_run=P1^7;
delay(int x)
 {
 int i,j;
 for(j=0;j<x;j++)
    for(i=0;i<5000;i++)
      ;
 }
east_west_run()
 {
  D_X_G=ON;
  N_B_R=ON;
  D_X_R=OFF;
  D_X_Y=OFF;
  N_B_Y=OFF;
  N_B_G=OFF;
  delay(E_W_GO_time);
 }
east_west_to_south_north_run()
 {
  D_X_R=OFF;
   D_X_G=OFF;
  N_B_R=ON;
  N_B_Y=OFF;
  N_B_G=OFF;
```

```
    D_X_Y=ON;
    delay(E_W_to_S_N_GO_time/4);            //黄灯亮灭交替，产生闪烁效果
    D_X_Y=OFF;
    delay(E_W_to_S_N_GO_time/4);
    D_X_Y=ON;
    delay(E_W_to_S_N_GO_time/4);
    D_X_Y=OFF;
    delay(E_W_to_S_N_GO_time/4);
    }
    south_north_to_east_west_run()
    {
    D_X_R=ON;
    D_X_Y=OFF;
    D_X_G=OFF;
    N_B_R=OFF;N_B_G=OFF;
    N_B_Y=ON;
    delay(S_N_to_E_W_GO_time/4) ;
    N_B_Y=OFF;
    delay(S_N_to_E_W_GO_time/4) ;
    N_B_Y=ON;
    delay(S_N_to_E_W_GO_time/4) ;
    N_B_Y=OFF;
    delay(S_N_to_E_W_GO_time/4) ;
}
south_north_run()
{
    D_X_R=ON;
    D_X_Y=OFF;
    D_X_G=OFF;
    N_B_R=OFF;
    N_B_Y=OFF;
    N_B_G=ON;
    delay(S_N_GO_time);
}
    initial()                //中断初始子程序
    {
    EA=1;                    //开总中断，外部中断 0、1 中断
    EX0=1;EX1=1;
    IT0=0;IT1=0;             //外部中断 0、1 设置成为电平触发方式
    PX0=1;PX1=0;             //外部中断 0 为高级中断，外部中断 1 为低级中断
```

```
        }
            main()
        {
        initial();                              //中断初始化
          while(1)
        {
        east_west_run();
        east_west_to_south_north_run();
        south_north_run();
        south_north_to_east_west_run();
            }
              }
          void gyE_W_go() interrupt 0           //外部中断 0 中断服务程序（强制东西通行）
        {
        east_west_run();
        }
        void gyS_N_go() interrupt 2             //外部中断 1 中断服务程序（强制南北通行）
        {
        south_north_run();
        }
```

程序说明：这里对各引脚的定义等宏定义及各子函数参考前面程序。主程序中在两个方向死循环之前，在最前面加入了中断初始化子程序。其作用，一是将总中断及两外部中断打开；二是将外部中断方式设置为电平触发方式，即只要 S1、S2 闭合，就会一直触发中断，强制一个方向通行，直到断开为止；三是设置了中断的优先级，外部中断 0 为高级，外部中断 1 为低级，即在 S1、S2 同时被按下时，先响应 S1。在两个方向转换时，还添加了黄灯闪烁的功能。

5-1 项目二任务 2 的解答用字节操作方式：交通灯中断控制器设计

5.3.3 关于中断触发方式及程序编制的讨论

1. 关于边沿触发与电平触发的讨论

（1）电平触发中断。电平触发方式比较好理解，处理器每个指令周期查询中断引脚，当发现引脚电平为低时，触发中断。如果信号从 1 变为 0，一个周期后又变为 1，则中断不会被清除，直到中断执行完毕并用 RETI 指令返回之后。但是，如果输入信号一直为低，那么将一直触发中断，当要求中断服务的器件在中断服务结束一段时间之后才释放信号线时就会发生这种情况。这时会发现中断被执行了多次，所消耗的时间比预期要长很多，这时应使用边沿触发方式。

（2）边沿触发方式。当外部中断引脚电平由高向低变化时，将触发中断处理器。每个指令周期查询中断引脚，当前一个指令周期引脚电平为高，紧接着下一个指令周期检测到引脚电平为低时，将触发中断。像前面所提到的那样，这种方法适用于请求中断服务的器件在中断服务结束一段时间之后才释放信号线时的情况。因为这时只有下降沿才会触发中断，如果还想触发下一个中断就必须把电平先置高。在上面的交通灯程序中可以将外部中断设置为边沿触发方式：将"IT0=0;IT1=0;"改为"IT0=1;IT1=1;"，将会发现每次按下 S1、S2 只会产生一次中断，不管按下多长时间。

当设计中断结构时，要记住边沿触发适用于那些器件发出的中断请求信号不需要软件清除的场合。最普遍的例子是系统的时标（统一时钟）。这种信号一般由实时时钟电路产生，这些器件一般提供一个占空比为 50%的信号（信号的一半是高电平，另一半为低电平）。如果使用电平触发，将产生很多中断，这样即使不扰乱程序的运行也将浪费系统的资源。

2．关于程序文档的规范化问题讨论

- 尽量用易于理解的文字、符号替换专业符号。如交通灯程序中的"east_west_run()"表示东西运行子函数就较好理解记忆，"Dongxi_G"表示东西向绿灯也便于理解和记忆，用"ON""OFF"代替生硬的"0""1"，理解起来更方便。
- 为使程序简化，可定义简单的符号代替常用的冗长的符号或关键字。如经常将"unsigned char"通过"#define uchar unsigned char"后用"uchar"表示，使程序大大得到简化。
- 只要是独立功能的功能段，不论程序长短最好都编写成子程序，如延时程序单独作为一个子程序。交通灯程序中有很多功能程序都用子程序表示。
- 主程序要尽量简单化，让读者明了程序的骨干、主旨。最好能在计算机的一个界面或纸质文稿的一个页面展示。例如，交通灯控制程序界面如图 5.10 所示，可参照此界面进行改写，在这一个界面中就可看清主程序（main.c），使读者能清楚地掌握程序的主旨思想。

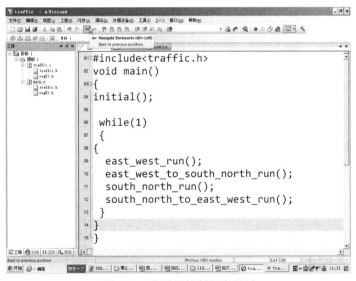

图 5.10　交通灯控制程序界面

这里的技巧就是编写了头文件"traffic.h"及"traffic.c"。"traffic.c"里面包含了所有的子程序。而在"traffic.h"中包含了宏定义、包含语句及对各子函数的申明等。这里有两个功能

模块，一个是"main.c"，它用来表示主函数；另一个是"traffic.c"，它用来表达各功能子程序。它们之间通过"traffic.h"联系起来。"traffic.h"的写法如下，可参考头文件"reg51.h"。其实在大型程序中，经常用到这种将各功能程序（模块）独立起来的方式，这样更便于阅读和理解，也便于程序的管理。

```c
/*-----------------------------------------------------------
TRAFFIC.H
包含了全部位的定义，以及常量的替换,还有对各子函数的申明。
-------------------------------------------------------------*/
#ifndef __TRAFFIC_H__
#define __TRAFFIC_H__
#include<reg51.h>
/* 常量的替换   */
#define ON 0
#define OFF 1
#define east_west_run_time 60
#define east_west_to_south_north_run_time 30
#define south_north_run_time 60
#define south_north_to_east_west_run_time 30
 /*   位常量替换   */
sbit Dongxi_R=P1^0;
sbit Dongxi_Y=P1^1;
sbit Dongxi_G=P1^2;
sbit Nanbei_R=P1^3;
sbit Nanbei_Y=P1^4;
sbit Nanbei_G=P1^5;
sbit force_east_west_run=P1^6;
sbit force_south_north_run=P1^7;
/*   对函数的申明   */
initial();
delay(unsigned int );
east_west_run();
east_west_to_south_north_run();
south_north_run();
south_north_to_east_west_run();
#endif
```

5-2 程序的规范化（交通灯用位操作的方法实现中断）

3．中断的嵌套

5-3 中断的嵌套

‖ 小　结 ‖

本章通过交通灯如何及时响应紧急情况的问题，引出了中断的概念，系统地阐述了 8051 的中断机制、相关的控制寄存器、中断服务程序的编制方法，最后还通过仿真实验说明了中断嵌套的问题。本章重点如下。

（1）8051 中断系统的结构。

（2）中断控制寄存器 IE、IP 等。

（3）中断服务程序的编制。

‖ 习　题 ‖

一、填空题

1．中断是指在突发事件到来时先中止＿＿＿＿＿＿的工作，转而去处理突发事件。待处理完成后，再返回到＿＿＿＿＿的工作处，继续进行随后的工作。

2．引起突发事件的来源称为＿＿＿＿＿；中断源要求服务的请求称为＿＿＿＿＿；对中断请求提供的服务称为＿＿＿＿＿；中断管理系统处理事件的过程称为＿＿＿＿＿。

3．外部中断 0 可由 IT0（TCON.0）选择其为低电平有效还是＿＿＿＿＿有效。当 CPU 检测到 P3.2 引脚上出现有效的中断信号时，中断标志 IE0（TCON.1）置＿＿＿＿＿，向 CPU 申请中断。

4．CPU 对中断系统所有中断及某个中断源的开放和屏蔽是由中断允许寄存器＿＿＿＿＿控制的。中断允许寄存器中：

- EX0（IE.0），是＿＿＿＿＿允许位。
- EX1（IE.2），是＿＿＿＿＿允许位。
- EA（IE.7），CPU 中断＿＿＿＿＿位。

以上各位为＿＿＿＿＿时，允许相应的中断，为＿＿＿＿＿时禁止相应的中断。其中，＿＿＿＿＿为中断的总开关。

5．8051 单片机有＿＿＿＿＿个中断优先级，可实现＿＿＿＿＿级中断服务嵌套。每个中断源的中断优先级都是由中断优先级寄存器＿＿＿＿＿中的相应位的状态来规定的。在中断优先级寄存器中：

- PX0（IP.0），是＿＿＿＿＿优先级设定位。
- PX1（IP.2），是＿＿＿＿＿优先级设定位。

上面各位为＿＿＿＿＿时是高优先级，为＿＿＿＿＿时是低优先级。

6．进入中断服务是单片机自动安排的，进入前首先会保存中断处＿＿＿＿＿及其他重要信息。进入中断服务程序后则执行相应的服务程序，执行完后还要恢复原来的＿＿＿＿＿及重要信息，然后返回到＿＿＿＿＿处执行原来的程序。

7. 中断响应时间是从发出中断请求到_____的时间，这个时间不长，一般为_____个机器周期。

8. 中断响应过程就是自动调用并执行_____的过程。C51 编译器支持在 C 语言源程序中直接以函数形式编写中断服务程序。常用的中断函数定义语法如下。

> void　函数名()　　interrupt　n

其中 n 为_____，C51 编译器允许 0～31 个中断。标准的 8051，n 取值范围是_____。

二、选择题

1. 8051 单片机的中断优先级有三条原则（　　）。

A．CPU 同时接收到几个中断时，首先响应优先级别最高的中断请求

B．正在进行的中断过程不能被新的同级或低优先级的中断请求所中断

C．正在进行的中断过程在中断服务程序结束前不能被中断

D．正在进行的低优先级中断过程，能被高优先级的中断请求所中断

2. 中断响应条件是（　　）。

A．中断源有中断请求　　　　　　　　　　B．此中断源的中断允许位为 1

C．CPU 开中断（EA=1）　　　　　　　　D．同时满足上述条件时，CPU 才有可能响应中断

3. 以下寄存器中与中断无关的寄存器是（　　）。

A．IP　　　　　　　B．IE　　　　　　　C．TMOD　　　　　　D．TCON

4. 8051 单片机有（　　）个中断源。

A．2　　　　　　　B．3　　　　　　　C．5　　　　　　　　D．32

5. 8051 能进行（　　）级中断嵌套。

A．2　　　　　　　B．3　　　　　　　C．5　　　　　　　　D．32

6. 8051 中断响应时间为（　　）。

A．3 个机器周期　　B．8 个机器周期　　C．3～8 个机器周期　　D．0

7. 要打开外部中断 0 需要进行的设置有（　　）。

A．EA=1　　　　　B．EX1=1　　　　　C．EX0=1　　　　　D．EX0=0

8. 要同时打开定时器 T0、T1 的中断，并将 T0 设为高优先级中断，所要进行的设置有（　　）。

A．IE=0　　　　　　B．IE=0x8a　　　　C．IP=0x02　　　　D．IP=0x40

三、问答题

1. MCS-51 系列单片机能提供几个中断源、几个中断优先级？各个中断源的优先级是怎样确定的？在同一优先级中，各个中断源的优先顺序怎样确定？

2. MCS-51 有几个中断优先级？试通过修改 IP 寄存器，使串行口中断优先级最高，定时器 T1 的中断优先级最低。

3. MCS-51 外部中断源有电平触发和边沿触发两种触发方式，这两种触发方式所产生的中断过程有何不同？怎样设定？

4. CPU 响应中断请求后，不能自动清除哪些中断请求标志？

5. 8051 有几个中断源，各中断标志是如何产生的，又是如何复位的？CPU 响应各中断时，其中断入口地址是多少？

四、编程题

1．用中断控制的交通灯控制系统，编写一个交通灯控制程序。要求：正常情况下东西向通行 60s，黄灯转换 3s；南北向通行 120s，黄灯转换 3s，如此反复循环。如果有紧急情况，交警干预，按下 S1 时，强制南北向通行，而东西向停止通行；按下 S2 时，强制东西向通行，而南北向停止通行。

实现方式：交警的干预使用中断的方式进行。

仿真要求：在 Proteus 环境下建立电路图，在 Keil C 环境下输入程序；在 Keil C 环境下运行程序，在 Proteus 环境下观看运行结果。

（1）设计原理图。

（2）建立程序流程图。

（3）建立仿真环境。

（4）调试程序。

2．如图 5.11 所示电路，要求中断开关断开时，在 LED 条上显示你的学号（两位 BCD 码），中断开关闭合时，产生中断，显示 P0 口开关状态的反码（接电源相应的 LED 亮，接地相应的 LED 灭）。并思考：

（1）中断过程是怎样的？

（2）如果要开关不断转换，能在显示学号与显示开关状态间转换，程序该怎样编写？

（3）外部中断改为边沿触发，如何改写？改写后能实现原来的显示功能吗？为什么？

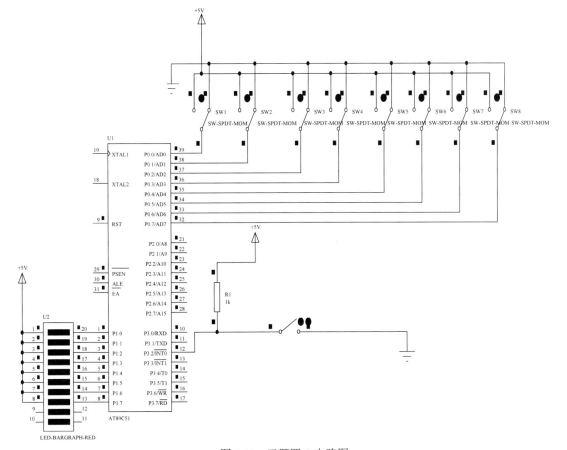

图 5.11 习题四-2 电路图

3．二维码资料"5-3　中断的嵌套"的中断嵌套实验中如果不用译码器，直接将数码管接到三个端口，要达到同样的效果，程序该如何编写？要求：

（1）画出电路图。

（2）画出主程序及中断程序流程图。

（3）编写相应的程序。

单片机的定时器

目　　的： 通过如何取代软件延时及其他几个定时器使用的例子，说明单片机定时器的结构及其特点。特别是通过对工作方式 1、2 的应用，达到能灵活运用定时器的目的。

知识目标： 掌握单片机定时器的结构与特点，掌握其控制寄存器及工作方式的设定方法。

技能目标： 能正确设定定时器的控制寄存器，能正确计算设定定时器的初值，会编写定时器控制程序，能解决定时器相关问题。

素质目标： 不断深化对单片机的兴趣，养成能克服学习困难的习惯。

教学建议：

微课 6：第 6 章教学建议

重点内容	1. 定时器的结构
	2. 定时器控制相关寄存器 TMOD、TCON 等
	3. 定时器的四种工作方式
	4. 定时中断程序的编制

	教学难点	定时器结构的讲解；定时器初始化；定时器工作过程
教	建议学时	6～8 学时
	教学方法	通过与日常生活中的情况类比讲解定时器的结构及控制方法；通过老师在机房里演示及学生跟随练习，使学生掌握定时器的设置方法及编程方法
学	学习难点	定时器结构的理解；定时器的运行与单片机运行的关系
	必备前期知识	计数器及定时器
	学习方法	通过列举生活中有关定时的问题，类比单片机的定时器及其结构，从而掌握单片机定时器的结构特点及运行过程，特别是容易使人糊涂的单片机 CPU 与定时器同时运行的机制；通过在机房跟随教师演示的练习及程序调试，掌握定时器设置及编程方法

项目二　任务 3　用定时器中断方式控制跑马灯

要求： 图 6.1 所示为跑马灯电路图，采用定时中断方式，实现图 6.1 中的跑马灯控制功能，要求跑马灯的闪烁速率为每秒 1 次。

任务分析： 用软件延时的方法虽然简单，但效率不高。本任务用更高效的方法解决延时问题。

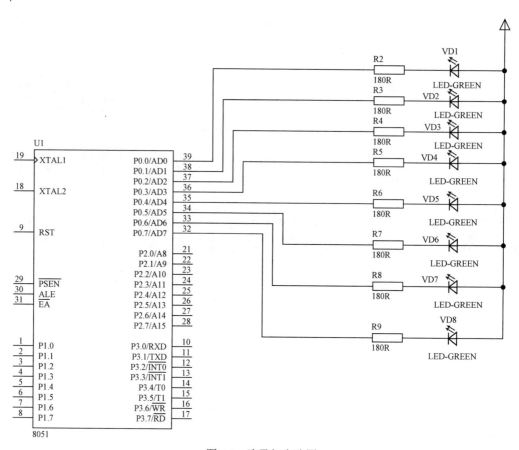

图 6.1　跑马灯电路图

前面已经谈到用软件延时的方法虽然简单，但单片机的效率低下。那么，能否在单片机 CPU 工作的同时进行定时呢？回答是肯定的，方法是使用单片机内部的定时器，将定时器与中断结合起来，可以实现多个任务同时运行。例如，前面设计了跑马灯，又设计了交通灯，那么能否让单片机控制跑马灯及交通灯在同一块电路板上同时运行呢？答案是完全可以，方法是用定时器将时间分片，只要时间片足够短，事件 1、事件 2、事件 3 都可以看成同时在进行，单片机好像同时在处理 3 个事件，图 6.2 所示为定时器控制的多任务示意图。

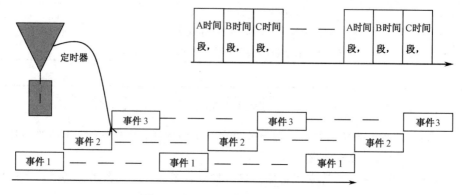

图 6.2　定时器控制的多任务示意图

需要的装置包括定时器，用于确定时间片的时间；中断机制，时间一到能执行另一事件，并记下正在处理事件的暂停位置。

6.1　定时器的结构与特点

以古代沙漏计时为例，来说明定时器的结构与特点。沙漏计时器如图 6.3 所示。

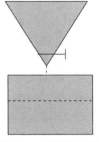

沙子：计时的基本单位。

接沙子的容器：能确定定时时间（沙子多少且是否溢出）。

开关插销：用于控制开启定时器及结束定时。

单片机定时器的结构与此类似，只是采用电子器件实现这些功能。

图 6.4 所示为定时器结构示意图，最左边的选择开关用来选择计数脉冲（相当于沙子）的来源，拨到上面时，选择的是内部脉冲，即每一机器周期计数一次；拨到下面时，选择的是外部脉冲，外部脉冲的输入

图 6.3　沙漏计时器

引脚是 T0（P3.4）、T1（P3.5）。接着的开关控制定时器的启动与停止（相当于开关插销）。定时器的核心是能自动加一的计数器（其作用类似于装沙子的容器），每来一个脉冲，它就加一，计数器记录的脉冲个数乘以脉冲的周期即定时的时间。计数器计到最大值后会产生溢出（正如沙子装满容器后会溢出一样），它将置位中断标志 TF 产生中断请求，单片机的定时器内部逻辑结构示意图如图 6.5 所示。

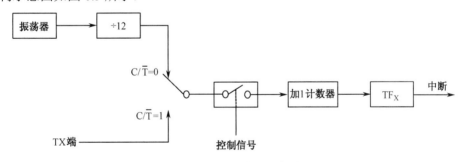

图 6.4　定时器结构示意图

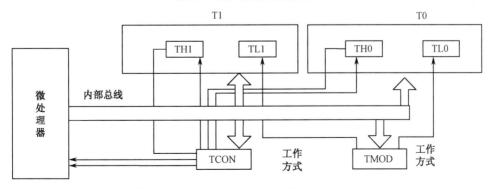

图 6.5　单片机的定时器内部逻辑结构示意图

‖ 6.2 定时器的控制寄存器 ‖

以上这些控制都是通过特殊功能寄存器来实现的。

6.2.1 工作方式寄存器

工作方式寄存器（TMOD）用来确定两个定时器的工作方式。低半字节设置定时器 T0，高半字节设置定时器 T1。工作方式寄存器 TMOD 中的相关位如图 6.6 所示。

位	7	6	5	4	3	2	1	0
字节地址：89H	GATE	C/$\overline{T}$	M1	M0	GATE	C/$\overline{T}$	M1	M0

图 6.6　工作方式寄存器 TMOD 中的相关位

字节地址：89H，不可以位寻址。

GATE：门控位。当 GATE=0 时，只要用软件使 TCON 中的 TR0 或 TR1 为 1，就可以启动定时器/计数器工作；当 GATA=1 时，用软件使 TR0 或 TR1 为 1，同时外部中断引脚也为高电平时，才能启动定时器/计数器工作。即此时定时器的启动条件，加上了引脚为高电平这一条件，门控位示意图如图 6.7 所示。

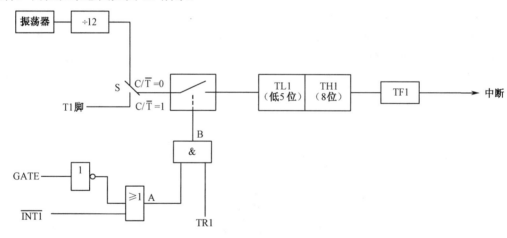

图 6.7　门控位示意图

C/$\overline{T}$：定时/计数模式选择位。C/$\overline{T}$=0 为定时模式；C/$\overline{T}$=1 为计数模式。

M1、M0：工作方式设置位。定时器/计数器有 4 种工作方式，由 M1、M0 进行设置，定时器/计数器工作方式设置表如表 6.1 所示。

表 6.1　定时器/计数器工作方式设置表

M1 M0	工作方式	说　　明
0　0	方式 0	13 位定时器/计数器
0　1	方式 1	16 位定时器/计数器
1　0	方式 2	8 位自动重装定时器/计数器
1　1	方式 3	T0 分成两个独立的 8 位定时器/计数器；T1 方式停止计数

6.2.2 控制寄存器

控制寄存器（TCON）的低 4 位用于控制外部中断，已在前面介绍过；TCON 的高 4 位用于控制定时器/计数器的启动和中断申请。控制寄存器 TCON 中的相关位如图 6.8 所示。

位	7	6	5	4	3	2	1	0
字节地址：88H	TF1	TR1	TF0	TR0	—	—	—	—

图 6.8　控制寄存器 TCON 中的相关位

TF1（TCON.7）：T1 溢出中断请求标志位。T1 计数溢出时由硬件自动置 TF1 为 1。CPU 响应中断后 TF1 由硬件自动清零。T1 工作时，CPU 可随时查询 TF1 的状态。所以，TF1 可作为查询测试的标志。TF1 也可以用软件置 1 或清零，与硬件置 1 或清零的效果一样。

TR1（TCON.6）：T1 运行控制位。TR1 置 1 时，T1 开始工作；TR1 置 0 时，T1 停止工作。TR1 由软件置 1 或清零。所以，用软件可控制定时器/计数器的启动与停止。

TF0（TCON.5）：T0 溢出中断请求标志位，其功能与 TF1 类同。

TR0（TCON.4）：T0 运行控制位，其功能与 TR1 类同。

6.2.3 TH、TL

TH、TL 是计数器的高 8 位和低 8 位，包括 TH1、TL1（对应定时器 T1），TH0、TL0（对应定时器 T0）。

6.3 定时器的工作方式

6.3.1 方式 0

方式 0 的计数位数是 13 位，由 TL0 的低 5 位（高 3 位未用）和 TH0 的 8 位组成。TL0 的低 5 位溢出时向 TH0 进位，TH0 溢出时，置位 TCON 中的 TF0 标志，向 CPU 发出中断请求。

6.3.2 方式 1

方式 1 的计数位数是 16 位，由 TL0 作为低 8 位、TH0 作为高 8 位组成了 16 位加 1 计数器。定时器工作方式 0、1 示意图如图 6.9 所示。

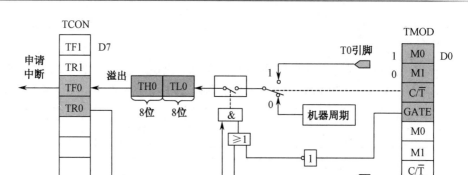

图 6.9　定时器工作方式 0、1 示意图

6.3.3　方式 2

方式 2 为自动重装载计数初值的 8 位计数方式。可自动重装载计数初值（TLi 溢出后 THi 中的数值可自动装入 TLi），适合作为串口波特率发生器（定时精度较高），定时器工作方式 2 示意图如图 6.10 所示。

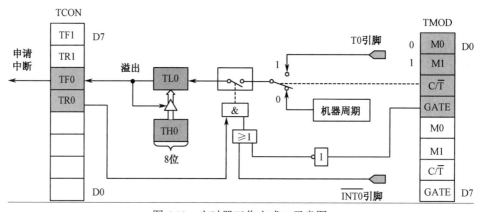

图 6.10　定时器工作方式 2 示意图

6.3.4　方式 3

方式 3 只适用于定时器/计数器 T0，定时器 T1 处于方式 3 时相当于 TR1=0，停止计数，定时器工作方式 3 示意图如图 6.11 所示。

工作方式 3 将 T0 分成两个独立的 8 位计数器 TL0 和 TH0。TH0+TF1+TR1 组成 8 位定时器，TL0+TF0+TR0 组成 8 位定时器/计数器，T1 组成无中断功能的定时器。

特点：方式 3 下 T0 可有两个具有中断功能的 8 位定时器。在定时器 T0 用作方式 3 时，T1 仍可设置为方式 0～2，这种方式主要用于串口通信。

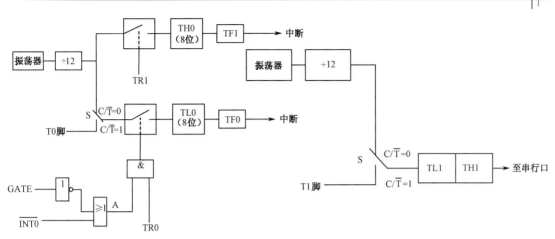

图 6.11　定时器工作方式 3 示意图

6.4　定时器计数初值的确定

定时器只有溢出才会产生中断标志，表示时间到了，正如沙漏计时器，只有沙子溢出才表示时间到了一样。用沙子计时，所要计的时间是任意时，要预先填入一定的沙子（是容器体积的补数），同样，计数器要预装初值，初值是所要计数值的补数，故四种方式初值可按如下方法计算。

$$X = M - 计数值$$

对于不同的工作方式，计数器位数不同，故最大计数值 M 也不同。

方式 0：$M=2^{13}=8192$

方式 1：$M=2^{16}=65536$

方式 2：$M=2^{8}=256$

方式 3：定时器 0 分为 2 个 8 位计数器，每个 M 均为 256。

计算出来的结果 X 转换为十六进制数后分别写入 TL0（TL1）、TH0（TH1）。

注意：方式 0 时写入初始值，对于 TL 不用的高 3 位应填入 0！

6.5　定时器应用举例

6.5.1　定时器中断控制的跑马灯

项目二任务 3 解答：定时器中断控制的跑马灯。

采用定时中断方式，实现如图 6.1 所示的跑马灯控制功能。要求跑马灯的闪烁速率为每秒 1 次。

分析：利用定时器直接进行 1s 延时是无法实现的，但可以利用硬、软件联合法（利用定时中断进行中断次数统计），从而增加延时长度。

例如，在 12MHz 晶振定时方式 1 时，1s 延时可以视为 20 次中断，每次 50ms 的累积延时。此时的计数初值为 a = −50000 = 0x3cb0。

```c
//定时器中断控制的跑马灯实例
#define uchar unsigned char        //此处定义方便后面使用
#include <reg51.h>                 //包括一个 51 标准内核的头文件
bit ldelay=0;                      //长定时溢出标志
uchar t=20;                        //定时溢出次数

//定时器 0 中断函数，中断号为 1
timer0() interrupt 1
{
    t++;
    if(t==20)                      //1s 定时时间到
    {
        t=0;
        ldelay=1;                  //每次溢出置一个标志，以便主程序处理
    }
    TH0 =0x3c;                     //重置 T0 初值 0x3cb0
    TL0 =0xb0;
}
void main(void)
{
    uchar code ledp[8]={0xfe, 0xfd, 0xfb, 0xf7, 0xef, 0xdf, 0xbf, 0x7f};
    uchar ledi=0;                  //用来指示显示顺序
    TMOD=0x01;                     //定义 T0 定时方式 1
    TH0=0x3c;                      //溢出 20 次=1s（12MHz 晶振）
    TL0=0xb0;
    TR0=1;                         //启动定时器
    ET0=1;                         //打开定时器 0 中断
    EA=1;                          //打开总中断
    while(1)                       //主程序循环
    {
        if(ldelay)                 //发现有时间溢出标志，即 1s 定时到，进入处理
        {
            ldelay=0;              //清除标志
            P0=ledp[ledi];         //读出一个值送到 P0 口
            ledi++;                //指向下一个
            if(ledi==8) ledi=0;    //到最后一个灯就转换到第一个
        }
    }
}
```

项目二　任务 4　信号发生器的设计

要求：设单片机的 f_{osc}=12MHz，采用 T0 定时方式 1 在 P1.0 引脚上输出周期为 2ms 的方波，试计算定时器的初值。

任务分析：以前信号发生器常用自激电路的方法实现，现在要用单片机程序控制产生各种信号。

6.5.2　信号发生器

周期为 2ms 的方波由两个半周期为 1ms 的正负脉冲组成，定时 1ms 后将端口输出电平取反，即得到方波。

已知机器 f_{osc} =12MHz，1ms 定时对应的计数值为 $1ms/T_{机}$=1000μs/(12/f_{osc})=1000，则 1ms 定时的计数初值应为 $x = 2^{16} - t×f_{osc}/12 = 2^{16} -1000 = 64536$。

其实，由于初值是计数值的补数，在 C 语言中也可以直接用负数表示，即 x=-1000。要将它拆分成高 8 位和低 8 位，只要将它分别除以 2^8 取整与取余即可。这如同在十进制中取出十位和个位。例如，98 除以 10 的整数部分 9 为十位，余数部分 8 为个位。方波信号产生电路图及仿真波形如图 6.12 所示。

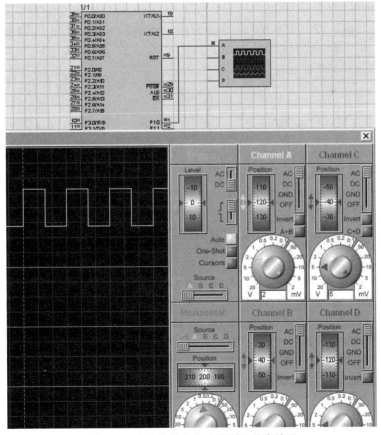

图 6.12　方波信号产生电路图及仿真波形

程序如下。

```
#include"reg51.h"
sbit wave=P1^0;              //方波从 P1.0 引脚输出
main()
{
TMOD=0X01;
TH0=(-1000)/256;             //1ms 定时初值的高 8 位
TL0=(-1000)%256;             //1ms 定时初值的低 8 位
TR0=1;
ET0=1;
EA=1;
while(1);
}
void timer0pulse() interrupt 1
{
wave=~wave;                  //每隔 1ms 取反，得到方波
TH0=(-1000)/256;
TL0=(-1000)%256;
}
```

由仿真电路可见，输出的方波的频率为 500Hz（周期 2ms）。程序中"TH0=(-1000)/256;TL0=(-1000)%256;"为计算及赋初值给定时器的常用方法。即要计数值的负数除以 2^8 得到高 8 位，除以 2^8 的余数得到低 8 位。

6-1 项目二任务 6 计数器实验

小技巧：利用 I/O 端口进行调试

如果不能使用串行口作为调试端口，则可以利用分立的 I/O 端口进行调试，把 I/O 端口和锁存器相连，锁存器被分配一个外部地址。如果系统不是特别大可以找到一些空余的引脚来显示系统的执行点。最理想的方法是使用 8 个引脚在同一时间显示一个字节，把这些引脚连接到 LED 上，易于观察。此外，也可以使用示波器。以上例子及本书中的很多系统都使用输出引脚来显示状态。一般来说，用一个引脚显示系统正在执行，引脚电平以一定的频率进行翻转。通过检查这个引脚，可以确定系统工作正常。用一个引脚显示程序已经运行过某一点或程序正在等待输入等。也可以先把寄存器的内容发送到引脚上，然后程序进入等待状态并观察引脚的数值，以此来确定程序运行是否正常。当然，要结合具体情况确定每个引脚在程序运行的每个状态的作用。调试程序时要一段一段地进行，这样才便于观察，这与使用串行口进行调试是不同的。

项目二　任务 5　用定时器中断方式控制交通灯

要求：在电路板上用单片机控制交通灯运行，不用软件延时。

项目介绍：通过此项目，综合训练中断、定时器等知识的应用，为编写与调试复杂的程序奠定基础。对于难度较大的项目一定要有耐心，只有通过不断的经验积累，才能逐步提高编程能力及程序调试能力。

交通灯电路图 2 如图 5.9 所示。

元件清单：LED×6（红、绿、黄各 2 个）；电阻 100Ω×6；杜邦线；焊接板。将元器件接成交通灯，并通过杜邦线将它连接到开发板或前面制作的电路上。要注意电源的正负极也要与主板正确连接。

6.5.3　定时器中断控制的交通灯

前面讲述的交通灯中断的时间，是通过软件延时的方法实现的。在延时期间，单片机浪费时间，什么也不能做，这种方法并不经济。学习了定时器之后，对时间的管理完全可交由定时器，而在定时器运行期间，单片机并不停止下来，而是继续运行，可以处理其他事情。这种方法更实用，是经常采用的方法，特别是涉及定时问题时。

交通灯运行转换时间图如图 6.13 所示。

20s	3s	10s	3s
东西通行	东西转南北通行	南北通行	南北转东西通行

图 6.13　交通灯运行转换时间图

用定时器中断控制的交通灯程序如下。

```
/*
交通灯控制程序：
东西运行 20s；东西向南北转换 3s；南北运行 10s；南北向东西转换 3s。
一个周期为 20+3+10+3=36s。     */
#include"reg51.h"
sbit S_N_R=P1^0;
sbit S_N_Y=P1^1;
sbit S_N_G=P1^2;
sbit E_W_R=P1^3;
sbit E_W_Y=P1^4;
sbit E_W_G=P1^5;
#define ON 0
#define OFF 1
    /*晶振频率为 12MHz，定时 10ms，miao 为 100 时，即 1s，sec 为交通灯运行转换一个周期的时间
计时，这里为 36ms。*/
    unsigned char timer_miao=0,sec=0;
```

```c
void east_west_run(void)
{
  E_W_G=ON;
  S_N_R=ON;
  E_W_Y=OFF;
  E_W_R=OFF;
  S_N_G=OFF;
  S_N_Y=OFF;
}
void east_west_to_south_north_run(void)
{
  E_W_G=OFF;
  S_N_R=ON;
  E_W_Y=ON;
  E_W_R=OFF;
  S_N_G=OFF;
  S_N_Y=OFF;
}
void south_north_run(void )
{
  E_W_G=OFF;
  S_N_R=OFF;
  E_W_Y=OFF;
  E_W_R=ON;
  S_N_G=ON;
  S_N_Y=OFF;
}
void south_north_to_east_west_run(void)
{
  E_W_G=OFF;
  S_N_R=OFF;
  E_W_Y=OFF;
  E_W_R=ON;
  S_N_G=OFF;
  S_N_Y=ON;
}
void main(void)
{
  TMOD=0x01;
  TH0=(65536-(10000/1))/256;
```

```
TL0=(65536-(10000/1))%256;
TR0=1;
EA=1;ET0=1;
EA=1;EX0=1;EX1=1;
IT0=0;IT1=0;
PX0=0;PX1=1;
while(1);
}
void E_W_run_terrupt() interrupt 0
{
east_west_run();
}
void S_N_run_terrupt() interrupt 2
{
south_north_run();
}
void timer_interrupt() interrupt 1
{
  TH0=(65536-(10000/2))/256;
  TL0=(65536-(10000/2))%256;
  timer_miao++;
  if(timer_miao==100)
  {timer_miao=0;
  sec++;
  }
  if(sec==36) sec=0;
  if(sec>=0&&sec<20)
      {
      east_west_run();
  }
   else if (sec>=20&&sec<23)
  {
      east_west_to_south_north_run();
  }
  else if (sec>=23&&sec<33)
  {
      south_north_run( );
  }
  else
  {
```

```
        south_north_to_east_west_run();
    }
}
```

阅读程序可见，与第 5.3.2 节中项目二任务 2 的解答不同，这里各方向子函数没有软件延时，计时交给了定时器 T0，它定时 10ms 中断一次，每 100 次定时中断，即 1s。而交通灯各向运行及转换时间则是 if…elseif 语句的判断条件（见图 6.13）。

6-2 项目三有倒计时的交通灯与跑马灯同时运行

> 讨论：由小程序构成大程序
> 以上程序其实是由跑马灯控制程序及交通灯控制程序合并而成的。在大型的工程设计中，经常采用自顶向下的模块化设计方法，即从整体到局部，再到设计过程。这种方法必须先对整体任务进行透彻的分析和了解，明确任务需求后再设计细节的程序模块，可以避免因任务分析不到位而导致整体修改返工。以上任务经过分析后，可分为跑马灯及交通灯两个模块，两个模块分别编写并且调试成功后，即可合并成为一个大的工程。由上面的程序可见，合成时，两个程序都进行了相应修改。其实，如果所设计的分模块符合结构化的思想，在合并成总模块时，改动就不会太大。

‖ 小　结 ‖

本章通过如何取代软件延时，以及如何让多个任务同时运行的问题引出了定时器的概念，详细地阐述了定时器的结构、定时器相关控制寄存器及定时器的四种工作方式，最后通过项目三——让跑马灯与交通灯同时运行探讨了中等以上难度程序的编写方法。本章重点如下。

（1）定时器的结构。

（2）定时器控制相关寄存器 TMOD、TCON 等。

（3）定时器的四种工作方式。

（4）定时中断程序的编制。

‖ 习　题 ‖

一、填空题

1. 工作方式寄存器_____作用：用来确定两个定时器的工作方式。低半字节设置定时器_____，高半字节设置定时器_____。它的字节地址是_____，_____位寻址。

2. GATE=1 时，要用软件使 TR0 或 TR1 为 1，同时____也为高电平时，才能启动定时器/计数器工作。

3. $C/\overline{T}$：定时/计数模式选择位。$C/\overline{T}=0$ 为_____模式；$C/\overline{T}=1$ 为_____模式。

4. M1、M0：_____设置位。定时器/计数器有_____工作方式，由 M1、M0 进行设置。

5. TR1（TCON.6）：定时器_____运行控制位。TR1 置_____时，定时器开始工作；TR1 置_____时，停止工作。TR1 由软件置 1 或清零。所以，用软件可控制定时器/计数器的启动与停止。

TR0（TCON.4）：定时器_____运行控制位，其功能与 TR1 类同。

6. TH、TL 是计数器的_____和_____，包括_____、_____（对应定时器 T1），_____、_____（对应定时器 T0）。

7. 当定时器 T0 工作在方式_____时，要占定时器 T1 的_____和 TF1 两个控制位。

8. 定时器在工作方式 0 时，计算定时器计数初值的公式中，M 为_____。

二、选择题

1. 定时器的工作方式有（　　　）。

A. 13 位定时/计数方式   B. 16 位定时/计数方式

C. T0 拆分为两个定时器/计数器   D. 8 位自动重装定时器/计数器

2. 定时器 T1 常作为串行通信的波特率发生器，此时定时器工作在（　　　）。

A. 13 位定时/计数方式   B. 16 位定时/计数方式

C. 方式 2   D. 方式 3

3. 对于不同的工作方式，计数器位数不同，故最大计数值 M 也不同，方式 2 的 M 值为（　　　）。

A. $M=2^{13}=8192$ B. $M=2^{16}=65536$ C. $M=2^8=256$ D. $M=2^{10}$

4. 将 T0 设定为计数方式，T1 设定为定时方式，都工作在方式 2，则设定方法是（　　　）。

A. TMOD=0x26   B. TMOD=0x22   C. TMOD=0x66   D. TMOD=0x00

5. 单片机晶振频率为 6MHz，要求定时器工作在方式 1，每 10ms 定时中断一次，则定时器的计数初值为（　　　）。

A. $x=2^{13}-5000$ B. $x=2^{16}-10000$ C. $x=2^{16}-5000$ D. $x=-5000$

6. 串行口的波特率发生器常采用下列哪个定时器（　　　），工作在哪种方式（　　　）。

A. T1，方式 1   B. T1，方式 2   C. T0，方式 1   D. T0，方式 2

7. 门控位 GATE=1 时，要启动定时器 T0 的条件是（　　　）。

A. TR0=1   B. TR0=0   C. $\overline{INT0}=1$ D. $\overline{INT0}=0$

8. （　　　）寄存器不能位寻址。

A. IE   B. IP   C. TMOD   D. TCON

9. T0 工作在方式 3 时，要借用的 T1 的控制位有（　　　）。

A. TR1   B. TF1   C. TF0   D. TR0

三、问答题

1. 综述 MCS-51 系列单片机定时器 0、1 的结构与工作原理。8051 定时器用作定时和计数时，其计数脉冲分别由谁提供？

2. 8051 定时器的门控信号 GATE 为 1 时，定时器如何启动？

3. 如果系统晶振频率为 12MHz，请分别指出定时器/计数器方式 1 和方式 2 最长定时时间。

4. 定时器/计数器工作于定时和计数方式时有何异同点？

5．当定时器/计数器 T0 用作方式 3 时，定时器/计数器 T1 可以工作在何种方式下？如何控制 T1 的开启和关闭？

四、编程题

1．应用单片机内部定时器 T0 工作在方式 1 下，从 P1.0 输出周期为 2ms 的方波脉冲信号，已知单片机的晶振频率为 6MHz。

（1）计算时间常数 X，应用公式 $X=2^{16}-t(f/12)$。

（2）写出程序清单。

2．用定时器 1 进行外部事件计数，每计数 1000 个脉冲后，定时器 1 转为定时工作方式。定时 10ms 后，又转为计数方式，如此循环不止。设 $f_{osc}=6MHz$，试用方式 1 编程。

3．设 $f_{osc}=12MHz$，试编写一段程序，功能：对定时器 T0 初始化，使之工作在方式 2，产生 200μs 定时，并用查询 T0 溢出标志的方法控制 P1.1 输出周期为 2ms 的方波。

4．利用定时器/计数器 T0 从 P1.0 输出周期为 1s、脉宽为 20ms 的正脉冲信号，晶振频率为 12MHz，试设计程序。

5．要求从 P1.1 引脚输出 1000Hz 方波，晶振频率为 12MHz，试设计程序。

6．试用定时器/计数器 T1 对外部事件计数。要求每计数 100，先将 T1 改成定时方式，控制 P1.7 输出一个脉宽为 10ms 的正脉冲，然后又转为计数方式，如此反复循环。设晶振频率为 12MHz。

7．利用定时器/计数器 T0 产生定时时钟，由 P1 口控制 8 个指示灯。编一个程序，使 8 个指示灯依次闪动，闪动频率为 20 次/s（8 个灯依次亮一遍为一个周期）。

五、制作题

请完成以下制作任务：

（1）制作一个包含 8 个跑马灯和 6 个 3 种颜色交通灯的电路。

（2）编写控制跑马灯和交通灯同时运行的程序。

（3）画出程序流程图及电路图。

（4）下载并调试程序，实现两个功能同时运行。

第三部分 深入认识单片机内部功能单元

第7章

单片机的串行通信接口

目　　的：通过几个串行通信的仿真演练，掌握单片机串行通信控制的内部结构，能运用串行通信进行单片机间的数据交换。

知识目标：掌握单片机串行通信控制器的内部结构，掌握主要的控制寄存器，如 SCON、SBUF 等；掌握各种工作方式的设定方法。

技能目标：能正确运用与串行通信有关的寄存器，能正确设定通信方式及波特率等；能编写串行通信程序。

素质目标：提升对单片机系统的兴趣。

教学建议：

微课7：第7章教学建议

重点内容		1. 异步串行通信的概念 2. 单片机串口控制器的结构 3. 串口控制相关寄存器 SCON 等的使用 4. 方式 0、方式 1 的应用
教	教学难点	单片机串行口的内部结构及相关设置的讲解；串行通信程序编制方法的讲解
	建议学时	6～10 学时
	教学方法	从日常生活中各种通信的感性认识入手，引入单片机串行通信的概念及其内部结构的设置方法；通过从教师示范引导到学生独立编程的上机过程，使学生掌握单片机通信程序的编制方法
学	学习难点	单片机串行通信控制器内部结构的理解；串行通信程序的编制方法
	必备前期知识	通信常识
	学习方法	通过从日常生活中各种通信工具的感性认识，理解单片机串行通信的结构及其初始化的设置方法；通过机房的反复练习及调试，掌握单片机串行通信程序的编制方法。对于多机通信，如果觉得能力不足，可跳过

项目二　任务 6　数码管显示

要求：让一位数码管循环显示数字 0～9。

任务分析：数码管有 7 段（或 8 段）及一个公共端，如果直接与单片机相连，至少要占用 9 个 I/O 端口，这在 I/O 端口比较紧缺的情况下是不允许的。那么，有没有办法通过只使用较少的端口实现呢？这其实是单片机端口的扩展问题，这就引出了串行通信。

单片机共有 4 个端口，32 个 I/O 引脚，但在实际应用中由于系统扩展外围设备要占用 P0 口、P2 口及 P3 口，所以实际上可用的只有 P1 口。如果采用并行输出的方式控制数码管的显示，其输出控制数码管的个数就显得不够用了，这时需要让控制数码显示的信息从较少的引脚上（如 1 个或 2 个）输出，可采用串行通信的方法。

⫶ 7.1 串行通信概述 ⫶

随着多微机系统的广泛应用和计算机网络技术的普及，计算机的通信功能越来越重要。计算机通信是指计算机与外部设备或计算机与计算机之间的信息交换。

7.1.1 串行通信与并行通信

通信有并行通信和串行通信两种方式，并行通信示意图和串行通信示意图如图 7.1 和图 7.2 所示。在多微机系统及现代测控系统中，信息的交换多采用串行通信方式。

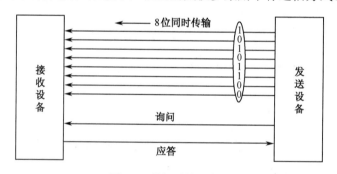

图 7.1 并行通信示意图

图 7.2 串行通信示意图

并行通信通常是将数据字节的各位用多条数据线同时进行传输。

并行通信的特点：控制简单、传输速度快，但由于传输线较多，长距离传输时成本较高，并且接收方的各位同时接收存在困难。

串行通信是将数据字节分成一位一位的形式在一条传输线上逐个传输。

串行通信的特点：传输线少，长距离传输时成本低，并且可以利用电话网等设备，但数据的传输控制比并行通信复杂。

7.1.2 异步通信与同步通信

串行通信又分为异步通信与同步通信。

1. 异步通信

异步通信是指通信的发送与接收设备使用各自的时钟控制数据的发送和接收过程，异步通信示意图如图 7.3 所示。为使双方的收发协调，要求发送和接收设备的时钟尽可能一致。

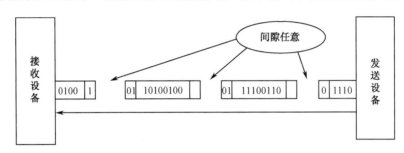

图 7.3　异步通信示意图

异步通信是以字符（构成的帧）为单位进行传输的，字符与字符之间的间隙（时间间隔）是任意的，但每个字符的各位是以固定时间传输的，即字符之间是异步的（字符之间不一定有"位间隔"的整数倍的关系，见图 7.3 中的"间隙任意"），但同一字符内的各位是同步的（各位之间的距离均为"位间隔"的整数倍）。

异步通信数据格式示意图如图 7.4 所示。

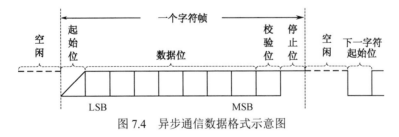

图 7.4　异步通信数据格式示意图

异步通信的特点：不要求收发双方时钟严格一致，容易实现，设备开销较小，但每个字符要附加 2～3 位用于起止位，各帧之间还有间隔，因此传输效率不高。

2. 同步通信

同步通信时要建立发送方时钟对接收方时钟的直接控制，使双方达到完全同步。此时，传输数据位之间的距离均为"位间隔"的整数倍，同时传输的字符间不留间隙，既保持位同步关系，也保持字符同步关系。发送方对接收方的同步可以通过两种方法实现，即如图 7.5（a）所示的外同步与如图 7.5（b）所示的内同步。

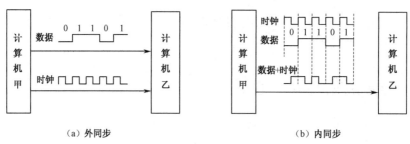

（a）外同步　　　　　　　　　　　　　　　　（b）内同步

图 7.5　同步通信示意图

7.1.3　串行通信的传输方向

1. 单工

单工是指数据传输仅能沿一个方向，不能实现反向传输，图 7.6（a）所示为单工。

2. 半双工

半双工是指数据传输可以沿两个方向，但需要分时进行，图 7.6（b）所示为半双工。

3. 全双工

全双工是指数据可以同时进行双向传输，图 7.6（c）所示为全双工。

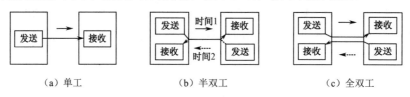

（a）单工　　　　　　　　　（b）半双工　　　　　　　　　（c）全双工

图 7.6　单工、半双工、全双工通信示意图

7-1　串行通信的错误校验

7.1.4　传输速率

1. 比特率

比特率是每秒传输二进制代码的位数，单位是位/秒（bit/s）。例如，每秒传输 240 个字符，而每个字符格式包含 10 位（1 个起始位、1 个停止位、8 个数据位），这时的比特率为

$$10 \text{ 位} \times 240 \text{ 个/s} = 2400\text{bit/s}$$

2. 波特率

波特率表示每秒调制信号变化的次数，单位是波特（Baud）。

波特率和比特率不总是相同的，但对于将数字信号 1 或 0 直接用两种不同电压表示的基带传输，比特率和波特率是相同的。所以，也经常用波特率表示数据的传输速率。

3. 传输距离与传输速率的关系

串行接口或终端直接传输串行信息位流的最大距离与传输速率及传输线的电气特性有关。当传输线使用每 0.3m（约 1ft）有 50pF 电容的非平衡屏蔽双绞线时，传输距离随传输速率的增加而减小。当比特率超过 1000bit/s 时，最大传输距离迅速下降，如比特率为 9600bit/s 时最大距离下降到 76m（约 250ft）。

7-2 RS-232C 接口

7.2 8051 串行口的结构及其控制寄存器

7.2.1 串行口的结构

8051 单片机有两个物理上独立的接收、发送缓冲器 SBUF，它们占用同一地址 99H。接收器是双缓冲结构；发送缓冲器，因为发送时 CPU 是主动的，所以不会产生重叠错误。两个缓冲器共用一个地址 99H，通过对 SBUF 的读、写语句来区别是对接收缓冲器还是发送缓冲器进行操作。CPU 在写 SBUF 时，操作的是发送缓冲器；读 SBUF 时，就是读接收缓冲器的内容，串行口的结构示意图如图 7.7 所示。例如：

```
SBUF=send[i];    //发送第 i 个数据
buffer[i]=SBUF;  //接收数据
```

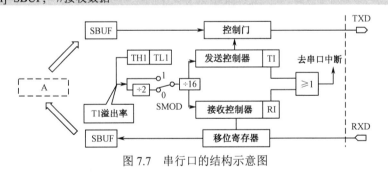

图 7.7 串行口的结构示意图

7.2.2 8051 串行口的控制寄存器

8051 串行口的控制寄存器（SCON）是一个特殊功能寄存器，用以设定串行口的工作方式、接收/发送控制，以及设置状态标志，串行口控制寄存器 SCON 的各位如图 7.8 所示。

位	7	6	5	4	3	2	1	0
字节地址：98H	SM0	SM1	SM2	REN	TB8	RB8	TI	RI

图 7.8 串行口控制寄存器 SCON 的各位

（1）SM0 和 SM1：工作方式选择位，可选择四种工作方式，串口工作方式如表 7.1 所示。

表 7.1　串口工作方式

SM0	SM1	方　式	说　明	波　特　率
0	0	0	移位寄存器	$f_{osc}/12$
0	1	1	10 位异步收发器（8 位数据）	可变
1	0	2	11 位异步收发器（9 位数据）	$f_{osc}/64$ 或 $f_{osc}/32$
1	1	3	11 位异步收发器（9 位数据）	可变

（2）SM2：多机通信控制位，用于方式 2 和方式 3 中。

当接收机的 SM2=1 时可以利用收到的 RB8 来控制是否激活 RI（RB8=0 时不激活 RI，收到的信息丢弃；RB8=1 时收到的数据进入 SBUF，并激活 RI，进而在中断服务中将数据从 SBUF 读走）。当 SM2=0 时，不论收到的 RB8 为 0 还是 1，均可以使收到的数据进入 SBUF，并激活 RI（此时 RB8 不具有控制 RI 激活的功能）。通过控制 SM2，可以实现多机通信。

在方式 0 时，SM2 必须是 0。在方式 1 时，若 SM2=1，则只有接收到有效停止位时，RI 才置 1。

（3）REN，允许串行接收位。若软件置 REN=1，则启动串行口接收数据；若软件置 REN=0，则禁止接收。

（4）TB8，在方式 2 或方式 3 中是发送数据的第 9 位，可以用软件规定其作用；可以作为数据的奇偶校验位，或在多机通信中作为地址帧/数据帧的标志位。在方式 0 和方式 1 中，该位未用。

（5）RB8，在方式 2 或方式 3 中是接收数据的第 9 位，作为奇偶校验位或地址帧/数据帧的标志位。在方式 1 时，若 SM2=0，则 RB8 是接收到的停止位。

（6）TI，发送中断标志位。在方式 0 时，当串行发送第 8 位数据结束时，或在其他方式，串行发送停止位的开始时，由内部硬件使 TI 置 1，向 CPU 发送中断申请。在中断服务程序中必须用软件将其清零，取消此中断申请。

（7）RI，接收中断标志位。在方式 0 时，当串行接收第 8 位数据结束时，或在其他方式，串行接收停止位的中间时，由内部硬件使 RI 置 1，向 CPU 发送中断申请。必须在中断服务程序中用软件将其清零，取消此中断申请。

‖ 7.3　8051 串行口的工作方式 ‖

7.3.1　方式 0

在方式 0 时，串行口为同步移位寄存器的输入/输出方式，主要用于扩展并行输入或输出口（见图 7.9）。数据由 RXD（P3.0）引脚输入或输出，同步移位脉冲由 TXD（P3.1）引脚输出。发送和接收均为 8 位数据，低位在先，高位在后。波特率固定为 $f_{osc}/12$。

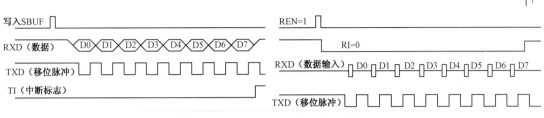

图 7.9 串行口工作方式 0 的时序图

1. 项目二任务 6 解答

将串行数据转换为并行数据输出。

硬件电路：串并转换电路图如图 7.10 所示。

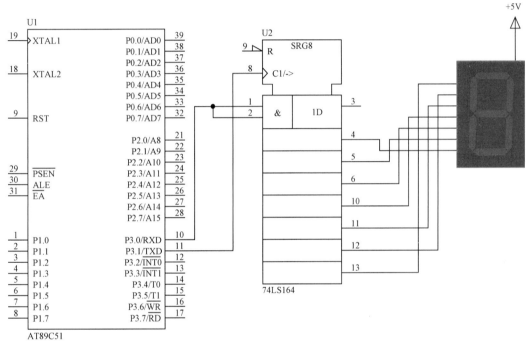

图 7.10 串并转换电路图

74LS164 是串并转换芯片，串行数据从 1（A）、2（B）号引脚输入；8 号（CLK）引脚是同步移位脉冲的输入端；9 号（R）引脚是复位端，低电平复位。转换后的信号从 3~6 号、10~13 号引脚输出，其中最先移入的一位从 13（Q_H）号引脚输出，最后移入的一位从 3（Q_A）号引脚输出。74LS164 的功能表如表 7.2 所示。

表 7.2 74LS164 的功能表

输　　入				输　　出		
R	CLK	A	B	Q_A	Q_B	… Q_H
L	×	×	×	L	L	L
H	L	×	×	Q_{A0}	Q_{B0}	Q_{H0}
H	↑	H	H	H	Q_{An}	Q_{Gn}
H	↑	L	×	L	Q_{An}	Q_{Gn}
H	↑	×	L	L	Q_{An}	Q_{Gn}

由于单片机串行数据低位在前，故按电路所示的方法连接。从单片机送出的显示段码最高位（dp）从 3 号引脚输出，而最低位（a）从 13 号引脚输出，故其与数码管的连接方式是 13 号引脚接 a，4 号引脚接 g。

```c
//串行通信：串行信号变为并行信号
//包含头文件
#include <reg51.h>
//宏定义
#define uchar unsigned char
#define uint unsigned int
//0～9 的共阳极数码管段码表
uchar code TAB[]={0xc0, 0xf9, 0xa4, 0xb0, 0x99, 0x92, 0x82, 0xf8, 0x80, 0x90};
//延时子程序
delay()
{
    uint j;
    uchar k;
    for(j=0;j<50000;j++)
            for(k=0;k<10;k++);
}
//主程序
main()
{
    SCON=0x00;          //设定为工作方式 0（SM0=0，SM1=0）
    while(1)
    {
    uchar i;
        for(i=0;i<10;i++)
        {
            SBUF=TAB[i];
            delay();
        }
    }
}
```

程序运行后数码管循环显示 0～9。

项目二　任务 7　数据的并、串行转换

要求：将并行数据转换为串行数据。

任务分析：前面刚解决了将串行数据转换为并行数据的问题，现在与之相反，要将并行数据转换为串行数据输入单片机里面。这一问题也是单片机与外部接口时经常会遇到的。

图 7.11 所示为并、串转换电路图，通过开关 SW1、SW2 可设定输入的数据，并行数据通过并串转换芯片 74LS165 转换为串行数据，从 SO（9 号引脚）输出，送到单片机的串行口 RXD，串行移位时钟从单片机的 TXD 输入 CLK（2 号引脚）。74LS165 的 1 号引脚（SH/$\overline{\text{LD}}$）为低电平时置数，即将开关的状态输入存储；为高电平时，进行移位寄存器操作。单片机的 P1.0 与之相连，用来控制 74LS165 是置数还是移位。发光二极管用来显示转换的数据。

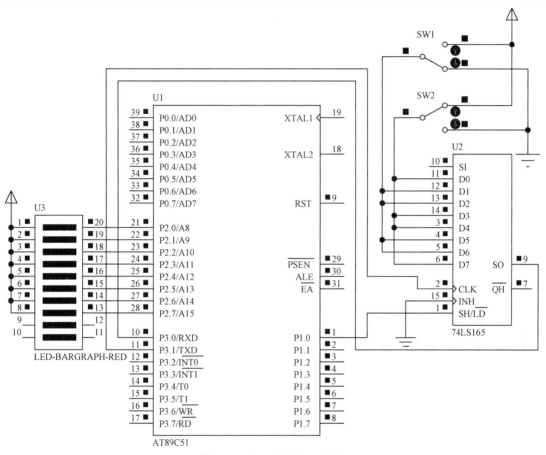

图 7.11 并、串转换电路图

2．项目二任务 7 解答

控制程序如下所述。

```
#include<reg51.h>
#include "intrins.h"
sbit setdata=P1^0;          //置数/移位控制端
main()
{
    unsigned char a;
    SCON=0x00;              //串行通信方式 0
```

```
        REN=1;              //允许接收
        while(1)
        {
                setdata=0;          //置数方式
                _nop_();
                _nop_();
                setdata=1;          //移位方式
                while(!RI);         //等待数据接收完
                RI=0;               //清除中断标志
                a=SBUF;             //此处读入数据
                P2=a;               //送显示
                _nop_();
                _nop_();
        }
}
```

从图 7.11 也可看出，从发光二极管输出的数据与从开关输入的数据是一致的。

项目二 任务 8 双机通信仿真

要求：单片机的串口工作于方式 1 下，使甲机和乙机实现通信。

任务分析：双机通信即在两机之间传递与交换数据。由于涉及两个单片机，所以它们必然各自有一个主程序。在硬件连接上要将各自的输出口与对方的输入口相连。

7.3.2 方式 1

方式 1 是 10 位数据的异步通信口。TXD 为数据发送引脚，RXD 为数据接收引脚，方式 1 传送一帧数据的格式示意图如图 7.12 所示。其中，1 位起始位，8 位数据位（低位在前，高位在后），1 位停止位。

图 7.12 方式 1 传送一帧数据的格式示意图

用软件置 REN 为 1 时，接收器以所选择波特率的 16 倍速率采样 RXD 引脚电平，检测到 RXD 引脚输入电平发生负跳变时，则说明起始位有效，将其移入输入移位寄存器，并开始接收这一帧信息的其余位。在接收过程中，数据从输入移位寄存器右边移入，起始位移至输入移位寄存器最左边时，控制电路进行最后一次移位。当 RI=0，且 SM2=0（或接收到的停止位为 1）时，将接收到的 9 位数据的前 8 位数据装入 SBUF，第 9 位（停止位）进入 RB8，并置 RI=1，向 CPU 请求中断。

方式 1 输出数据比较简单。当向 SBUF 写入一个字节数据后（TI=0），从引脚 TXD 先发出起始位，然后是 8 个数据，最后是停止位。发出停止位后，置位发送中断标志 TI=1，完成一帧数据的发送。方式 1 输出时序图如图 7.13 所示，方式 1 输入时序图如图 7.14 所示。

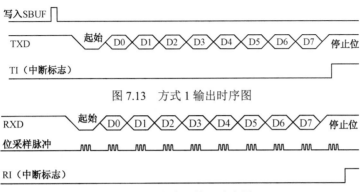

图 7.13 方式 1 输出时序图

图 7.14 方式 1 输入时序图

为完成项目二任务 8，将甲机串口的发送端和乙机串口的接收端连接；将甲机串口的接收端与乙机串口的发送端连接。为直观观察通信过程，由甲机先发送 "8" 的显示码，乙机接收后，再发送 "9" 的显示码作为应答，甲机收到之后，再发送 "8"，如此循环。

双机通信程序流程图如图 7.15 所示。双机通信仿真电路图如图 7.16 所示。

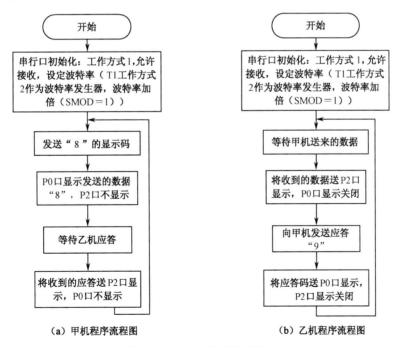

图 7.15 双机通信程序流程图

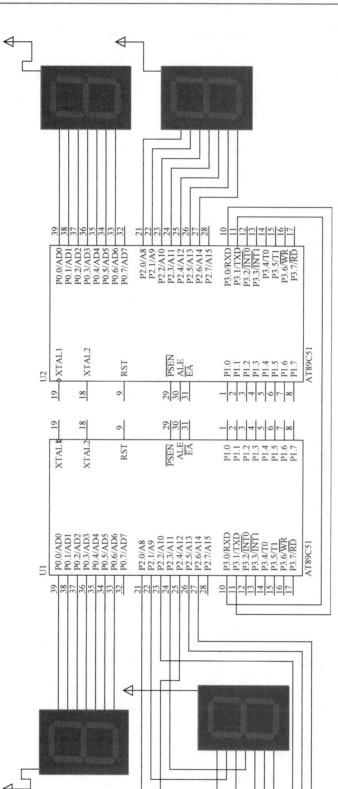

图 7.16　双机通信仿真电路图

控制程序：分为甲机（U1）、乙机（U2）两机两个程序，分别写入两芯片中。

```
//双机通信实验
//甲机程序
//two_cpu_1.c
//包含头文件
#include<reg51.h>
//宏定义
#define uchar unsigned char
#define uint unsigned int
//延时子程序
delay()
{
        uint j;
        uchar k;
        for(j=0;j<50000;j++)
            for(k=0;k<10;k++);
}
//主程序
main()
{
        SCON=0X50;          //设置为工作方式 1，并且允许接收（SM0=0，SM1=1，REN=1）
        PCON=0X80;          //波特率加倍（SMOD=1）
        TMOD=0X20;          //设置定时器 T1 工作于方式 2，作为波特率发生器
        TH1=0XFF;           //设定波特率
        TL1=0XFF;
        TR1=1;              //启动定时器 T1
        while(1)
        {
                SBUF=0x80;      //发送"8"的显示码
                while(!TI);     //等待发送完
                TI=0;           //发送完了，将中断标志清除
                P0=0X80;        //将"8"的显示码送到自己的 P0 口显示
                P2=0XFF;
                delay();
                while(!RI);     //等待乙机应答
                RI=0;           //乙机应答接收完后，将接收中断标志清除
                P2=SBUF;        //将接收到的应答送到自己的 P2 口显示
                P0=0XFF;
                delay();
        }
```

```
}

//乙机的通信程序
//包含头文件
#include <reg51.h>
//宏定义
#define uchar unsigned char
#define uint unsigned int
//延时子程序
delay()
{
        uint j;
        uchar k;
        for(j=0;j<50000;j++)
            for(k=0;k<10;k++);
}
//主程序
main()
{
        SCON=0X50;          //设置为工作方式1，并且允许接收（SM0=0，SM1=1，REN=1）
        PCON=0X80;          //波特率设置为与甲机相同
        TMOD=0X20;
        TH1=0xff;
        TL1=0xff;
        TR1=1;
        while(1)
        {
            while(!RI);     //等待接收甲机送来的数据
            RI=0;           //接收完数据，将中断标志清除
            P0=0xff;
            P2=SBUF;        //将收到的显示码送到 P2 口显示
            delay();
            SBUF=0x90;      //向甲机发送应答（"9"的显示码）
            while(!TI);     //等待发送完
            TI=0;           //发送完成，将中断标志清除
            P0=0x90;        //将应答码送到自己的 P0 口显示
            P2=0XFF;
            delay();
        }
}
```

观察到的结果是两机轮流显示"8"和"9"。

小技巧: 仿真双机通信,将以上两个程序分别编译后生成两个.hex 文件,双击单片机 U1 和 U2,单击"Edit Component"对话框的"Program File:"选项后的打开按钮,通过路径找到相应的烧写文件*.hex,单击"OK"按钮,关闭对话框,双机通信调试设置截图如图 7.17 所示。回到仿真界面后,用鼠标单击左下角的三角箭头,程序即可运行;单击方形箭头,程序停止运行。

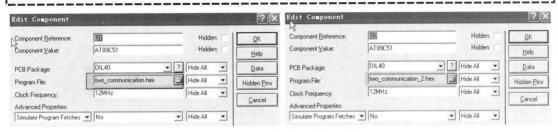

图 7.17　双机通信调试设置截图

7.3.3　方式 2 和方式 3

方式 2 或方式 3 为 11 位数据的异步通信口。TXD 为数据发送引脚,RXD 为数据接收引脚。方式 2 和方式 3 数据格式示意图如图 7.18 所示,方式 2 和方式 3 输入时序图如图 7.19 所示,方式 2 和方式 3 输出时序图如图 7.20 所示。

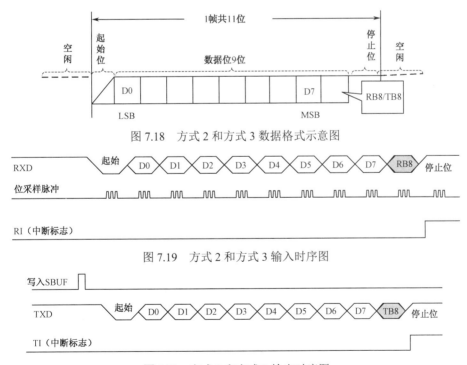

图 7.18　方式 2 和方式 3 数据格式示意图

图 7.19　方式 2 和方式 3 输入时序图

图 7.20　方式 2 和方式 3 输出时序图

在方式 2 和方式 3 时,起始位 1 位,数据位 9 位(含 1 位附加的第 9 位,发送时为 SCON 中的 TB8,接收时为 RB8),停止位 1 位,一帧数据为 11 位。方式 2 的波特率固定为晶振频率的 1/64 或 1/32，方式 3 的波特率由定时器 T1 的溢出率决定。

方式 2 和方式 3 输出（发送），先把起始位 0 输出到 TXD 引脚，然后发送移位寄存器的输出位（D0）到 TXD 引脚。每一个移位脉冲都使输出移位寄存器的各位右移一位，并由 TXD 引脚输出。

第一次移位时，停止位 "1" 移入输出移位寄存器的第 9 位上，以后每次移位，左边都移入 0。当停止位移至输出位时，左边其余位全为 0，检测电路检测到这一条件时，使控制电路进行最后一次移位，并置 TI=1，向 CPU 请求中断。

方式 2 和方式 3 输入（接收）时，数据从右边移入输入移位寄存器，在起始位 0 移到最左边时，控制电路进行最后一次移位。当 RI=0 且 SM2=0（或接收到的第 9 位数据为 1）时，接收到的数据装入接收缓冲器 SBUF 和 RB8（接收数据的第 9 位），置 RI=1，向 CPU 请求中断。如果条件不满足，则数据丢失且不置位 RI，继续搜索 RXD 引脚的负跳变。

7.3.4　波特率的计算

在串行通信中，收发双方对发送或接收数据的速率要有约定。通过软件可对单片机串行口编程为四种工作方式，其中方式 0 和方式 2 的波特率是固定的，而方式 1 和方式 3 的波特率是可变的，由定时器 T1 的溢出率决定。

串行口的四种工作方式对应三种波特率。由于输入的移位时钟的来源不同，所以各种方式的波特率计算公式也不相同。

方式 0 的波特率 $= f_{osc}/12$

方式 2 的波特率 $= (2^{SMOD}/64) \cdot f_{osc}$

方式 1 的波特率 $= (2^{SMOD}/32) \cdot (\text{T1 溢出率})$

方式 3 的波特率 $= (2^{SMOD}/32) \cdot (\text{T1 溢出率})$

当 T1 作为波特率发生器时，最典型的用法是使 T1 工作在自动再装入的 8 位定时器方式（方式 2，且 TCON 的 TR1=1，以启动定时器），这时溢出率取决于 TH1 中的计数值。

$$\text{T1 溢出率} = f_{osc} / \{12 \times [256 - (TH1)]\}$$

串行口工作之前，应对其进行初始化，主要是设置产生波特率的定时器 1、串行口控制和中断控制。具体步骤如下。

- 确定 T1 的工作方式（编程 TMOD 寄存器）。
- 计算 T1 的初值，装载 TH1、TL1。
- 启动 T1（编程 TCON 中的 TR1 位）。
- 确定串行口控制（编程 SCON 寄存器）。

串行口在中断方式工作时，要进行中断设置（编程 IE、IP 寄存器）。

以上多机通信是一个较复杂的系统与程序设计，其难点及关键点是要体会 SM2 的作用，只要理清了思路，就不会觉得程序的编制复杂了。

7-3 多机通信实验

7.4* 补充知识：I²C 总线及其应用

7.4.1 I²C 总线的特点

I²C（Inter-Integrated Circuit）总线是一种由 PHILIPS 公司开发的两线式串行总线，用于连接微控制器及其外围设备，I²C 总线如图 7.21 所示。I²C 总线产生于 20 世纪 80 年代，最初为音频和视频设备开发，如今主要在服务器管理中使用，其中包括单个组件状态的通信。

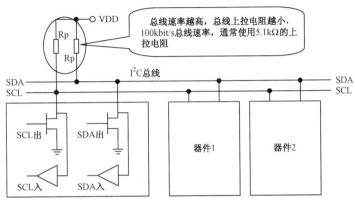

图 7.21　I²C 总线

I²C 总线最主要的优点是其简单性和有效性。由于接口直接在组件之上，因此 I²C 总线占用的空间非常小，减少了电路板的空间和芯片引脚的数量，降低了互连成本。总线的长度可高达 25ft，并且能够以 10kbit/s 的最大传输速率支持 40 个组件。I²C 总线的另一个优点是，它支持多主控（Multimastering），其中任何能够进行发送和接收的设备都可以成为主总线。一个主控能够控制信号的传输和时钟频率，但在任何时间点上只能有一个主控。

7.4.2 I²C 总线的工作原理

1．总线的构成及信号类型

I²C 总线是一种串行数据总线，只有两根信号线，一根是双向的数据线 SDA，另一根是时钟线 SCL。在 CPU 与被控 IC 之间、IC 与 IC 之间进行双向传送，最高传送速率为 100kbit/s。各种被控制电路均并联在这条总线上，但就像电话机一样只有拨通各自的号码才能工作，所以每个电路和模块都有唯一的地址。在信息的传输过程中，I²C 总线上并接的每一模块电路既是主控器（或被控器），又是发送器（或接收器），这取决于它所要实现的功能。CPU 发出的控制信号分为地址码和控制量两部分，地址码用来选址，即接通需要控制的电路，确定控制的种类；控制量决定该调整的类别（如对比度、亮度等）及需要调整的量。这样，各控制电路虽然挂在同一条总线上，但却彼此独立，互不相关。

2．位的传输

SDA 线上的数据必须在时钟的高电平周期保持稳定，数据线的高或低电平状态只有在 SCL 线的时钟信号是低电平时才能改变，位的传输图如图 7.22 所示。

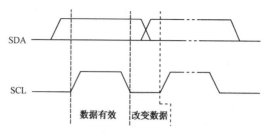

图 7.22　位的传输图

3．开始信号

SCL 为高电平时，SDA 由高电平向低电平跳变，开始传输数据。

4．结束信号

SCL 为低电平时，SDA 由低电平向高电平跳变，结束传输数据。

5．应答信号

接收数据的 IC 在接收到 8 位数据后，向发送数据的 IC 发出特定的低电平脉冲，表示已收到数据。CPU 向受控单元发出一个信号后，等待受控单元发出一个应答信号，CPU 接收到应答信号后，根据实际情况做出是否继续传递信号的判断。若未收到应答信号，则判断受控单元出现故障。

6．总线基本操作

I^2C 规程运用主/从双向通信。器件发送数据到总线上，则定义为发送器，器件接收数据则定义为接收器。主器件和从器件（本书为 AT24C01）都可以工作于接收和发送状态。总线必须由主器件（通常为微控制器 CPU）控制，主器件产生串行时钟（SCL）控制总线的传输方向，并产生起始和停止条件。SDA 线上的数据状态仅在 SCL 为低电平的期间才能改变；SCL 为高电平的期间，SDA 状态的改变被用来表示起始和停止条件，起始与结束信号如图 7.23 所示。

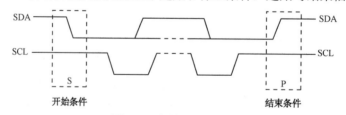

图 7.23　起始与结束信号

> **小游戏**：教学游戏活动设计——模拟 I^2C 总线
>
> 三人为一组。一名为裁判员，一名为传送员，一名为接收员。
>
> 活动规则：由裁判员向传送员下达要传送的数据（如一个字节的数据 10110101B），这一数据先不让接收员知道；传送员通过与接收员相拉的两只手来传递此数据，规定左手为 SCL（时钟线），右手为 SDA（数据线），手抬高表示高电平，手放下表示低电平，手的变化规律与 I^2C 总线规范完全相同。接收员最后要将接收到的数据告诉裁判员。由裁判员来裁决他们传递的数据是否正确。通过这一过程可以较好地理解 I^2C 总线规范。

其实，I^2C 总线规范是为了在两器件间传递信息制定的，与人类的语言一样，可以将它理解为芯片之间的语言，其他总线也与此类似。

7.4.3　I^2C 应用实例 AT24C01

AT24C 系列串行 E^2PROM 具有 I^2C 总线接口功能，功耗小，宽电源电压（根据不同型号为 2.5～6.0V），工作电流约为 3mA，静态电流随电源电压不同为 30～110μA。

1. AT24C 系列 E^2PROM 接口及地址选择

由于 I^2C 总线可挂接多个串行接口器件，在 I^2C 总线中每个器件应有唯一的器件地址。按 I^2C 总线规则，器件地址为 7 位数据（一个 I^2C 总线系统中理论上可挂接 128 个不同地址的器件），它和 1 位数据方向位构成一个器件寻址字节，最低位 D0 为方向位（读/写）。器件寻址字节中的最高 4 位（D7～D4）为器件型号地址。不同的 I^2C 总线接口器件的型号地址是厂家给定的，如 AT24C 系列 E^2PROM 的型号地址皆为 1010，器件地址中的低 3 位为引脚地址 A2、A1、A0，对应器件寻址字节中的 D3、D2、D1 位，在硬件设计时由连接的引脚电平给定。控制字格式如图 7.24 所示。

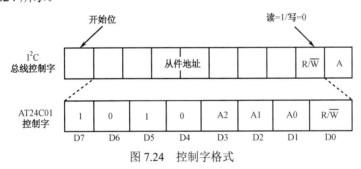

图 7.24　控制字格式

对于 E^2PROM 的片内地址，容量小于 256 字节的芯片（AT24C01/02），8 位片内寻址（A0～A7）即可满足要求。然而，对于容量大于 256 字节的芯片，8 位片内寻址范围不够，如 AT24C16，相应的寻址位数应为 11 位（$2^{11}=2048$）。若以 256 字节为 1 页，则多于 8 位的寻址视为页面寻址。在 AT24C 系列中，对页面寻址位采取占用器件引脚地址（A2、A1、A0）的办法，如 AT24C16 将 A2、A1、A0 作为页地址。凡在系统中将引脚地址作为页地址后，该引脚在电路中不得使用，做悬空处理。AT24C 系列串行 E^2PROM 的器件地址寻址字节如图 7.25 所示，表中 P0、P1、P2 表示页面寻址位。

AT24C01/02	1K/2K	1	0	1	0	A2	A1	A0	R/W
		MSD							LSB
AT24C04	4K	1	0	1	0	A2	A1	P0	R/W
AT24C08	8K	1	0	1	0	A2	P1	P0	R/W
AT24C16	16K	1	0	1	0	P2	P1	P0	R/W

图 7.25　AT24C 系列串行 E^2PROM 的器件地址寻址字节

2．AT89S51 单片机与 AT24C01 E²PROM 通信的硬件实现

图 7.26 所示为 AT89S51 的 P1 口模拟 I²C 总线与 E²PROM 连接的电路图（以 AT24C01 为例）。

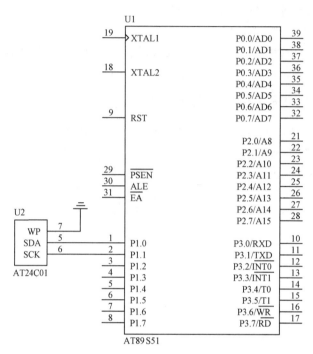

图 7.26　AT89S51 的 P1 口模拟 I²C 总线与 E²PROM 连接的电路图

3．AT24C 系列 E²PROM 读写操作软件实现方法

对 AT24C 系列 E²PROM 的读写操作完全遵守 I²C 总线的主收从发和主发从收的规则。

1）AT24C01 的写操作

写操作分为字节写和页面写两种，写一字节的时序图如图 7.27 所示。对于页面写根据芯片一次装载的字节不同有所不同。关于页面写的地址、应答和数据传送的时序图如图 7.28 所示。

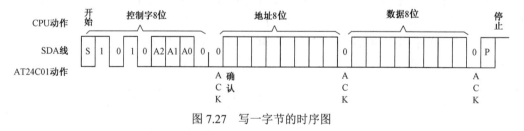

图 7.27　写一字节的时序图

连续写操作是对 E²PROM 连续装载 n 个字节数据的写入操作，n 随型号不同而不同，一次可装载字节数也不同。

2）AT24C01 的读操作

读操作有三种基本操作：当前地址读、随机读和顺序读。图 7.29 所示为随机读的时序

图，图 7.30 所示为顺序读的时序图。应当注意的是，最后一个读操作的第 9 个时钟周期不接收应答。为了结束读操作，主机必须在第 9 个时钟周期间发出停止条件，或在第 9 个时钟周期内先保持 SDA 为高电平，然后发出停止条件。

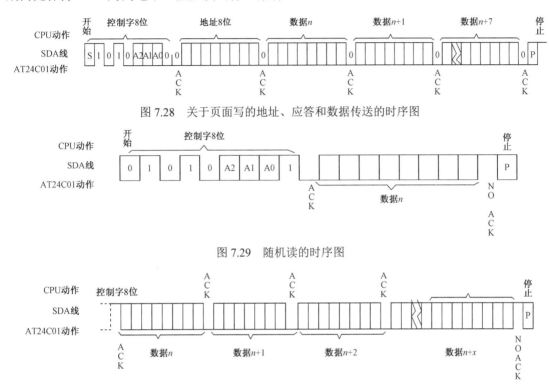

图 7.28　关于页面写的地址、应答和数据传送的时序图

图 7.29　随机读的时序图

图 7.30　顺序读的时序图

AT24C 系列片内地址在接收到每一个数据字节地址后自动加 1，故装载一页以内数据字节时，只需输入首地址；如果装载字节多于规定的最多字节数，那么数据地址将"上卷"，前面的数据被覆盖。

连续读操作时为了指定首地址，需要两个"伪字节写"来给定器件地址和片内地址，重复一次启动信号和器件地址（读），就可读出该地址的数据。由于"伪字节写"中并未执行写操作，所以地址没有加 1。以后每读取一个字节，地址自动加 1。

在读操作中接收器接收到最后一个数据字节后不返回肯定应答（保持 SDA 高电平），随后发停止信号。

4．应用程序

```
/*=========================================================
AT24C01 存储器 I²C 总线实验　C 语言实例
=========================================================
电路图如图 7.31 所示
=========================================================*/
#include<reg51.h>
```

```
#include<intrins.h>
sbit SDA=0x90;
sbit SCL=0x91;
//函数声明
unsigned char i2c_read(unsigned char);
void i2c_write(unsigned char, unsigned char);
void i2c_send8bit(unsigned char);
unsigned char i2c_receive8bit(void);
void i2c_start(void);
void i2c_stop(void);
bit i2c_ack(void);
//====================================================
void main(void)
{
    unsigned char dd;
    i2c_write(0x00, 0x55);
    _nop_();
    dd=i2c_read(0x00);
    for(;;)
    {}
}
/*===================================================
i2c_write(地址，数据)，写一字节

================================================*/
void i2c_write(unsigned char Address, unsigned char Data)
{
    do{
    i2c_start();
    i2c_send8bit(0xA0);
    }while(i2c_ack());
    i2c_send8bit(Address);
    i2c_ack();
    i2c_send8bit(Data);
    i2c_ack();
    i2c_stop();
    return;
}
/*===================================================
i2c_read(地址)，读一字节，返回一个读出的数据

================================================*/
```

```c
unsigned char i2c_read(unsigned char Address)
{
    unsigned char c;
    do{
    i2c_start();
    i2c_send8bit(0xA0);
    }while(i2c_ack());          //=1，表示无确认，再次发送
    i2c_send8bit(Address);
    i2c_ack();
    do{
    i2c_start();
    i2c_send8bit(0xA1);
    }while(i2c_ack());
    c=i2c_receive8bit();
    i2c_ack();
    i2c_stop();
    return(c);
}
//===================================================
//发送开始信号
void i2c_start(void)
{
    SDA = 1;
    SCL = 1;
    SDA = 0;
    SCL = 0;
    return;
}
//发送结束信号
void i2c_stop(void)
{
    SDA = 0;
    SCL = 1;
    SDA = 1;
    return;
}
//发送接收确认信号
bit i2c_ack(void)
{
    bit ack;
```

```
        SDA = 1;
        SCL = 1;
        if (SDA==1)
            ack = 1;
        else
            ack = 0;
        SCL = 0;
        return (ack);
    }
//发送 8 位数据
void i2c_send8bit(unsigned char b)
{
    unsigned char a;
    for(a=0;a<8;a++)
    {
        if ((b << a ) & 0x80)
                SDA = 1;
        else
                SDA = 0;
        SCL = 1;
        SCL = 0;
    }
    return;
}
//接收 8 位数据
unsigned char i2c_receive8bit(void)
{
    unsigned char a;
    unsigned char b=0;
    for(a=0;a<8;a++)
    {
        SCL = 1;
        b=b<<1;
        if (SDA==1)
                b=b|0x01; //按位或
        SCL = 0;
    }
    return (b);
}
```

这个例子实际上就是先写入一个数"0x55"，然后读出来存入内部数据存储单元的变量"dd"中，仿真结果如图 7.31 所示。可见，读出的数据也是"0x55"，与预期的结果一致。

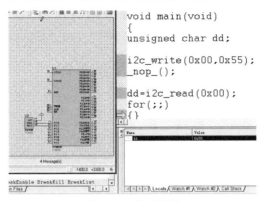

图 7.31　仿真结果

‖ 小　　结 ‖

本章通过如何让数据能从 I/O 端口输出，控制数码管显示的问题，引出了串行通信的问题。本章介绍了关于通信的一般性概念，着重阐述了单片机串行口的结构、控制寄存器及四种工作方式，每种工作方式都通过仿真实验来说明，特别是多机通信的实验是一个难度较大的程序设计问题。本章重点如下。

（1）异步串行通信的概念。

（2）单片机串口控制结构。

（3）串口控制相关寄存器 SCON 等的使用。

（4）方式 0 和方式 1 的应用。

‖ 习　　题 ‖

一、填空题

1．通信有＿＿＿＿＿＿＿＿通信和串行通信两种方式。在多微机系统及现代测控系统中信息的交换多采用＿＿＿＿＿＿通信方式。

2．并行通信通常是将数据字节的各位用多条数据线＿＿＿＿进行传输。并行通信控制简单、传输速度＿＿＿＿；由于传输线较多，长距离传输时成本高且接收方的各位同时接收存在困难。

3．串行通信是将数据字节分成＿＿＿＿的形式在＿＿＿＿条传输线上逐个传输。串行通信的特点是传输线＿＿＿，长距离传输时成本＿＿＿＿，并且可以利用电话网等设备，但数据的传输控制比并行通信复杂。

4．串行通信又分为异步通信与＿＿＿＿通信。

5．异步通信是指通信的发送与接收设备使用各自的＿＿＿＿控制数据的发送和接收过程。为使双方的收发协调，要求发送和接收设备的＿＿＿＿尽可能一致。

6．异步通信是以字符（构成的帧）为单位进行传输，字符与字符之间的间隙（时间间隔）是＿＿＿＿的，但每个字符中的各位是以_____的时间传输的，即字符之间是异步的（字符之间不一定有"位间隔"的整数倍的关系），但同一字符内的各位是_____的（各位之间的距离均为"位间隔"的整数倍）。

7. 同步通信时要建立发送方时钟对接收方_____的直接控制，使双方达到完全同步。此时，传输数据的位之间的距离均为"位间隔"的_____，同时传输的字符间_____间隙，既保持位同步关系，也保持字符同步关系。

8. 奇校验时，数据中"1"的个数与校验位"1"的个数之和应为_____；偶校验时，数据中"1"的个数与校验位"1"的个数之和应为_____。接收字符时，对"1"的个数进行校验，若发现不一致，则说明传输数据过程中出现了_____。

9. 比特率是每秒传输二进制代码的_____，单位是位/秒（bit/s）。如每秒传输 240 个字符，而每个字符格式包含 10 位，这时的比特率为 10 位×_____个/秒 =_____bit/s。

10. 波特率表示每秒调制信号变化的_____，单位是_____（Baud）。波特率和比特率不总是相同的，对于将数字信号 1 或 0 直接用两种不同电压表示的_____传输，比特率和波特率是_____的。所以，也经常用波特率表示数据的传输速率。

11. 8051 在串行口的结构上有两个物理上独立的接收、发送缓冲器 SBUF，它们占用同一地址_____H；接收器是_____结构；发送缓冲器，因为发送时 CPU 是主动的，所以不会产生重叠错误。通过对 SBUF 的读、写语句来区别是对接收缓冲器还是发送缓冲器进行操作。CPU 在写 SBUF 时，操作的是_____缓冲器；读 SBUF 时，就是读_____缓冲器的内容。

12. 在方式 2 和方式 3 时，当接收机的 SM2=1 时，可以利用收到的 RB8 来控制是否激活 RI（RB8=0 时不激活 RI，收到的信息丢弃；RB8=1 时收到的数据进入 SBUF，并激活 RI，进而在中断服务中将数据从 SBUF 读走）。当 SM2=0 时，不论收到的 RB8 为 0 还是 1，均可以使收到的数据进入_____，并激活 RI（此时 RB8 不具有控制 RI 激活的功能）。通过控制 SM2，可以实现_____通信。在方式 0 时，SM2 必须是_____。在方式 1 时，若 SM2=1，则只有接收到_____时，RI 才置 1。

13. 在方式 0 时，串行口为_____寄存器的输入输出方式。主要用于扩展_____输入或输出口。数据由 RXD（P3.0）引脚_____或输出，_____由 TXD（P3.1）引脚输出。发送和接收均为_____位数据，_____在先，_____位在后。波特率固定为_____。

14. 方式 1 是_____位数据的异步通信口。TXD 为数据_____引脚，RXD 为数据_____引脚，其中_____位起始位，_____位数据位，1 位停止位。

15. 方式 2 或方式 3 为_____位数据的异步通信口。_____为数据发送引脚，_____为数据接收引脚。在方式 2 和方式 3 时起始位 1 位，数据_____位（含 1 位附加的第 9 位，发送时为 SCON 中的 TB8，接收时为 RB8），停止位 1 位，一帧数据为_____位。方式 2 的波特率_____为晶振频率的 1/64 或 1/32，方式 3 的波特率由_____决定。

16. MCS-51 串行接口有 4 种工作方式，这可在初始化程序中用软件填写特殊功能寄存器_____加以选择。用串口扩并口时，串行接口工作方式应选为方式_____。

二、选择题

1. 控制串行口工作方式的寄存器是（　　　）。

A. TCON　　　　　B. PCON　　　　　C. SCON　　　　　D. TMOD

2. MCS-51 的中断允许触发器内容为 98H，CPU 将响应的中断请求是（　　　）。

A. T1　　　　　B. T0，T1　　　　　C. T1，串行接口　　　　　D. T0

3．根据串行通信的传输方向，串行通信又分为（　　）方式。

A．单工　　　　　　　B．半双工　　　　　　C．同步与异步　　　　　D．全双工

4．串行通信的错误校验方式有（　　）。

A．奇偶校验　　　　　B．代码和校验　　　　C．计算机校验　　　　　D．循环冗余校验等

5．下列电平中（　　）是 TTL 电平。

A．逻辑"0"：+5～+15V

B．逻辑"1"：−5～−15V

C．逻辑"0"：0V

D．逻辑"1"：+5V

6．必须用软件清除的中断标志是（　　）。

A．TF0　　　　　　　B．RI　　　　　　　　C．TI　　　　　　　　　D．IE0

7．以下公式中计算方式 2 的波特率公式是（　　）。

A．波特率 $= f_{\text{osc}}/12$

B．波特率 $= (2^{\text{SMOD}}/64) \cdot f_{\text{osc}}$

C．波特率 $= (2^{\text{SMOD}}/32) \cdot (\text{T1 溢出率})$

D．波特率 $= (2^{\text{SMOD}}/32) \cdot (\text{T0 溢出率})$

8．以下公式中计算方式 3 的波特率公式是（　　）。

A．波特率 $= f_{\text{osc}}/12$

B．波特率 $= (2^{\text{SMOD}}/64) \cdot f_{\text{osc}}$

C．波特率 $= (2^{\text{SMOD}}/32) \cdot (\text{T1 溢出率})$

D．波特率 $= (2^{\text{SMOD}}/32) \cdot (\text{T0 溢出率})$

9．串行口工作于方式 3 时，对串行口进行初始化的具体步骤是（　　）。

A．确定 T1 的工作方式（编程 TMOD 寄存器）

B．计算 T1 的初值，装载 TH1、TL1

C．启动 T1（编程 TCON 中的 TR1 位）

D．确定串行口控制（编程 SCON 寄存器）

三、问答题

1．解释下列概念：

① 并行通信、串行通信；② 波特率；③ 单工、半双工、全双工；④ 奇偶校验。

2．8051 单片机串行口有几种工作方式？如何选择？

3．在串行通信中通信速率与传输距离之间的关系如何？

4．简述 8051 单片机多机通信的特点。

5．在前面多机通信的实验中：

（1）如果乙机的发送线断开，有什么现象？为什么？怎样改进？

（2）如果丙机的发送线断开，有什么现象？为什么？怎样改进？

（3）如果甲机的发送线与丙机的接收线断开，有什么现象？为什么？怎样改进？

（4）如果甲机的发送线与乙机的接收线断开，有什么现象？为什么？怎样改进？

四、编程题

1．画出利用串行口方式 0 和两片 74LS164"串行输入并行输出"芯片扩展 16 位输出口的硬件电路，并写出输出驱动程序。

2．设计一个 8 位并行输入转换为串行数据的实验，直观显示转换结果。要求画出电路图、程序流程图、编写相应的程序（注释）。

3．请编制串行通信的数据发送程序，发送片内 RAM50H～5FH 的 16B 数据，串行接口设定为方式 2，

采用偶校验方式。设晶振频率为 6MHz。

4．要求设计一个双机通信方案，甲机发送数据，乙机接收数据。两机的振荡频率为 12MHz，波特率设置为 2400bit/s，工作在串口方式 1。

甲机循环发送 0～15 的数字，乙机接收后返回接收值。若发送值与返回值相等，则继续发送下一数字，否则重复发送当前数字。发送值和接收值应显示在 LED 数码管上。要求：

（1）画出电路图。

（2）画出程序流程图。

（3）编写两机相应的程序。

（4）仿真实现，并观察是否与设计的一致。

5．单片机之间串行通信实验，将甲乙两台仿真器串行口的发送端与对方接收端连接，即甲机的 TXD 与乙机的 RXD 相连，甲机的 RXD 与乙机的 TXD 相连，并实现双机共地。假设甲机为发送机，乙机为接收机，甲机的一组数据通过串行通信传到乙机，乙机接收数据，并将这组数据存入乙机内部一段连续的空间内，并回传给甲机，甲机也存入内部 RAM 的一段空间内。程序参考流程图如图 7.32 所示。请画出仿真电路图，编写两机的通信程序，并仿真实现。

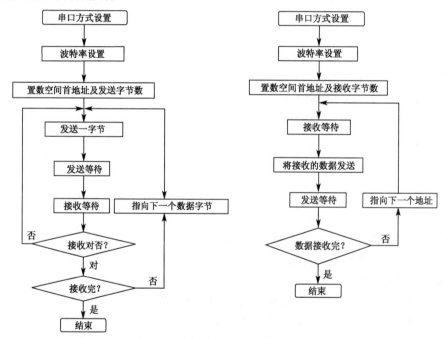

图 7.32　习题四-5 程序参考流程图

第8章

键盘接口及显示接口

目　　的： 通过万年历的键盘设计及其他例子，学习键盘输入接口（属于人机接口）的相关知识，主要学习内容有独立式键盘与行列式键盘；结合万年历的显示部分，介绍 LED 显示及 LCD 显示的相关问题，包括 LED 静态显示与动态显示、LCD 字符显示。重点学习键盘接口程序的设计，分析万年历显示程序，包括字符模块 LCD1602 的工作原理、LED 驱动芯片 MAX7219 的工作原理及它们的编程控制问题。

知识目标： 掌握独立式键盘与行列式键盘的工作原理，理解键盘接口程序的编制方法；掌握按键抖动的原因及处理方法。掌握 LED 动态显示与静态显示；MAX7219、LCD1602 的工作原理。

技能目标： 能设计两种键盘电路，会编写简单的独立式键盘程序。能编写驱动 LED 的静态与动态显示程序；能编写控制 MAX7219 的程序；能编写简单的控制字符 LCD 模块的程序；能制作带倒计时的交通灯系统。

素质目标： 养成扩展嵌入式系统芯片外围相关知识的习惯。养成克服困难、渡过学习难关的习惯。

教学建议：

微课 8：第 8 章教学建议

重 点 内 容		1. 键盘抖动的消除方法
		2. 行列式键盘的控制程序编写
		3. 独立式键盘的程序编写
		4. LED 动态显示的电路设计及编程方法
		5. MAX7219 及其应用
		6. LCD1602 的应用
教	教 学 难 点	行列式键盘控制程序的编写；LED 动态显示程序编程；MAX7219 控制方法；万年历中的液晶显示程序的讲授
	建 议 学 时	12～18 学时
	教 学 方 法	通过仿真练习及训练，使学生掌握行列式键盘及独立式键盘程序的编写方法。对于万年历键盘程序的讲解要结合整个系统的功能要求来讲解。通过交通灯运行、LED 动态显示程序的编程及上机练习，使学生掌握 LED 动态显示程序的编制方法；通过对 MAX7219 的仿真控制练习，使学生掌握该器件的使用方法；结合万年历中各种需要显示的信息，讲解万年历显示程序。通过制作带倒计时的交通灯的系统进一步强化软、硬件联调能力

续表

学	学习难点	行列式键盘控制程序的编写方法；LED 动态显示程序的编制方法；MAX7219 的控制；万年历程序的理解
	必备前期知识	键盘抖动及消除方法；LED 译码器；动态显示与静态显示
	学习方法	通过在机房仿真练习，掌握行列式键盘及独立式键盘程序的编写方法；结合万年历各部分的功能及要求理解万年历键盘程序部分内容。通过交通灯运行的仿真练习，掌握 LED 动态显示程序的编制方法；通过 MAX7219 的仿真控制练习掌握该器件的使用方法；通过与显示相关的万年历各部分功能的学习，理解万年历显示程序，并具备修改复杂程序的能力；通过实际制作带倒计时的交通灯的系统，加强制作及调试较复杂系统的能力

8.1 键 盘 接 口

8.1.1 键盘基本问题

键盘分编码键盘和非编码键盘。键盘上闭合键的识别由专用的硬件编码器实现，产生键编码号或键值的称为编码键盘，如 BCD 码键盘、ASCII 码键盘等；而靠软件来识别的称为非编码键盘。非编码键盘分为独立式非编码键盘和行列式非编码键盘。

在单片机组成的测控系统及智能化仪器中用得最多的是非编码键盘。

1. 按键的识别

按键的识别即如何识别键盘。这是键盘基本问题之一，后文将重点讨论这一问题。

2. 按键的抖动

由于机械触点的弹性作用，按键在闭合时不会马上稳定地接通，在断开时也不会立刻断开。在闭合及断开的瞬间均伴随有一连串的抖动，键盘抖动示意图如图 8.1 所示。

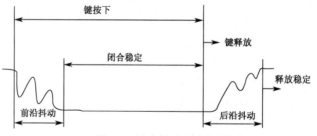

图 8.1 键盘抖动示意图

抖动时间一般为 5～10ms，抖动会引起一次按键被误读多次。为确保 CPU 对按键的一次闭合仅做一次处理，必须去除按键抖动。

抖动的去除可以采用硬件的方法，也可以采用软件的方法。硬件去抖动的方法这里不予介绍，可参考数字电路相关的书籍。软件去抖动的方法其实就是利用延时来去掉这一抖动时间，在具体程序设计中再讨论。

8.1.2　独立式键盘

独立式按键是指各按键相互独立地接通一条输入数据线。当任何一个键被按下时，与之相连的输入数据线即可读入数据 0，而没有被按下时读入数据 1。

独立式键盘的电路简单，易于编程，但占用的 I/O 端口线较多，当需要较多按键时可能产生 I/O 资源紧张问题。

设计一个独立式按键的键盘接口，并编写键扫描程序，独立式键盘电路图如图 8.2 所示，键号从上到下分别为 0～7。

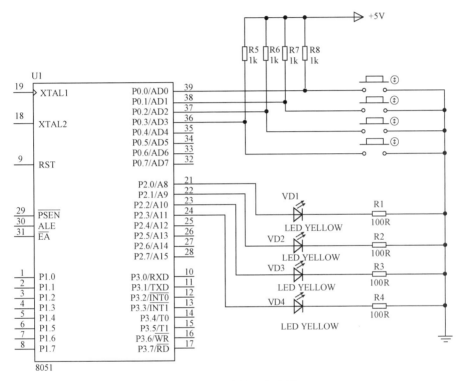

图 8.2　独立式键盘电路图

C 语言程序如下。

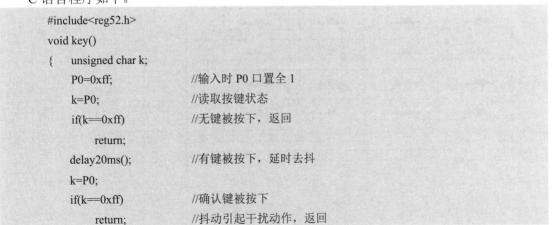

```
#include<reg52.h>
void key()
{   unsigned char k;
    P0=0xff;            //输入时 P0 口置全 1
    k=P0;               //读取按键状态
    if(k==0xff)         //无键被按下，返回
        return;
    delay20ms();        //有键被按下，延时去抖
    k=P0;
    if(k==0xff)         //确认键被按下
        return;         //抖动引起干扰动作，返回
```

```
    while(P0!=0xff);          //等待键释放
    switch(k)
    {
        case 0xfe:
        …                     //0 号键被按下时执行程序段
        break;
        case 0xfd:
        …                     //1 号键被按下时执行程序段
        break;
        …
                              //2～6 号键程序省略
        case 0x7f:
        …                     //7 号键被按下时执行程序段
        break;
    }
}
```

8.1.3　行列式键盘

　　为了减少键盘与单片机接口时所占用 I/O 线的数目，在键数较多时，通常都将键盘排列成行列矩阵形式。每一水平线（行线）与垂直线（列线）的交叉处通过一个按键来连通。将 I/O 端口分为行线和列线，按键跨接在行线和列线上，列线通过上拉电阻接正电源。利用这种结构只需 N 条行线和 M 条列线，即可组成具有 $N×M$ 个按键的键盘，行列式键盘电路图如图 8.3 所示。

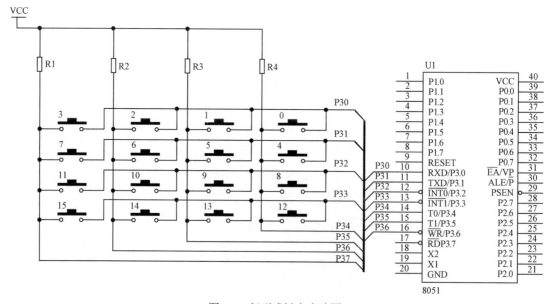

图 8.3　行列式键盘电路图

键值：按键闭合时的数值。

键模：按键代表的数值。

特点：占用 I/O 端口线较少，但软件将较为复杂。

1．扫描法及线反转法工作原理

1）扫描法

- 判别键盘中有无键被按下。向行线输出全 0，读入列线状态。如果有键被按下，则总有一列线被拉至低电平，从而使列输入不全为 1。
- 查找被按下键所在位置。依次给行线送低电平，查列线状态。全为 1 时，则所按下的键不在此行；否则所按下的键必在此行，并且是在与零电平列线交点上的那个键。
- 对按键位置进行编码。找到所按下按键的行列位置后，对按键进行编码，即求得按键键值。

以上是扫描法，下面以 P3 口为例说明线反转法。

2）线反转法

（1）判断哪一列有键被按下。

写端口（0xf0）：行线电平=0；列线电平=1。

读端口进行判断：若 P3 = 0xf0，则表示没有按键被按下；若 P3 ≠ 0xf0，则表示某列有键被按下，设为 K1。

（2）判断哪一行有键被按下。

写端口（0x0f）：行线电平=1；列线电平=0。

读端口进行判断：若 P3 = 0x0f，则表示没有按键被按下；若 P3 ≠ 0x0f，则表示某行有键被按下，设为 K2。

（3）将 K1 与 K2 相"或"并存于 K2（形成键值）——闭合键所在行、列的状态均为 0，其余皆为 1。

第一行的键值为 11101110、11011110、10111110、01111110。

整个键盘的键值（对应为 0～F）为 0xee、0xde、0xbe、0x7e、0xed、0xdd、0xbd、0x7d、0xeb、0xdb、0xbb、0x7b、0xe7、0xd7、0xb7、0x77。

（4）利用查表比对法求出闭合按键的键模。将各键的键值依次存放在一个数组中，其顺序号就是键模。例如：

char key_buf[]={0xee, 0xde, 0xbe, 0x7e, 0xed, 0xdd, 0xbd, 0x7d, 0xeb, 0xdb, 0xbb, 0x7b, 0xe7, 0xd7, 0xb7, 0x77};

利用循环变量 i 控制比对过程，两者相等时的 i 就是闭合键的键模。

2．行列式键盘扫描流程及程序

要求：4×4 行列式键盘被按下任意按键后，LED 显示器上显示该键的键模（0～F）。

4×4 行列式键盘仿真电路图如图 8.4 所示，行列式键盘程序流程图如图 8.5 所示。

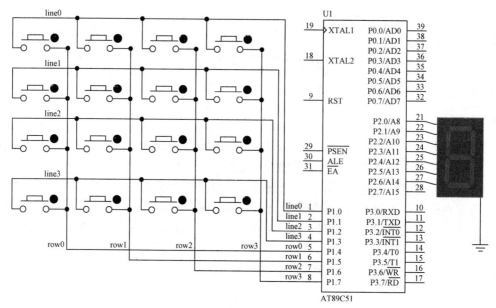

图 8.4　4×4 行列式键盘仿真电路图

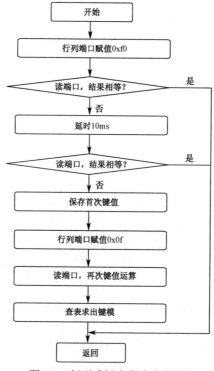

图 8.5　行列式键盘程序流程图

详细程序如下所述。

```
#include<reg51.h>
char led_mod[]={0x3f, 0x06, 0x5b, 0x4f, 0x66, 0x6d, 0x7d, 0x07, 0x7f,
0x6f, 0x77, 0x7c, 0x58, 0x5e, 0x79, 0x71};                //共阴段码表
char key_buf[]={0xee, 0xde, 0xbe, 0x7e, 0xed, 0xdd, 0xbd, 0x7d,
```

```
0xeb, 0xdb, 0xbb, 0x7b, 0xe7, 0xd7, 0xb7, 0x77};              //键盘编码表
char getKey(void);
void delay(unsigned int time)
{
    unsigned int j=0;
    for(;time>0;time--)
            for(j=0;j<125;j++);
}
void main(void)
{
    char key=0;
    P2=0x00;
    while(1)
     {
            key=getKey();              //获取键盘键值
            if(key!=-1)                //如果有键被按下
            {   P2=led_mod[key];       //在 P2 口显示相应的键值（0~F）
                delay(10);
            }
            else
                P2=0x00;               //如果没有键被按下，则不显示
     }
}
char getKey(void)
{
    char k1=0, k2=0, i=0;
    P1=0xf0;                           //输出行扫描码
    delay(10);
    if(P1!=0xf0)                       //如果有键被按下
    {
            k1=P1;                     //读取列键值
            delay(10);
            if(P1==k1)                 //如果值不变
            {
                P1=0x0f;               //输出列扫描码
                delay(10);
                k2=P1;                 //读取行键值
                k2=k2|k1;              //合成行列键值
                for(i=0;i<16;i++)
                {
                    if(key_buf[i]==k2)
                    return i;          //查表，得到键值，并返回键值（0~F）
```

```
                    }
               }
          }
     return–1;                    //如果没有键被按下，则返回–1
}
```

以上是线反转法读取键值的编程方法，如果采用扫描法，则判断有无键被按下的方法与之相同，而判断是哪个键被按下的方法则略有不同。在确定有按键被按下以后，就可以进入确定具体闭合键的过程。具体方法：依次将行线置为低电平，即在置某条行线为低电平时，其余各行线置高电平。在确定某条行线置为低电平后，检测各列的电平状态，若为低，则该列与置为低电平的行线交叉处的按键是闭合的按键。这样识别按键的方法称为扫描法。

由上可见，键盘程序特别是较大项目的键盘程序都比较复杂，原因是键盘控制的调整项目往往与各功能模块都相关，要根据各功能模块的需要来编制键盘程序。只有全面知道各功能模块所要调整的参数及要求，才能编写对应的键盘控制程序。

8-1 万年历中键盘的设计

项目二　任务 9　计数显示器

要求：对按键动作进行计数和显示，达到 99 后重新由 1 开始计数。

任务分析：本任务要求对一个按键进行按下次数的计数。这里有两个问题，一是按键动作的读入，二是数字的显示。

计数显示器的电路图如图 8.6 所示，个位 LED 接 P2 口；十位 LED 接 P0 口（接有上拉电阻）。

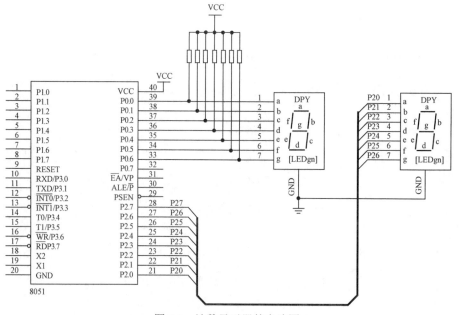

图 8.6　计数显示器的电路图

‖ 8.2　显　示　接　口 ‖

8.2.1　静态显示

静态显示是指数码管显示某一字符时，相应的发光二极管恒定导通或恒定截止。这种显示方式的各位数码管的公共端恒定接地（共阴极）或+5V（共阳极）。每个数码管的 8 个段控制引脚分别与一个 8 位 I/O 端口相连。只要 I/O 端口有显示字形码输出，数码管就显示给定字符，并保持不变，直到 I/O 端口输出新的段码。

如图 8.6 所示（P3.7 端口与地之间接有一开关，电路中未画出），对按键动作进行计数和显示，达到 99 后重新由 1 开始计数。计数显示器流程图如图 8.7 所示。

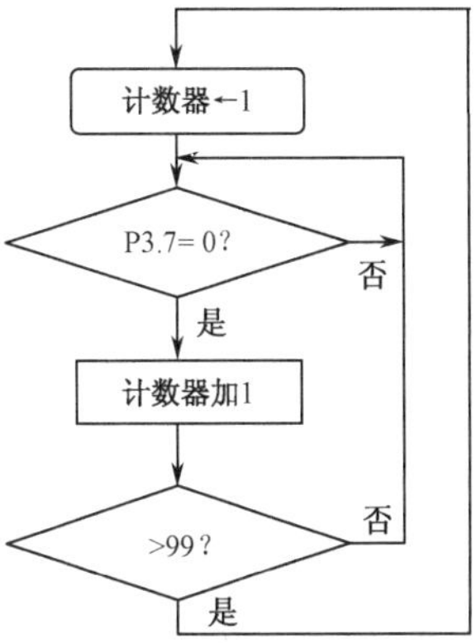

1．分析

（1）读 P3.7 口，进行加 1 计数和超界处理。

（2）拆分计数器数值——个位、十位。

（3）查找/输出显示码到 P0 口和 P2 口。

2．计数值拆分

取模运算（%）得到个位；整除 10 运算（/）得到十位。

图 8.7　计数显示器流程图

3．查找/输出显示码

按拆分值输出相应数组元素。

4．程序

程序如下所述，程序运行效果如图 8.8 所示。

```c
#include<reg51.h>
sbit P3_7=P3^7;
unsigned char code table[]={0x3f, 0x06, 0x5b, 0x4f, 0x66, 0x6d,
0x7d, 0x07, 0x7f, 0x6f};
unsigned char count;
void delay(unsigned int time)
{
    unsigned int j=0;
    for(;time>0;time--)
            for(j=0;j<125;j++);
}
void main(void)
{
    count=0;                              //计数器赋初值
    P0=table[count/10];                   //P0 口显示初值
```

```
            P2=table[count%10];              //P2 口显示初值
        while(1)                             //进入无限循环
        {
            if(P3_7==0)                      //软件消抖，检测按键是否被按下
            {
                delay(10);
                if(P3_7==0)                  //若按键被按下
                {
                    count++;                 //则计数器增 1
                    if(count==100)           //判断循环是否超限
                        count=0;
                    P0=table[count/10];      //P0 口显示初值
                    P2=table[count%10];      //P2 口显示初值
                    while(P3_7==0);          //等待按键被松开，防止连续计数
                }
            }
        }
    }
```

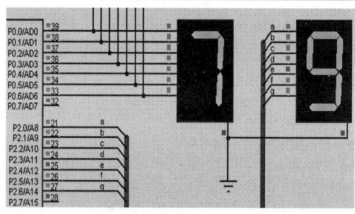

图 8.8　程序运行效果

项目二　任务 10　带倒计时的交通灯控制器

要求：用两位数码管显示交通灯倒计时的时间，与交通灯同时运行。

任务分析：现在要在交通灯运行的同时，加上两位数码管用来显示倒计时的时间。由于单片机接口资源的短缺，不能采用静态显示的方法，只能将两数码管的段码并联起来，即动态显示法。那么，动态显示是怎样的呢？有什么特点及如何编程呢？

8.2.2　动态显示

动态显示是一种按位轮流点亮各位数码管的显示方式，即在某一时段只让其中一位数码管"位选端"有效，并送出相应的字形显示编码。此时，其他位的数码管因"位选端"无效而都处于熄灭状态。下一时段按顺序选通另外一位数码管，并送出相应的字形显示编码，依此规律循环下去，即可使各位数码管分别间断地显示出相应的字符，这一过程称为动态扫描显示。只要每位显示间隔的时间足够短，就会看到各数码管好像是"同时"显示的。带倒计时数码管的交通灯电路图如图 8.9 所示。

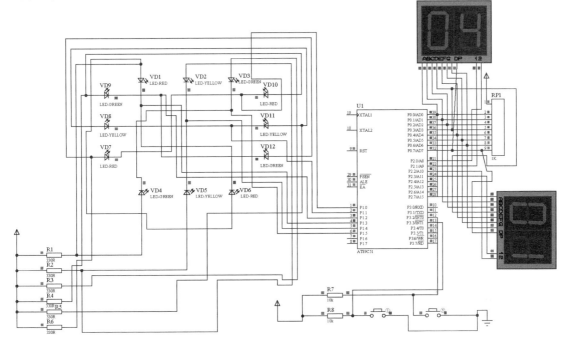

图 8.9　带倒计时数码管的交通灯电路图

现在对项目二进行功能扩展。

1. 电路图

在项目二（交通灯运行）的基础上，扩展电路，如图 8.9 所示。用 P2 口作为两个数码管的段码控制，P2 口的两位作为位码控制。注意，图 8.9 所示的电路为仿真电路图，在实做时要对段码及位码进行驱动设计，如在每一个输出引脚上接非门（如 74LS04）或单输入单输出与门（74LS07）或加上三极管驱动。

2. 程序流程图

控制程序的定时器中断服务流程图如图 8.10 所示。交通灯及倒计时数码管的控制主要在定时中断程序中完成。

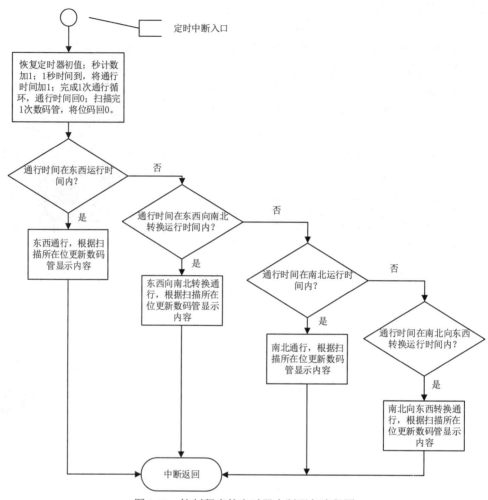

图 8.10　控制程序的定时器中断服务流程图

Keil 操作界面及主程序窗口如图 8.11 所示，可见主程序完成中断及定时器初始化后，就停止了。各子程序都集中到了"traffic.c"中，并通过"traffic.h"相联系。

图 8.11　Keil 操作界面及主程序窗口

traffic.h 函数如下。

#ifndef __TRAFFIC_H__

```c
#define __TRAFFIC_H__
#include"reg51.h"
/*    南北红灯接 P1.0，黄灯接 P1.1，绿灯接 P1.2;
      东西红灯接 P1.3，黄灯接 P1.4，绿灯接 P1.5        */
sbit S_N_R=P1^0;
sbit S_N_Y=P1^1;
sbit S_N_G=P1^2;
sbit E_W_R=P1^3;
sbit E_W_Y=P1^4;
sbit E_W_G=P1^5;
#define ON 0
#define OFF 1
#define east_west_run_time 20                        //东西通行时间
#define east_west_to_south_north_run_time 3          //东西向南北转换通行时间
#define south_north_run_time   10                    //南北通行时间
#define south_north_to_east_west_run_time 3          //南北向东西转换通行时间
#define total_time 36                                //1 次循环的总时间
void east_west_run();                                //东西通行子函数
void east_west_to_south_north_run();                 //东西向南北转换通行子函数
void south_north_run();                              //南北通行子函数
void south_north_to_east_west_run();                 //南北向东西转换通行子函数
 void display(unsigned char ,unsigned char );        //数码管显示子函数
void ex_interrupt_initial();                         //中断初始化子函数
void timer0_initial();                               //定时器初始化子函数
void E_W_run_terrupt();                              //东西强制通行中断服务函数
void S_N_run_terrupt();                              //南北强制通行中断服务函数
void timer_interrupt();                              //定时中断服务函数
#endif
```

traffic.c 函数如下。

```c
#include "traffic.h"
unsigned char code seg_tab[]={0xc0,0xF9,0xA4,0xB0,0x99,//段码表：0~4
0x92,0x82,0xF8,0x80,0x90};//段码表：5~9;
 unsigned char code Select[]= {0x01 ,0x02,0x04,0x08,0x10,0x20};//位码表
/*   中断初始化函数：外部中断 0、1，定时器 0 共 3 个中断源   */
    void ex_interrupt_initial()
    {
    EA=1;ET0=1;
    EA=1;EX0=1;EX1=1;
    IT0=0;IT1=0;
    PX0=0;PX1=1;
```

```
        }
        /*   定时器 0 初始化   */
void timer0_initial()
{
TMOD=0x01;
TH0=(65536-(10000/1))/256;
TL0=(65536-(10000/1))%256;
TR0=1;
}
        /*   数码管显示函数，x 为位码选择，y 为段码选择      */
void display(unsigned char x,unsigned char y)          {
        P2=0;
        P0=seg_tab[y];
        P2=Select[x];
        }
...      //省略部分子函数
unsigned char timer_miao=0,sec=0,wei=0;
```

/*   wei 是数码管的位选端，分别选择 4 个数码管，根据此电路图，为 0 时选择南北向数码管个位，为 1 时选择南北向数码管十位，为 2 时选择东西向数码管个位，为 3 时选择东西向数码管十位   */

```
void timer_interrupt() interrupt 1
{
    TH0=(65536-(10000/2))/256;
        TL0=(65536-(10000/2))%256;
        timer_miao++;
        if(timer_miao==100)
        {timer_miao=0;sec++;}
        if(sec==total_time) sec=0;
        if(wei++==4) wei=0;                 //4 个数码管扫描一次后，重新扫描
        /*   东西运行   */
if(sec>=0&&sec<east_west_run_time)                 {
        east_west_run()    ;
        if(wei==0) display(0,(east_west_run_time-sec)%10);
        if(wei==1) display(1,(east_west_run_time-sec)/10);
if(wei==2) display(2,(east_west_run_time+east_west_to_south_north_run_time-sec)%10);
        if(wei==3) display(3,(east_west_run_time+east_west_to_south_north_run_time-sec)/10);          }
        /*   东西向南北转换运行   */
else if (sec>=east_west_run_time&&sec<east_west_run_time+east_west_to_south_north_run_time)
        {
        east_west_to_south_north_run();
        if(wei==0) display(0,(east_west_run_time+east_west_to_south_north_run_time-sec)%10);
```

```
        if(wei==1)
display(1,(east_west_run_time+east_west_to_south_north_run_time-sec)/10);
        if(wei==2) display(2,(east_west_run_time+east_west_to_south_north_run_time-sec)%10);
        if(wei==3) display(3,(east_west_run_time+east_west_to_south_north_run_time-sec)/10);
        }
    /*  南北运行   */
    else if (sec>=east_west_run_time+east_west_to_south_north_run_time&&sec<east_west_run_time+east_
west_to_south_north_run_time+south_north_run_time)
        {
            south_north_run( );
        if(wei==0) display(0,(total_time-sec)%10);
        if(wei==1) display(1,(total_time-sec)/10);
        if(wei==2)
display(2,(east_west_run_time+east_west_to_south_north_run_time+south_north_run_time-sec)%10);
        if(wei==3)
display(3,(east_west_run_time+east_west_to_south_north_run_time+south_north_run_time-sec)/10);
        }
    /*  南北向东西转换运行   */
    else
        {
            south_north_to_east_west_run();
        if(wei==0) display(0,(total_time-sec)%10);
        if(wei==1) display(1,(total_time-sec)/10);
        if(wei==2) display(2,(total_time-sec)%10);
        if(wei==3) display(3,(total_time-sec)/10);
        }
    }
```

以上交通灯控制程序与第 6.5.3 节中定时器中断控制的交通灯基本相同，只是增加了数码管的动态显示驱动程序而已。

8-2 带倒计时的交通灯

8-3 带倒计时的交通灯控制器
（同时运行跑马灯）

8-4 LED 大屏幕显示器结构及
原理

项目二　任务 11　数字钟

要求：设计一个数字钟，可以显示时、分、秒，并用数码管显示。

任务分析：设计数字钟，首要问题是时钟基准要怎样选取，为简便可直接采用单片机的时钟；其次是采用何种显示方式，因为要显示的信息较多，如果直接让数码管与单片机相连是不行的，必须采用数码管显示接口芯片。那么，采用什么数码管驱动接口芯片呢？

8.2.3 LED 驱动芯片 MAX7219/7221 及其应用

1. MAX7219/7221

当数码管较多时，一般不直接将它与单片机相连，而是与专用的 LED 驱动芯片相连后再由单片机来控制，这样做一是减少了单片机引脚的消耗，二是减轻了单片机的驱动负担。

MAX7219/7221 是一种高集成化的串行输入/输出共阴极显示驱动器，可实现微处理器与 7 段码的接口，可以显示 8 位数码管或 64 位单一 LED。芯片上包括 BCD 码译码器、多位扫描电路、段驱动器、位驱动器，以及 8×8 位静态 RAM，用于存放显示数据。只需外接一个电阻就可为所有的 LED 提供段电流。MAX7219 的三线串行接口（I²C 总线接口）适用于所有微处理器，单一位数据可被寻址和修正，无须重写整个显示器。MAX7219 具有软件译码和硬件译码两种功能，软件译码是根据各段笔画与数据位的对应关系进行编码的，硬件译码采用 BCD 码译码。MAX7219 工作模式包括 150μA 低压电源关闭模式、模拟数字亮度控制、限扫寄存器（允许用户从第 1 位数字显示到第 8 位）及测试模式（点亮所有 LED）。

1）引脚功能和功能框图

MAX7219 引脚排列图如图 8.12 所示，MAX7219 引脚功能如表 8.1 所示。MAX7219 内部功能框图如图 8.13 所示。LOAD 信号在数据进、出期间必须保持为低电平。串行输入数据在时钟上升沿移入内部的 16 位移位寄存器，在装载信号的上升沿数据被锁存在每一位寄存器中。装载信号（LOAD）必须在第 16 个时钟上升沿开始时或之后变为高电平，直到下一时钟的上升沿之前一直为高电平，否则数据将丢失，MAX7219 的操作时序图如图 8.14 所示。串行输入数据 DIN 通过移位寄存器传输，在以后的 16.5 个时钟后从 DOUT 输出数据，将数据在时钟的下降沿做记录。数据各位记录为 D0～D15，数据格式表如表 8.2 所示，一帧数据为 16 位。D8～D11 为移位寄存器地址，D0～D7 为数据，D12～D15 是无关位。第一位接收到的位是最高位 D15。D7 为数据最高有效位，D0 为数据最低有效位。

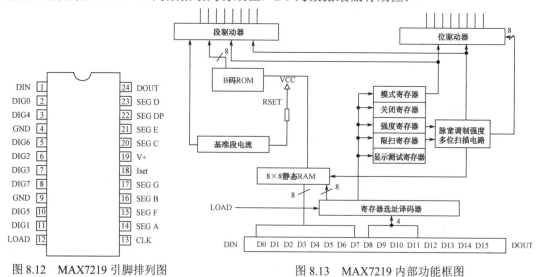

图 8.12　MAX7219 引脚排列图　　　　　图 8.13　MAX7219 内部功能框图

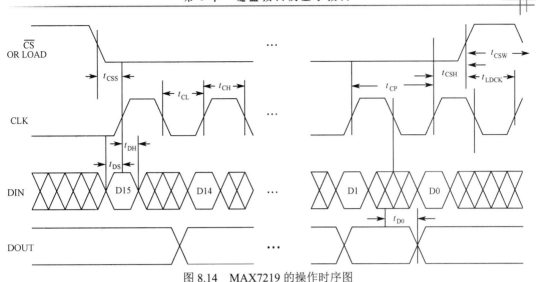

图 8.14　MAX7219 的操作时序图

表 8.1　MAX7219 引脚功能

引　　脚	名　　称	功　　能
1	DIN	串行数据输入
2，3，5～8，10，11	DIG0～DIG7	8 个位选线
4，9	GND	地（两个地必须连接在一起）
12	LOAD	片选输入
13	CLK	串行时钟输入
14～17，20～23	A～G，DP	段选线
18	Iset	通过一个电阻连接至 VDD，设置最大的段电流
19	V+	电源，接至+5V
24	SEGC	串行数据输出

表 8.2　数据格式表

D15　D14　D13　D12	D11　D10　D9　D8	D7 D6 D5 D4 D3 D2 D1 D0
X　　X　　X　　X	地址	数据

2）MAX7219 控制字

MAX7219 有 14 个可寻址的控制字寄存器，MAX7219 寄存器地址控制字如表 8.3 所示，控制字寄存器由芯片的 8×8 双端口 SRAM 识别，SRAM 直接寻址，这样单一的位能被更改或保留，条件是电源电压明显大于 2V。控制字寄存器包括译码模式、显示强度、扫描限制（被扫描位的个数）、关闭模式、显示测试（点亮所有的 LED）。另外，还有一个空操作寄存器，该寄存器允许数据从 DIN 直接送到 DOUT，在设备串接情况下，不会改变显示或影响任何控制寄存器。

表 8.3　MAX7219 寄存器地址控制字

寄存器	D15～D12	D11	D10	D9	D8	十六进制码
空操作	X	0	0	0	0	X0

续表

寄存器	D15～D12	D11	D10	D9	D8	十六进制码
位 0	X	0	0	0	1	X1
位 1	X	0	0	1	0	X2
位 2	X	0	0	1	1	X3
位 3	X	0	1	0	0	X4
位 4	X	0	1	0	1	X5
位 5	X	0	1	1	0	X6
位 6	X	0	1	1	1	X7
位 7	X	1	0	0	0	X8
译码模式	X	1	0	0	1	X9
强度	X	1	0	1	0	XA
限扫	X	1	0	1	1	XB
关闭	X	1	1	0	0	XC
显示测试	X	1	1	1	1	XF

3）工作原理

（1）关闭模式。当 MAX7219 处于关闭模式时，扫描振荡器停止工作，所有的段电流源接地，所有的位驱动器上拉为高电平，显示器为消隐状态，寄存器的数据保持不变。关闭模式寄存器数据的十六进制码为×0，正常工作的十六进制码为×1。系统上电时 MAX7219 进入关闭模式，用户必须在使用 MAX7219 之前为显示驱动器编程；否则，它一开始就置位扫描，数据寄存器不译码，强度寄存器也将置于最小值。

（2）译码模式寄存器。可对译码模式寄存器的每位进行硬件译码（BCD 码）或软件译码操作，寄存器的每位字对应一个数，逻辑高电平选择 BCD 码译码。当选择软件译码方式时，数据 D7～D0 对应的 MAX7219 码的各段笔画如表 8.4 所示。译码模式寄存器示例（十六进制地址=×9）如表 8.5 所示。当工作于硬件（BCD 码）译码模式时，译码器只选择数据寄存器中较低的几位（D3～D0），不考虑 D4～D6 位。D7 位显示十进制小数点，独立于译码器，当 D7 = 1 时，十进制小数 DP 点亮。字符 0～9 对应的十六进制码为×0～×9，字符-、E、H、L、P 和消隐对应的十六进制码分别为×A～×F。

表 8.4　数据 D7～D0 对应的 MAX7219 码的各段笔画

寄存器数据	D7	D6	D5	D4	D3	D2	D1	D0
对应的段笔画	DP	A	B	C	D	E	F	G

表 8.5　译码模式寄存器示例（十六进制地址=×9）

操　作	寄存器数据								十六进制码
	D7	D6	D5	D4	D3	D2	D1	D0	
不对 0～7 位译码	0	0	0	0	0	0	0	0	00
对 0 位译码，不对 1～7 位译码	0	0	0	0	0	0	0	1	01
对 0～3 位译码，不对 4～7 位译码	0	0	0	0	1	1	1	1	0F
对 0～7 位译码	1	1	1	1	1	1	1	1	FF

（3）强度控制。MAX7219 允许用一个接于电源输入（V_+）端和段电源（I_{set}）端之间的外部电阻控制显示亮度，并且利用强度寄存器调节面板亮度。段电流常为 37mA，最大值为 40mA，由于 LED 的电压降为 2.5V，故调节亮度电阻的电压降为 2.5V（设 V_+ = 5V），则 7 段码全部点亮的总电流为 7×37mA＝259mA，外部调节亮度电阻 R_{set} 的最小值是 2.5V/259mA ＝ 9.65Ω。段电流的位控制由一个内部脉宽控制的 DAC 提供。DAC 从强度寄存器的低位载入，段电流的调整可分成十六阶，从 31/32 减到 1/32，每步减少 2/31。当循环到 31/32 时最亮，此时内部位消隐时间为一个周期的 1/32，消隐时间的增加使工作周期减少了。31/32 对应的十六进制码为×F，随着亮度的降低对应的十六进制码依次减 1，1/32 对应的十六进制码为×0。

（4）限扫寄存器。限扫寄存器设定显示几个数字（1～8），8 位显示时的典型扫描频率为 1300Hz，有多种显示方式。如果想显示较少的位数，则扫描频率为 $8f_{osc}/N$，其中 N 是被扫描位的个数。由于扫描的位数影响显示亮度，所以限扫寄存器不适用于显示消隐部分（如先行清零）。扫描 7 位时对应的十六进制码为×7，随着扫描位数的减少，对应的十六进制码依次减 1，仅扫描 0 位时对应的十六进制码为×0。

（5）显示检测寄存器。显示检测寄存器有两种操作模式：一般测试和显示测试。显示测试模式时所有的 LED 点亮（用于检查数码管的好坏及连接正确与否），方法是将所有控制字寄存器（包括关闭寄存器）置成无效。在显示测试模式下扫描 8 位的工作周期是 31/32。正常测试的十六进制码为×0，显示测试的十六进制码为×1。

（6）空操作寄存器。空操作寄存器在 MAX7219 串接时使用，把所有芯片的 LOAD 端连在一起，并将 DOUT 连接到下一个 MAX7219 的 DIN 上。DOUT 是 CMOS 输出，可以驱动后边的串接 MAX7219。例如，先将 4 个 MAX7219 串联，然后写第 4 个芯片，再送入设想的 16 位字，紧跟 3 个空操作码（×0××），当 LOAD 升高时，所有装置的数据被锁存，前 3 个芯片接到空操作命令，第 4 个芯片接到设想的数据。

MAX7219 的操作时序图如图 8.14 所示。它符合 I²C 总线规范。要输入 MAX7219 一帧数据，先使 LOAD 端发生负跳变，输入完成后，要使 LOAD 端回到高电平。传输一位数据时，时钟为低电平，要准备好数据，上升沿数据打入 7219。7219 的每一帧数据由 16 位组成，前 8 位为地址信息，后 8 位为有效数据。注意程序中对 MAX7219 的操作就是按照这一时序要求进行的。

2．项目二任务 11 数字钟解答

数字钟仿真电路图如图 8.15 所示。

P2.0～P2.2 分别与 MAX7219 的数据端 DIN、数据装载端 LOAD 及时钟端 CLK 相连。MAX7219 输出的段码与数码管相应的段码端相连，8 个位码输出端分别与 8 个数码管相连。

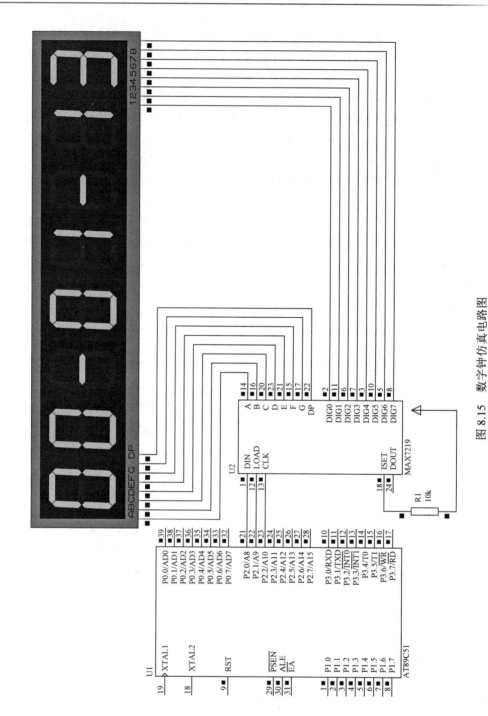

图 8.15　数字钟仿真电路图

控制程序如下。

```c
#include<reg51.h>
sbit datain=P2^0;                        //定义连接关系
sbit cs=P2^1;
sbit clk=P2^2;
unsigned char second, minute, hour, count=20;
void write(unsigned char，unsigned char);        //对 MAX7219 的操作函数
void timer1() interrupt 3          //定时器 T1 中断服务程序
{
    TH1=(65536-50000)/256;        //恢复初值，fosc=12MHz，定时时间为 50ms，即 50ms 中断一次
    TL1=(65536-50000)%256;
    count--;                      //count 为 1 秒计数器，20×50ms=1s
    if(count==0)
    {
        count=20;                 //1s 到，秒计数器恢复原值，秒位为 1
        second++;
        if(second>=60)            //60s 到，则分位加 1，秒位回 0
        {
            minute++;
            second=0;
        }
        if(minute>=60)            //60 分到，则小时位加 1，分位回 0
        {
            hour++;
            minute=0;
        }
        if(hour>=24)              //24 小时到，则小时回 0
        {
            hour=0;
        }
        //在秒、分、小时位分别输出相应的值
        write(8, second%10);
        write(7, second/10);
        write(5, minute%10);
        write(4, minute/10);
        write(2, hour%10);
        write(1, hour/10);
    }
}
void write(unsigned char address, unsigned char ch)        //对 MAX7219 的写操作函数
{
    unsigned char i;
    cs=0;                                   //先是 LOAD 端负跳变，参看时序图
    for(i=0;i<8;i++)
    {//在时序上升沿输入 MAX7219 一位数据，8 个时钟写入一个字节，本字节为地址
        clk=0;
```

```
            datain=address&(0x80>>i);        //取相应的位输入 MAX7219 的串行输入端
            clk=1;
        }
        for(i=0;i<8;i++)
        {//本字节写入 MAX7219 的为数据
            clk=0;
            datain=ch&(0x80>>i);
            clk=1;
        }
        cs=1;
    }
    void main()                             //主函数
    {
        write(0x09, 0xff);                  //设置译码模式为全译码
        write(0x0a, 0x08);                  //设置亮度寄存器
        write(0x0b, 0x07);                  //设置扫描位数为 8 位全扫
        write(0x0c, 0x01);                  //打开 MAX7219
        write(0x0f, 0x00);                  //显示测试
        write(3, 0x7a);                     //在小时与分，以及分与秒之间设置分隔号 "-"
        write(6, 0x7a);
        TMOD=0x10;                          //设置定时器 T1 工作在方式 1
        TH1=(65536-50000)/256;
        TL1=(65536-50000)%256;
        ET1=1;                              //开定时器 T1 中断
        EA=1;
        TR1=1;                              //启动定时器 T1
        while(1);                           //等待 50ms 一次的中断
    }
```

显示效果如图 8.15 所示。

项目三　数字万年历的设计与制作

要求：设计一个单片机控制的数字万年历。它采用液晶显示，可以显示年、月、日、星期、时、分、秒及当前的温度等信息。

项目介绍：此项目涉及键盘、显示接口的问题，还要用到数字温度传感器 DS18B20 及时间芯片 DS1302。所涉及的知识广泛，综合性也很强。只要认真、耐心地边做边学，一定会提高综合编程能力及调试能力，达到单片机助理工程师甚至工程师的水平。

数字万年历电路图如图 8.16 所示。实际连接中要将 DS18B20 中间的一个引脚通过 4.7kΩ 的电阻上拉到电源正极。

元件清单：单片机 AT89C52；LCD-SMC1602A LCM；数字温度传感器 18B20（或 1820）TO 封装；时间芯片 DS1302；晶振 12MHz、32.768kHz；电阻 10kΩ、10kΩ 可调、10kΩ 排阻、4.7kΩ 各一个；电容 10μF、30pF×2；电池 1.5V×2（或 3V）可充电（带电池座）；按键×5。

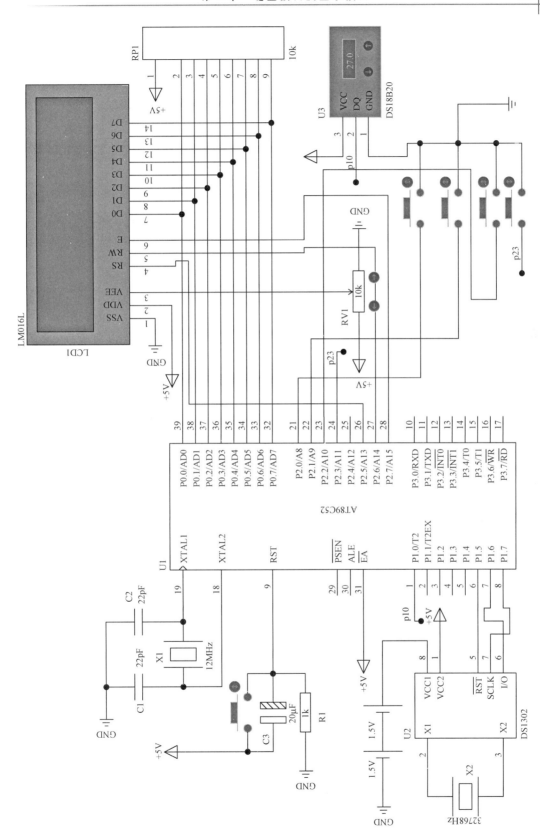

图 8.16　数字万年历电路图

项目三　任务 1　万年历的输出显示设计

要求：将日期、时间、温度等信息从 LCD（LED）显示器输出直观显示。

任务分析：数字万年历要显示的信息较多，如果采用 LED 显示器，一是数码管会较多，二是功耗较大。故在电池供电的场合，最好采用 LCD 显示器。LCD 显示有多种，采用哪一种呢？它有哪些特点呢？如何控制呢？

8.2.4　LCD 显示

液晶显示器是一种低功耗显示器，具有显示内容丰富、体积小、质量轻、寿命长、使用方便、安全省电等优点，在计算器、万用表、袖珍式仪表和低功耗微机应用系统中得到广泛使用。

1. 液晶显示器的分类

液晶显示器从产品形式上可分为液晶显示器件（LCD）和液晶显示模块（LCM）两类；从驱动方式上可分为内置驱动控制器的液晶显示模块和无控制器的液晶显示器件两种；从显示颜色上可分为单色和彩色；从显示方式上可分为正性显示、负性显示、段性显示、点阵显示、字符显示、图形显示、图像显示、非存储型显示、存储型显示等。在具体应用中，可根据不同的显示要求选择合适的液晶显示器。

2. 通用液晶显示模块 LCM 的分类

实际使用中的通用液晶显示模块主要有通用段式液晶显示模块、通用段式液晶显示屏、点阵字符型液晶显示模块、点阵图形液晶显示模块等几种。

（1）点阵字符型液晶显示模块，可显示西文字符、数字、符号等，显示内容比较丰富，字符是由 5×7 或 5×11 点阵块实现的，但无法显示汉字和复杂图形。它们的使用方法和软件基本相同。

（2）点阵图形液晶显示模块，可以混合显示西文字符、符号、汉字、图形等，灵活性好，一般用于要求显示汉字、图形、人机交互界面等内容复杂的仪器设备。不同厂家、不同型号的点阵图形液晶显示模块所使用的控制器可能不同，因而相应的接口电路、接口特性、指令系统也有所不同，使用时除需选择点阵数、尺寸外，还要注意所选控制器的型号。

3. 字符型显示模块及其应用

1）字符显示模块

下面以 LCD1602 为例介绍字符型显示模块，LCD1602 模块引脚位置图如图 8.17 所示。

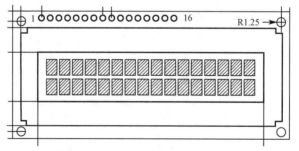

图 8.17　LCD1602 模块引脚位置图

（1）LCD 模块主要技术参数如表 8.6 所示。

表 8.6　LCD 模块主要技术参数

显　示　容　量	16×2 个字符
芯片工作电压	4.5～5.5V
工　作　电　流	2.0mA（5.0V）
模块最佳工作电压	5.0V
字　符　尺　寸	2.95mm×4.35（WXH）mm

（2）模块接口信号功能说明表如表 8.7 所示。

表 8.7　模块接口信号功能说明表

编号	符号	引　脚　说　明	编号	符号	引　脚　说　明
1	VSS	电源地	9	D2	Data　1/0
2	VDD	电源正极	10	D3	Data　1/0
3	VL	液晶显示偏压信号	11	D4	Data　1/0
4	RS	数据/命令选择端（H/L）	12	D5	Data　1/0
5	R/W	读/写（H/L）	13	D6	Data　1/0
6	E	使能信号	14	D7	Data　1/0
7	D0	Data　1/0	15	BLA	背光源正极
8	D1	Data　1/0	16	BLK	背光源负极

（3）控制器接口说明（HD44780 及兼容芯片）。

① 基本操作时序如下所述。

- 读状态。输入：RS=L，RW=H，E=H；输出：D0～D7=状态字。
- 写指令。输入：RS=L，RW=L，D0～D7=指令码，E=高脉冲；输出：无。
- 读数据。输入：RS=H，RW=H，E=H；输出：D0～D7=数据。
- 写数据。输入：RS=H，RW=L，D0～D7=数据，E=高脉冲；输出：无。

② LCD1602 状态字说明如表 8.8 所示。

表 8.8　LCD1602 状态字说明

STA7	STA6	STA5	STA4	STA3	STA2	STA1	STA0
D7	D6	D5	D4	D3	D2	D1	D0

STA0～6	当前数据地址指针的数值	
STA7	读写操作使能	1：禁止　　0：允许

注：每次对控制器进行读写操作之前，都必须进行读写检测，确保 STA7 为 0。

③ RAM 地址映射如图 8.18 所示。

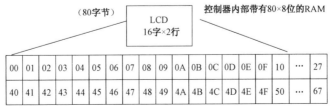

图 8.18　RAM 地址映射

（4）指令功能说明如表 8.9 所示。

表 8.9　指令功能说明

指　令　码								功　　能
0	0	0	0	1	D	C	B	D=1，开显示；D=0，关显示 C=1，显示光标；C=0，不显示光标 B=1，光标闪烁；B=0，不显示闪烁
0	0	0	0	0	1	N	S	N=1，当读或写一个字符后地址指针加 1，且光标加 1 N=0，当读或写一个字符后地址指针减 1，且光标减 1 S=1，当写一个字符，整屏显示左移（N=1）或右移（N=0）， 以得到光标不移动而屏幕移动的效果 S=0，当写一个字符时，整屏显示不移动

① LCD1602 显示模式设置如表 8.10 所示。

表 8.10　LCD1602 显示模式设置

指　令　码								功　　能
0	0	1	1	1	0	0	0	设置 16×2 显示，5×7 点阵，8 位数据接口

② 数据控制。控制器内部设有一个数据地址指针，用户可通过它们来访问内部的全部 80 字节 RAM。

③ LCD1602 数据指针设置如表 8.11 所示。

表 8.11　LCD1602 数据指针设置

指　令　码	功　　能
80H+地址（0～27H，40H～67H）	设置数据地址指针

④ LCD1602 显示清屏与回车指令表如表 8.12 所示。

表 8.12　LCD1602 显示清屏与回车指令表

指　令　码	功　　能
01H	显示清屏：数据指针清零；所有显示清零
02H	显示回车：数据指针清零

（5）SMC1602A 参考连接如下所述。

① 8051 系列总线接口方式。总线接口方式电路示意图如图 8.19 所示。

② 8051 系列模拟口接口方式。模拟口接口方式电路示意图如图 8.20 所示。

（6）控制器接口时序说明（HD44780 及兼容芯片）如下所述。

① 读操作时序图如图 8.21 所示。

② 写操作时序图如图 8.22 所示。

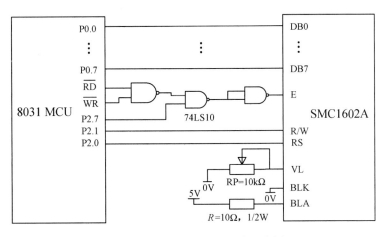

图 8.19　总线接口方式电路示意图

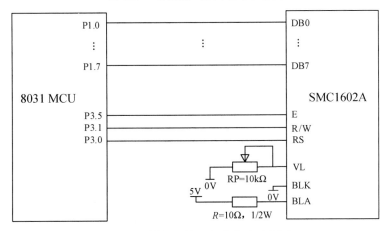

图 8.20　模拟口接口方式电路示意图

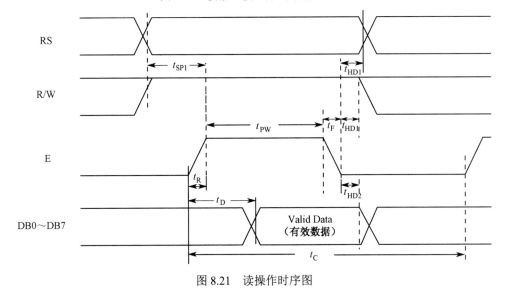

图 8.21　读操作时序图

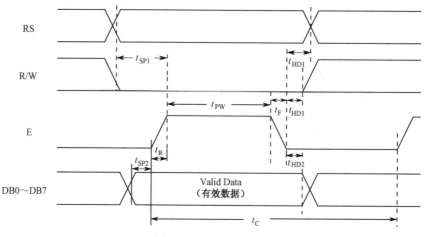

图 8.22 写操作时序图

2）项目三任务 1 万年历的输出显示设计解答

（1）电路图。

P0 口与显示模块的数据端相连；P2.5、P2.6、P2.7 分别与 RS、RW、E 端相连；通过可变电阻 RV1 调节显示模块偏压；1、2 号引脚接上+5V 电源。这里电路接成了模拟口接口模式，万年历显示部分电路图如图 8.23 所示。

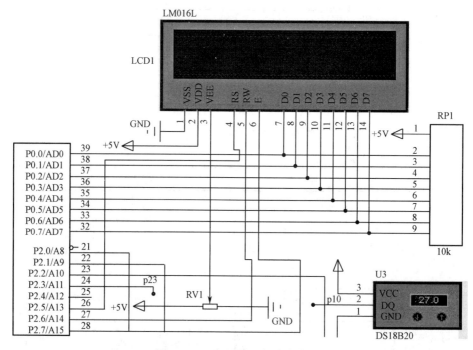

图 8.23 万年历显示部分电路图

```
//Port Definitions*************************************************
sbit LcdRs        = P2^5;
sbit LcdRw        = P2^6;
```

```
sbit LcdEn          = P2^7;
sfr  DBPort         = 0x80;
```

（2）显示程序如下。

```
void show_time()                                //液晶显示程序
{
    DS1302_GetTime(&CurrentTime);               //获取时钟芯片的时间数据
    TimeToStr(&CurrentTime);                     //时间数据转换液晶字符
    DateToStr(&CurrentTime);                     //日期数据转换液晶字符
    ReadTemp();                                  //开启温度采集程序
    temp_to_str();                               //温度数据转换成液晶字符
    GotoXY(12, 1);                               //液晶字符显示位置：第2行，第12列
    Print(TempBuffer);                           //显示温度
    GotoXY(0, 1);                                //液晶字符显示位置：第2行，第0列
    Print(CurrentTime.TimeString);              //显示时间
    GotoXY(0, 0);                                //液晶字符显示位置：第1行，第0列
    Print(CurrentTime.DateString);              //显示日期
    GotoXY(15, 0);                               //液晶字符显示位置：第1行，第15列
    Print(week_value);                           //显示星期
    GotoXY(11, 0);                               //液晶字符显示位置：第1行，第11列
    Print("Week");                               //在液晶上显示字母 Week
    Delay1ms(400);                               //扫描延时
}
```

将显示程序与图对照，完全相同。显示结果图如图 8.24 所示。

图 8.24　显示结果图

（3）讨论。

下面讨论与显示相关的子函数。

确定位置的函数：GotoXY();

输出显示内容的函数：Print();

液晶初始化函数：LCD_Initial()

① 液晶初始化函数 LCD_Initial()，其作用是在上电时，单片机对液晶显示进行初始化，如打开液晶、设置显示模式等。

```
//初始化 LCD*********************************************
void LCD_Initial()
{
    LcdEn=0;
    LCD_Write(LCD_COMMAND, 0x38);                    //8 位数据端口，2 行显示，5×7 点阵
```

```
        LCD_Write(LCD_COMMAND, 0x38);
        LCD_SetDisplay(LCD_SHOW|LCD_NO_CURSOR);        //开启显示，无光标
        LCD_Write(LCD_COMMAND, LCD_CLEAR_SCREEN); //清屏
        LCD_SetInput(LCD_AC_UP|LCD_NO_MOVE);            //AC 递增，画面不动
}
```

在初始化函数中还有几个子函数：LCD_Write()、LCD_SetDisplay()、LCD_SetInput()。第一个函数最重要，是用来对液晶写入操作函数的。

```
    //向 LCD 写入命令或数据*********************************************************
    #define LCD_COMMAND        0              //Command（命令）
    #define LCD_DATA           1              //data（数据）
    #define LCD_CLEAR_SCREEN   0x01           //清屏
    #define LCD_HOMING         0x02           //光标返回原点
    void LCD_Write(bit style, unsigned char input)
    //两个形参，第一个是位型，决定是写入命令还是写入数据；第二个为输入的具体内容
    {//根据液晶模块写入时序图编制
        LcdEn=0;
        LcdRs=style;        //RS 最先变化，由第一个形参决定是写入命令还是数据操作
        LcdRw=0;            //接着 RW 变为低电平，表示写入操作
        _nop_();
        DBPort=input;       //数据从数据端口装入
        _nop_();            //注意顺序
        LcdEn=1;            //最后使能端 E 变为高电平，以写入数据
        _nop_();            //注意顺序
        LcdEn=0;            //使能端 E 回到低电平，完成本次操作
        _nop_();
        LCD_Wait();         //作用主要是延时一下
    }
```

第二个子函数 LCD_SetDisplay()的作用是设置液晶的显示模式。

```
    //设置显示模式***********************************************************
    #define LCD_SHOW         0x04           //显示开
    #define LCD_HIDE         0x00           //显示关
    #define LCD_CURSOR       0x02           //显示光标
    #define LCD_NO_CURSOR    0x00           //无光标
    #define LCD_FLASH        0x01           //光标闪动
    #define LCD_NO_FLASH     0x00           //光标不闪动
    void LCD_SetDisplay(unsigned char DisplayMode)
    {
        LCD_Write(LCD_COMMAND, 0x08|DisplayMode);
    }
```

在液晶初始化时是这样调用设置函数的：

```
LCD_SetDisplay(LCD_SHOW|LCD_NO_CURSOR);        //开启显示，无光标
```

第三个子函数 LCD_SetInput()的作用是设置液晶的画面模式。

```
//设置输入模式*************************************************
#define LCD_AC_UP              0x02            //光标递增
#define LCD_AC_DOWN            0x00            //default

#define LCD_MOVE              0x01            //画面可平移
#define LCD_NO_MOVE           0x00            //default：画面不可移动

void LCD_SetInput(unsigned char InputMode)
{
    LCD_Write(LCD_COMMAND, 0x04|InputMode);
}
```

在初始化时是这样调用它的：

```
LCD_SetInput(LCD_AC_UP|LCD_NO_MOVE);
//数据指针递增（从左到右显示），画面不动（移动光标及显示内容）
```

② 确定位置的函数：GotoXY();

```
//液晶字符输入的位置**********************
void GotoXY(unsigned char x, unsigned char y)              //x、y 是显示坐标；x 为列，y 为行
{
    if(y==0)          //第一行
        LCD_Write(LCD_COMMAND, 0x80|x);                //光标移动到第一行，第 x 列
    if(y==1)          //第二行
        LCD_Write(LCD_COMMAND, 0x80|(x+0x40));          //光标移动到第二行，第 x 列
}
```

③ 输出显示内容的函数：Print();

```
//将字符输出到液晶显示
void Print(unsigned char *str)            //指针指向要显示的字符数组的地址
{
    while(*str!='\0') //while(*str!='\0'),只要没有到结束符，就对液晶进行输出（写入）操作
    {
        LCD_Write(LCD_DATA，*str); //将要显示的字符（指针所指）输出到液晶上
        str++;                        //指向下一字符
    }
}
```

项目三 任务 2 用字符 LCD 显示 "GOOD"

要求：用单片机控制字符液晶显示模块 LCD1602，在上面显示英文 "GOOD"。

任务分析：前面对 LCD 字符显示器的使用已经有了初步的了解，其中涉及硬件、软件两方面问题。硬件方面，LCD 显示器与单片机如何接口？软件方面，这一接口在程序中如何定义？如何操作使用？当然具体程序中还有字符显示等问题。

3）项目三任务 2（用字符 LCD 显示 "GOOD"）解答

（1）电路图。

LCD 显示仿真电路图如图 8.25 所示，本电路接成总线操作的模式，RS 由 P2.0 控制，RW 由 P2.1 控制，E 由 P2.7、P3.6（读选通）、P3.7（写选通）控制。数据输入端与 P0 口相连。

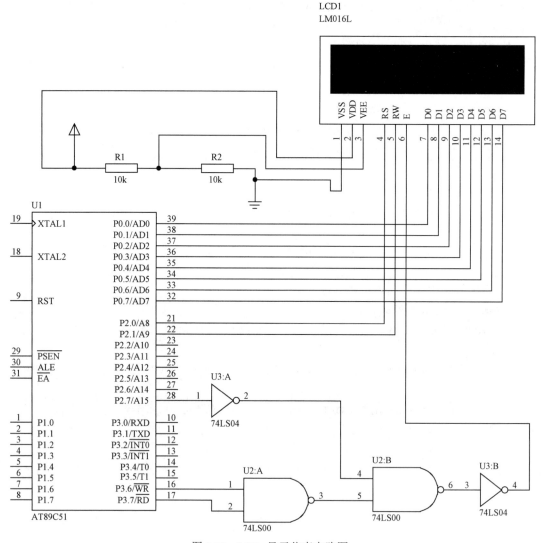

图 8.25 LCD 显示仿真电路图

（2）控制程序如下。

```c
#include<reg51.h>
#include<absacc.h>
#define uchar unsigned char
//写命令的端口地址分析：从电路分析，要使 E 有效，则 P2.7=0
//是命令操作，则 RS=0 即 P2.0=0，写入操作，则 RW=0 即 P2.1=0，故地址为 0111110011111111B=0x7cff
#define WLCDCOM XBYTE[0x7cff]
//读的端口地址分析：从电路分析，要使 E 有效，则 P2.7=0
//是命令操作，则 RS=0 即 P2.0=0，读操作，则 RW=1 即 P2.1=1，故地址为 0111111011111111B=0x7eff
#define RLCDCOM XBYTE[0x7eff]
//写数据的端口地址分析：从电路分析，要使 E 有效，则 P2.7=0
//是数据操作，则 RS=1 即 P2.0=1，写入操作，则 RW=0 即 P2.1=0，故地址为 0111110111111111B=0x7dff
#define LCDDATA XBYTE[0x7dff]
sbit bflag=ACC^7;
uchar idata s_GOOD[5]={0x47, 0x4f, 0x4f, 0x44, 0x00};          // "GOOD" 的 ASCII 码
void wait(void)
{
        do{ACC=RLCDCOM;}while(bflag==1);                       //如果忙则等待，直到不忙时返回
}
void init_lcd(void)          //液晶初始化
{
        WLCDCOM=0x38;        //设置显示模式：16×2 显示，5×7 点阵，8 位数据模式
        wait();
        WLCDCOM=0x06;        //写入后光标右移，屏不移动
        wait();
        WLCDCOM=0x0f;        //开显示，显示光标，光标闪烁
        wait();
        WLCDCOM=0x01;        //清屏
        wait();
}
//显示一个字符函数，a 为要显示的字符
void d_char(uchar a)
{
        LCDDATA=a;
        wait();
}
//显示字符串函数，指针 s 指向字符串首地址，x 为字符起始位置
void display(uchar x,  uchar idata *s)
{
        uchar i=0;
```

```
    WLCDCOM=x|0x80;     //确定光标的初始位置
    wait();
    while(s[i]!=0x00)        //当还不是结束符时
    {
        d_char(s[i]);       //显示字符
        i++;                //准备显示下一字符
    }
}
//先初始化，再送显示字符去显示
void main(void)
{
    while(1)
    {
        int i=10000;
        init_lcd();
        display(7, s_GOOD);
        while(i!=0)i--;     //延时
    }
}
```

LCD 显示仿真结果如图 8.26 所示。

图 8.26　LCD 显示仿真结果

8.3* 补充知识：Keil C51 绝对地址访问

在利用 Keil 进行 8051 单片机编程时，常常需要进行绝对地址访问，特别是对硬件操作，如 D/A 和 A/D 采样、LCD 液晶操作、打印操作等。

C51 提供了三种访问绝对地址的方法，如下所述。

1. 绝对宏

在程序中，用"＃include<absacc.h>"即可使用其中定义的宏来访问绝对地址，包括：CBYTE、XBYTE、PWORD、DBYTE、CWORD、XWORD、PBYTE、DWORD。具体使用可看一看 ABSACC.H。

```
/*------------------------------------------------------------------
ABSACC.H

Direct access to 8051，extended 8051 and Philips 8051MX memory areas.
```

```
#ifndef __ABSACC_H__
#define __ABSACC_H__

#define CBYTE ((unsigned char volatile code   *) 0)
#define DBYTE ((unsigned char volatile data   *) 0)
#define PBYTE ((unsigned char volatile pdata *) 0)
#define XBYTE ((unsigned char volatile xdata *) 0)

#define CWORD ((unsigned int volatile code   *) 0)
#define DWORD ((unsigned int volatile data   *) 0)
#define PWORD ((unsigned int volatile pdata *) 0)
#define XWORD ((unsigned int volatile xdata *) 0)

…
```

例如：

```
rval=CBYTE[0x0002];        //指向程序存储器的 0002H 地址
rval=XWORD [0x0002];       //指向外部 RAM 的 0004H 地址
```

2．_at_关键字

直接在数据定义后加上_at_ const 即可，但应注意：

（1）绝对变量不能被初使化。

（2）bit 型函数及变量不能用_at_指定。

例如：

```
idata struct link list _at_ 0x40;    //指定 list 结构从 40H 开始
xdata char text[25b] _at_0xE000;     //指定 text 数组从 0E000H 开始
```

提示：如果外部有绝对地址的变量是从 I/O 端口输入的可自行变化数据，需要使用 volatile 关键字进行描述，请参考 ABSACC.H。

3．连接定位控制

此法是利用连接控制指令 code、xdata、pdata 或 data、bdata 对段地址进行定义，如要指定某具体变量地址，则很有局限性，这里不做详细讨论。

XBYTE 是一个地址指针（可当成一个数组名或数组的首地址），它在文件 ABSACC.H 中由系统定义，指向外部 RAM（包括 I/O 端口）的 0000H 单元。XBYTE 后面的中括号[ ]中的内部是指数组首地址 0000H 的偏移地址，即用 XBYTE[0x2000]可访问偏移地址为 0x2000 的 I/O 端口。这个主要是在 C51 的 P0 口和 P2 口做外部扩展时使用，P0 口对应于地址低位，P2 口对应于地址高位。

例如，P2.7 接 $\overline{WR}$，P2.6 接 $\overline{WD}$，P2.5 接 $\overline{CS}$，那么就可以确定外部 RAM 的一个地址。想往外部 RAM 的一个地址中写一个字节时，地址可以定为 XBYTE[0x4000]，其中 $\overline{WR}$ 和 $\overline{CS}$ 为低，$\overline{RD}$ 为高，即地址高 4 倍为 0100（对应于 XBYTE[0x4000]中括号中的"4"），当然其余各位的值可以根据情况确定，这里全部为"0"，通过

```
XBYTE [0x4000] = 57;
```

这条赋值语句就可以把 57 写到外部 RAM 的 0x4000 处了，此地址对应一个存储字节。

‖ 小　结 ‖

本章以万年历的键盘设计为线索，讨论了键盘接口的相关问题，包括独立式键盘与行列式键盘、按键抖动问题，最后详细分析了万年历键盘的设计。还通过几个实例，全面详细介绍了 LED 静态显示、LED 动态显示、LED 专用驱动芯片 MAX7219、字符型液晶显示器等内容，每一内容都通过实例对其应用方法进行引导，在液晶显示部分重点分析了项目四的显示部分。本章重点如下。

（1）键盘抖动的消除方法。

（2）行列式键盘控制程序的编写。

（3）独立式键盘程序的编写。

（4）LED 动态显示的电路设计及编程方法。

（5）MAX7219 及其应用。

（6）LCD1602 及其应用。

‖ 习　题 ‖

一、填空题

1. 键盘上闭合键的识别由专用的硬件编码器实现，并产生键编码号或键值的称为＿＿＿＿键盘，如 BCD 码键盘、ASCII 码键盘等；而靠软件来识别的称为＿＿＿＿＿＿＿键盘；非编码键盘分为＿＿＿＿＿＿非编码键盘和＿＿＿＿＿＿非编码键盘。

2. 抖动的去除可以采用＿＿＿＿＿＿的方法，也可以采用＿＿＿＿＿的方法。软件去抖动的方法其实就是＿＿＿＿＿＿＿＿＿＿＿＿＿＿＿＿＿＿＿＿＿＿＿。

3. 独立式键盘的电路简单，易于编程，但占用的＿＿＿＿＿＿较多，当需要较多按键时可能产生 I/O 资源紧张问题。行列式键盘占用 I/O 端口线＿＿＿＿＿，但软件将较为复杂。

4. N 条行线和 M 条列线构成的行列式键盘，可组成具有＿＿＿＿＿个按键的键盘。而对应的独立式键盘所需要的端口线数量为＿＿＿＿＿。

5. 识别行列式键盘的扫描法就是＿＿＿＿＿＿＿＿＿＿＿＿＿＿＿＿＿＿来识别键盘；而线反转法则是分别将＿＿＿＿＿和＿＿＿＿＿置为低电平，读入＿＿＿＿＿和＿＿＿＿＿的状态来确定按下的按键。

6. 静态显示是指数码管显示某一字符时，相应的发光二极管恒定导通或恒定＿＿＿＿＿。这种显示方式的各位数码管的公共端＿＿＿＿＿＿（共阴极）或＿＿＿＿＿（共阳极）。每个数码管的 8 个段控制引脚分别与＿＿＿＿＿＿I/O 端口相连。

7．动态显示是一种按位轮流点亮各位数码管的显示方式，即在某一时段只让其中一位数码管"_____"有效，并送出相应的_____编码。此时，其他位的数码管因"位选端"无效而都处于熄灭状态；下一时段按顺序选通另外一位数码管，并送出相应的字形显示编码，依此规律循环下去，即可使各位数码管分别_____地显示出相应的字符。这一过程称为动态扫描显示。

8．显示器的显示接口按驱动方式分_____显示与_____显示两种显示方式。数码管要显示字形"5"，则_____、c、d、f、g 段亮，_____、e 段灭。

9．LED 屏把很多 LED 发光二极管按矩阵方式排列在一起，通过对每个 LED 进行发光控制，完成各种字符或图形的显示。对它的控制采用的是_____显示，要显示一帧文字或图形，需要对_____和_____进行驱动。

10．MAX7219/7221 是一种高集成化的_____输入/输出共阴极显示驱动器，可实现微处理器与_____的接口，可以显示 8 位_____或 64 位单一的_____。

11．MAX7219 允许用一个接于电源输入（V_+）和段电源（I_{set}）端之间_____控制显示亮度，并且利用_____，调节面板亮度。DAC 从强度寄存器的低位载入，段电流的调整可分成十六阶，从 31/32 减到 1/32，每步减少_____。当循环到 31/32 时最亮，此时内部位消隐时间为一个周期的 1/32，消隐时间的增加使工作周期减少了。31/32 对应的十六进制码为_____，随着亮度的降低对应的十六进制码依次减 1，1/32 对应的十六进制码为_____。

12．点阵字符型液晶显示模块可显示西文字符、数字、符号等，显示内容比较丰富，字符是由 5×7 或 5×11 点阵块实现的，但无法显示_____和复杂_____。各种显示模块的使用方法和_____基本相同。

13．点阵图形液晶显示模块可以混合显示西文字符、符号、汉字、图形等，灵活性好。不同型号的点阵图形液晶显示模块所使用的_____可能不同，因而相应的接口电路、接口特性、_____也有所不同，使用时除需选择_____、尺寸外，还要注意所选_____的型号。

14．对字符显示模块 LCD1602 而言，控制命令 00x38 的意义是：_____；控制命令字 0x01 的意义是：_____；控制字 0x02 的意义是：_____。

二、选择题

1．键盘按键机械抖动的时间一般为（　　）。

A．1～2s　　　　　B．5～10ms　　　　　C．5～10μs　　　　　D．无限长

2．有一个需要 15 个按键的键盘，如果采用行列式键盘，直接与 I/O 端口相连，则需要的端口线数量至少是（　　）。

A．15 条　　　　　B．16 条　　　　　C．8 条　　　　　D．7 条

3．在万年历的程序中，与键盘相关的端口线是（　　）。

A．P2.0，P2.1　　　B．P2.2，P2.3　　　C．P2.0～P2.7　　　D．包括 A 和 B 项

4．识别行列式键盘的编程方法有（　　）。

A．扫描法　　　　　B．线反转法　　　　　C．硬件去抖动法　　　　　D．软件去抖动法

5．在万年历的键盘程序中，涉及的要用键盘修改内部数据的芯片有（　　）。

A．DS1302　　　　　B．DS18B20　　　　　C．LCD1602　　　　　D．无

6．在计算机中"A"是用（　　）来表示的。

A．BCD 码　　　　　B．二十进制编码　　　　　C．余三码　　　　　D．ASCII 码

7. N 位 LED 显示器采用动态显示方式时，需要提供的 I/O 线总数是（   ）。

A. 8+N B. 8 × N C. N D. 2N

8. N 位 LED 显示器采用静态显示方式时，需要提供的 I/O 线总数是（   ）。

A. 8+N B. 8 × N C. N D. 2N

9. 有一位共阴极 LED 显示器，要使它显示 "5"，则它的字段码为（   ）。

A. 6DH   B. 92H   C. FFH   D. 00H

10. MAX7219 与单片机传递数据采用的是（   ）数据格式。

A. SPI   B. IIC   C. 1-Wire   D. 并行通信

11. 在对 MAX7219 初始化的程序中，设置译码模式为全译码的语句是（   ）。

A. write(0x09, 0xff)   B. write(0x0a, 0x08)

C. write(0x0b, 0x07)   D. write(0x0c, 0x01)

12. 在对 MAX7219 初始化的程序中，设置扫描位数为 8 位全扫描的语句是（   ）。

A. write(0x09, 0xff)   B. write(0x0a, 0x08)

C. write(0x0b, 0x07)   D. write(0x0c, 0x01)

13. 在对 LCD1602 进行初始化时，设置 8 位数据端口，2 行显示，5×7 点阵显示模式的语句是（   ）。

A. LCD_Write(LCD_COMMAND, 0x38)

B. LCD_Write(LCD_COMMAND, 0x01)

C. LCD_SetDisplay(LCD_SHOW|LCD_NO_CURSOR)

D. LCD_Write(LCD_COMMAND, LCD_CLEAR_SCREEN)

14. 在项目三任务 2 用字符 LCD 显示 "GOOD" 的程序中，设置光标右移，而屏不移动的语句是（   ）。

A. WLCDCOM=0x38   B. WLCDCOM=0x06

C. WLCDCOM=0x0f   D. WLCDCOM=0x01

三、问答题

1. 显示器和键盘在单片机应用系统中的作用是什么？

2. LED 显示器的显示字符条件是什么？

3. LED 动态显示子程序设计要点是什么？

4. LED 静态显示方式与动态显示方式有何区别？各有什么优缺点？

5. 请说明 MAX7221 的功能与特点。

6. 如果让 MAX7219 来驱动 64 个 LED 管，请问电路该如何连接？画出示意图；相应的控制寄存器要如何设置？

7. 请根据 MAX7219 的时序，说明向它写入一帧数据的过程。

8. 请根据 LCD1602 的时序，说明向它写入一帧数据的过程。

9. LCD1602 与控制器相连时，采用总线方式与采用模拟口线方式有什么区别？

四、编程题

1. 设计一个独立式按键的键盘接口电路，并编写键扫描程序，电路原理图与图 8.2 类似，键号从上到下分别为 0～7。要求按下某键时，用数码管显示该键的值。

2. 有一个键盘有 16 个按键，分别表示 0～9 及 A～F 共 16 个数字，试设计一个键盘电路，并编写相应的控制程序，使之可以读取 16 个按键的值并送到数码管上显示出来。要求用扫描法来实现。

3．试根据万年历键盘的升序函数 "Upkey();" 编写降序函数 "Downkey();" 的子程序。

4．设计一个 8051 外扩键盘和显示器电路，要求扩展 8 个键，4 位 LED 显示器。

5．简述液晶显示器 LCD1602 的特点，画出 8051 与液晶显示模块 LCM 的基本接口电路，并编写初始化程序。

6．在如图 8.6 所示的电路中，如果要求用定时器来读入开关被按下的次数，按钮要接到哪个引脚？编写相应的程序循环显示 1～99。

7．要求显示个、十、百 3 位数，3 位数分别存在 30H～32H 中，请设计电路，编写程序。

8．设要显示的位数为 6 位，字符存于 69H～6EH 中，7 段控制码锁存器 74LS373 的选通地址为 8000H，字位控制码锁存器 74LS373 选通地址为 6000H，如图 8.27 所示，数码管为共阴极，试设计一个显示子程序。

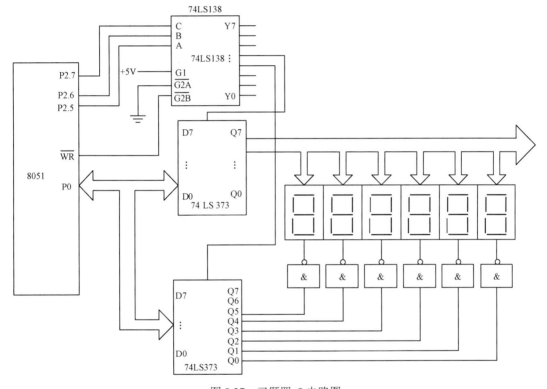

图 8.27 习题四-8 电路图

9．试为 8051 微机系统设计一个 LED 显示器接口，该显示器共有 8 位，从左到右分别为 DG1～DG8（共阴极），要求将内存 3080H～3087H 这 8 个单元中的十进制数（BCD）依次显示在 DG1～DG8 上。要求：画出该接口硬件连接图并进行接口程序设计。

10．通过 MAX7221 驱动，在 8 位 LED 上显示你的班级与学号。例如，08441 班 70 号同学，显示为 "08441-70"。画出电路图，编写驱动程序。

11．用字符型 LCD 显示你的班级与学号。例如，08442 班 67 号同学显示为 "08442-067"。画出电路图，编写驱动程序。

12*．请画出由 4×4 LED 点阵模块（单元板）组成的电子显示屏的电路图，设计用单片机对其进行控制的控制板，并编写驱动程序。

数模与模数转换

目　　的：通过几个数模（D/A）与模数（A/D）转换器的仿真实验，学习它们的工作原理及应用方法，包括电路设计与程序设计；同时还要掌握 D/A 转换与 A/D 转换的主要技术指标。

知识目标：D/A 转换与 A/D 转换的工作原理、主要技术指标、转换电路设计与程序设计的方法；几种转换器的编程操作方法。

技能目标：能设计典型的 D/A 转换与 A/D 转换电路；能编写控制转换的程序。

教学建议：

微课 9：第 9 章教学建议

重点内容	1. D/A 转换的设计与编程（以 DAC0832 为重点）	
	2. A/D 转换的设计与编程（以 AD1674 为重点）	
教	**教 学 难 点**	A/D 转换及 D/A 转换程序的编制方法
	建 议 学 时	10 学时
	教 学 方 法	通过教师在机房里指导仿真 D/A 转换及 A/D 转换的电路连线及编程练习，使学生掌握 D/A 转换与 A/D 转换的电路连接及程序设计方法。以 DAC0832 及 AD1674 为重点，其他内容可安排上机练习及学生自学
学	**学 习 难 点**	如何编写 A/D 转换及 D/A 转换程序；如何连接电路
	必备前期知识	ADC 及 DAC
	学 习 方 法	通过在教师的指导下上机练习及扩展练习，逐步掌握 A/D 转换及 D/A 转换控制程序的编写方法。通过自学，掌握各种转换器扩展知识

项目三　任务 3　数模转换器（DAC）设计

要求：通过 D/A 转换的方法产生锯齿波信号。

任务分析：这又是一个信号发生器的问题，与前面不同的是，这里不是直接用定时器产生波形，而要通过 D/A 转换芯片产生。那么，有哪些 D/A 转换芯片呢？它们各有哪些特点呢？如何使用呢？

‖ 9.1 数 模 转 换 ‖

日常生产、生活中的电信号分为模拟信号与数字信号，在计算机里只能处理数字量，单片机也是如此。而实际上有些信号必须是模拟信号，如电视机中驱动显像管产生图像的信号是模拟信号，又如各种传感器检测到的温度、压力、质量等信号一般也是模拟信号。这些信号必须转换成数字量，这样计算机及单片机才能处理，计算机与单片机输出的对外部设备的控制又要用模拟信号来执行。这样就产生了问题：模拟信号在进入单片机前必须转换成数字信号，即 A/D 转换问题；单片机输出控制的数字信号也必须转换成模拟信号，即 D/A 转换问题。D/A 转换与 A/D 转换是从事控制与检测工作的工程技术人员必然会碰到的基本与常见问题，因此为了能从事这方面的职业必须掌握 D/A 转换与 A/D 转换技术。

9.1.1 数模转换器的工作机制及主要技术指标

1．D/A 转换原理（电流输出型）

常见的电流输出型电阻网络 DAC 电路图如图 9.1 所示。

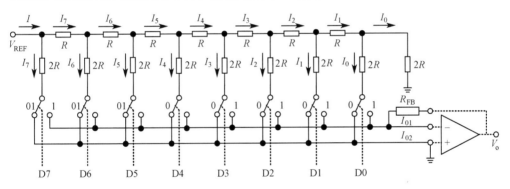

图 9.1 常见的电流输出型电阻网络 DAC 电路图

总电流：$I = \dfrac{V_{REF}}{R}$

分支电流：$I_7 = I/2^1$，$I_6 = I/2^2$，$\cdots$，$I_1 = I/2^7$，$I_0 = I/2^8$

输出电流：$I_{01} = \displaystyle\sum_{0}^{n-1} D_i I_i = \sum_{0}^{n-1} D_i \dfrac{I}{2^{n-i}}$

运放输出电压：$V_o = -I_{01} \times R_{FB} = B \cdot \displaystyle\sum_{0}^{n-1} D_i \cdot 2^i$（其中 $B = -R_{FB} \cdot \dfrac{V_{REF}}{R} \cdot \dfrac{1}{2^n}$）

数字输入与模拟输出如表 9.1 所示。

表 9.1 数字输入与模拟输出

数 字 输 入	模 拟 输 出
00000000	0V
00000001	0.039V
⋮	⋮

续表

数 字 输 入	模 拟 输 出
0 1 1 1 1 1 1 1	4.96V
1 0 0 0 0 0 0 0	5.00V
1 0 0 0 0 0 0 1	5.039V
⋮	⋮
1 1 1 1 1 1 1 1	9.96V

转换原理——利用电子开关形成 T 形电阻网络的输出电流 I_{01}，再利用反相运算放大器转换成输出电压 V_{OUT}。

若取 $n=8$ 位，$R_{FB} = R$，$V_{REF}=10V$，则满量程输出电压= $V_{REF} \sim V_{LSB}$。

式中，若出现下标 LSB（Least Significant Bit），则最低有效位；若出现 MSB（Most Significant Bit），则最高有效位。

2．DAC 的主要技术指标

1）分辨率（Resolution）

分辨率是指最小输出电压与最大输出电压之比，也可用"1 LSB 对应的模拟电压大小"来表示。例如，$V_{REF}= 5V$，则：

8 位的 DAC，分辨率为 $5V/ 2^8 = 19.5mV$；

12 位的 DAC，分辨率为 $5V/ 2^{12} = 1.22mV$；

14 位的 DAC，分辨率为 $5V/ 2^{14} = 0.3mV$。

因此，应根据分辨率的需要来选定 DAC 的位数。

2）转换时间（Convertion Time）

转换时间是描述 D/A 转换速度快慢的一个重要参数。一般所指的转换时间是输入数字量变化后，模拟输出量达到终值误差±LSB/2（最低有效位）时所经历的时间。根据转换时间的长短，把 DAC 分成以下几挡。

超高速：< 100ns。

较高速：100ns～1μs。

高速：10ns～1μs。

中速：100ns～10μs。

低速：≥100μs。

DAC 的品种繁多、性能各异，按输入数字量的位数来分，有 8 位、10 位、12 位、16 位等；按输入的数码形式来分，有二进制码和 BCD 码等；按传送数字量的方式来分，有并行式和串行式两类；按输出形式来分，有电流输出和电压输出两种形式，而电压输出又分为单极性电压输出和双极性电压输出两种；从与单片机接口的角度看，有带输入锁存器和不带输入锁存器两类。

9.1.2 DAC0832——电流输出型数模转换器

1. DAC0830/DAC0831/ DAC0832 的结构与引脚功能

DAC0830/DAC0831/ DAC0832 内部主要由 8 位输入锁存器、8 位 D/A 寄存器、8 位 DAC 和控制逻辑 4 部分组成,DAC0832 引脚及内部功能图如图 9.2 所示。

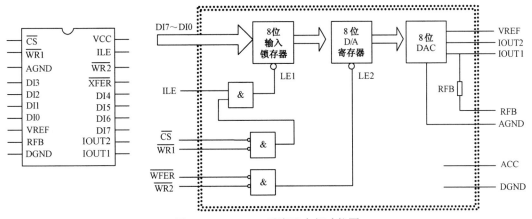

图 9.2 DAC0832 引脚及内部功能图

其基本特征如下。

- 8 位并行输入方式。
- 分辨率为 19.5mV($V_{\mathrm{REF}} = 5\mathrm{V}$)。
- 电流转换时间为 1μs。
- 输入与 TTL 电平兼容。
- 单一电源供电(+5~+15V)。
- 低功耗,20mW。

其引脚功能定义如下。

DI0~DI7:8 位数据输入线。

ILE:数据锁存允许控制输入线,高电平有效。

$\overline{\mathrm{CS}}$:片选信号输入线,低电平有效。

$\overline{\mathrm{WR1}}$:输入锁存器写选通输入线,负脉冲有效。输入锁存器的锁存信号 LE1 由 ILE、$\overline{\mathrm{CS}}$、$\overline{\mathrm{WR1}}$ 的逻辑组合产生,即 LE1=ILE·$\overline{\mathrm{CS}}$·$\overline{\mathrm{WR1}}$。LE1 上的负跳变将使数据线上的数据锁进输入锁存器。

$\overline{\mathrm{XFER}}$:数据传送控制信号输入线,低电平有效。

$\overline{\mathrm{WR2}}$:D/A 寄存器写选通信号输入线,负脉冲有效。D/A 寄存器的锁存信号 LE2 由 $\overline{\mathrm{XFER}}$ 和 $\overline{\mathrm{WR2}}$ 的逻辑组合产生,即 LE2=$\overline{\mathrm{XFER}}$·$\overline{\mathrm{WR2}}$。LE2 上的负跳变将使输入锁存器中锁存的数据被锁存到 D/A 寄存器中,同时进入 DAC 并开始转换。

IOUT1:模拟电流输出线。

IOUT2:模拟电流输出线。采用单极性输出时,IOUT2 常常接地。

RFB:反馈信号输入线。反馈电阻被制作在芯片内,作为外接运算放大器的反馈电阻,为

DAC 提供电压输出。

VREF：参考电压输入线。要求外接一个精密电压源，电压范围为-10～+10V。通过改变 VREF 的符号来改变输出极性。

VCC：电源线，可为-5～+15V。

AGND：模拟地，芯片模拟电路接地点。

DGND：数字地，芯片数字电路接地点。

2. DAC0830 系列 DAC 与单片机接口

DAC 与单片机接口也具有硬、软件相依性。各种 DAC 与单片机接口的方法有些差异，但就其基本连接方法而言，还是有共同之处的，即都要考虑数据线、地址线和控制线的连接。

就数据线而言，DAC 与单片机的接口要考虑两个问题：一是位数，当高于 8 位的 DAC 与 8 位数据总线的 51 单片机接口连接时，51 单片机的数据必须分时输出，这时必须考虑数据分时传送的格式和输出电压的"毛刺"问题；二是 DAC 的内部结构，当 DAC 内部没有输入锁存器时，必须在单片机与 DAC 之间增设锁存器或 I/O 端口。最常用也是最简单的连接是 8 位带锁存器的 DAC 和 8 位单片机接口的连接，这时只要将单片机的数据总线直接和 DAC 的 8 位数据输入端一一对应连接即可。

就地址线而言，一般的 DAC 只有片选信号，而没有地址线。这时单片机的地址线采用全译码或部分译码，经译码器输出控制片选信号，也可由某一位 I/O 线来控制片选信号。也有少数 DAC 有少量的地址线，用于选中片内独立的寄存器或选择输出通道（对于多通道 DAC），这时单片机的地址线与 DAC 的地址线对应连接。

就控制线而言，DAC 主要有片选信号、写信号及启动转换信号等，一般由单片机的有关引脚或译码器提供。一般来说，写信号多由单片机的 $\overline{WR}$ 信号控制；启动信号常为片选信号和写信号的合成。

DAC0830/DAC0831/DAC0832 与单片机的接口由 8 条数据输入线、两条写信号线 $\overline{WR1}$ 和 $\overline{WR2}$、片选信号 $\overline{CS}$、允许输入锁存信号 ILE 和传送控制信号 $\overline{XFER}$ 组成。图 9.2 中的 LE1/LE2 为 D/A 寄存器允许锁存信号，当它为 1 时，锁存器的输出随输入变化，锁存器处于直通状态；当它为负跳变时，输入数据被锁存在锁存器中，输出不再随输入变化。

由于 DAC0830/DAC0831/DAC0832 具有两级 8 位数据锁存器，因此可有以下 3 种工作状态。

（1）直通方式：将 $\overline{CS}$、$\overline{WR1}$、$\overline{WR2}$ 和 $\overline{XFER}$ 信号引脚都直接接地，ILE 信号引脚接高电平时，LE1 和 LE2 都为高电平，芯片处于直通状态。此时，8 位数字量一旦到达 DI0～DI7 输入线上，就立即进行 D/A 转换并输出结果。但在这种工作方式下不能直接和 51 单片机的 P0.0～P0.7 数据线相连接，这种方式很少采用。

（2）单缓冲方式：此方式是将两个锁存器中的任意一个处于直通状态，另一个工作于受控状态。一般是将 D/A 寄存器处于直通状态，即将 $\overline{WR2}$ 和 $\overline{XFER}$ 直接接地。此时，只要数据写入 DAC 芯片，就立即进行转换。这种方式在不要求多个模拟通道同步输出时可采用。

（3）双缓冲方式：两个锁存器都处于受控状态，此时单片机要对 DAC 芯片进行两步写操作——将数据写入输入锁存器（LE1=1），将输入锁存器的内容写入 D/A 寄存器（LE2=1）。这种方式的优点是数据接收和启动转换可异步进行，可在 D/A 转换的同时，进行下一个数据的接收，可以提高转换速度，还可以实现多个模拟输出通道同时进行转换，同步输出。

3．应用举例

（1）项目三任务 3 解答 1——产生锯齿波。

锯齿波发生器电路图如图 9.3 所示。

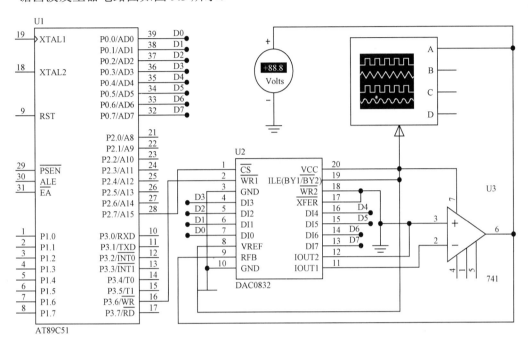

图 9.3　锯齿波发生器电路图

P2.7 与 DAC0832 的 $\overline{CS}$ 相连，P3.6（$\overline{WR}$）与 $\overline{WR1}$ 相连，$\overline{WR2}$ 及 $\overline{XFER}$ 接地，ILE 接高电平，VREF 接+5V 参考电压。这样，DAC0832 作为外设的地址为 0x7FFF。

参考程序如下。

```c
#include<reg51.h>
#include<absacc.h>
#define DAC0832 XBYTE[0x7FFF]
void main()
{
    unsigned char i;
    while(1)
    {
        for(i=0;i<=255;i++)
            DAC0832=i;
    }
}
```

锯齿波仿真效果如图 9.4 所示。

双缓冲方式的电路图如图 9.5 所示。两片 DAC 都有自己的地址，采用 P2.5、P2.6、P2.7 与它们相连来选择缓冲器地址。

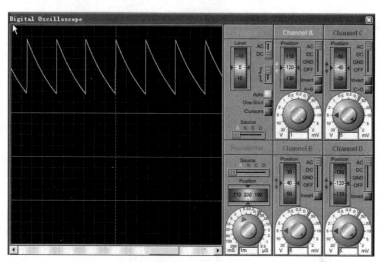

图 9.4　锯齿波仿真效果

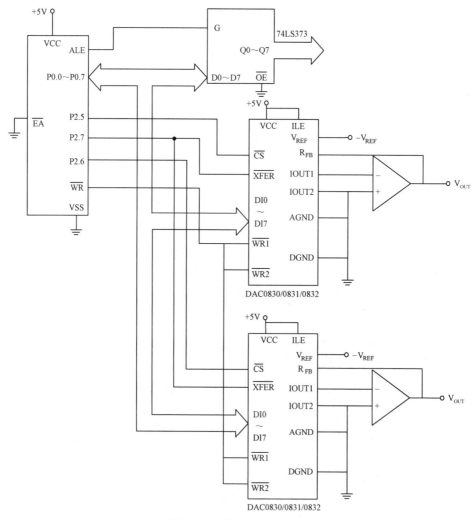

图 9.5　双缓冲方式的电路图

第一片的第一级缓冲器地址为 110xxxxxB，第二片的第一级缓冲器地址为 101xxxxxB。在转换时分别将数据送入这两个地址（第一级缓存器），最后让它们一起输出时，再送入地址为 011xxxxxB 的第二级缓冲器。

（2）项目三任务 3 解答 2——用串行 DAC 生成锯齿波。

用 DAC0832 产生锯齿波要占用单片机较多的口线，能不能占用较少的口线呢？问答是肯定的，这时就需要采用串行 DAC。

9.1.3 串行 8 位数模转换器 MAX517

1. MAX517 的性能简介

MAX517 是 8 位电压输出型 DAC，它带有简单的双线串行接口（I²C），允许多个设备之间进行通信。MAX517 使用简单的双线串行接口，只需要标准的微处理器提供 2 条总线与之相连即可，MAX517 产生锯齿波电路图如图 9.6 所示。微处理器的 SCL 输出时钟信号，SDA 输出数据。当微处理器的 SCL 传送时钟脉冲时，对于 MAX517 来说，最高频率不能超过 400kHz，即波特率不超过 400kbit/s。说明：由于 Proteus 仿真模型中只有 AT89C51，故图中出现 89C51，其作用等同于 AT89S51 或 AT89S52。

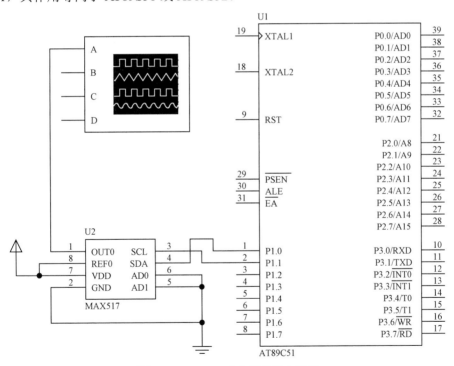

图 9.6 MAX517 产生锯齿波电路图

首先，微处理器应给 MAX517 一个地址字节，MAX517 收到之后，发送给处理器一个应答信号；其次，处理器再给 MAX517 一个命令字节，MAX517 收到之后，又发送一个应答信号给处理器；最后，处理器将要转换的数字量（输出字节）发送给 MAX517，MAX517 收到之后，再一次向处理器发送一个应答信号。至此，一个完整的串行数据传送即告结束。由

MAX517 产生的锯齿波如图 9.7 所示。

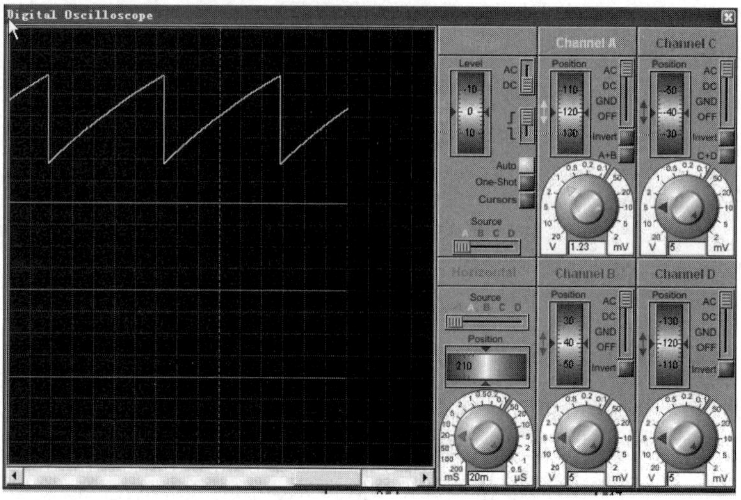

图 9.7　由 MAX517 产生的锯齿波

2．MAX517 与 AT89S52 单片机的通信

对于 AT89S52 单片机来说，可以通过两种方式向 MAX517 传送数据，一种是串行传送方式，另一种是普通输出方式。

在普通输出方式下，可以通过 CPU 的两根输出线，或系统扩展输出芯片（如 8255A）的两根输出线与 MAX517 进行通信。AT89S52 的 P1.1、P1.0 两引脚分别与 MAX517 的 SCL、SDA 两引脚相连接。CPU 遵照 MAX517 的工作时序，首先通过其 P1.1 引脚在必要时主动地输出单个时钟脉冲作为时钟信号，然后从 P1.0 引脚逐个输出地址字节、命令字节和输出字节。

在数据的传送过程中，必须遵守以下约定。

1）起始条件

传送没有开始时，CPU 先将 P1.1 置高，使 MAX517 的 SCL=1，然后，CPU 控制 P1.0 由高变低，使 MAX517 的 SDA 产生负跳变，标志着传送开始。

2）中间过程

中间过程需要传送地址字节、命令字节和输出字节。根据 MAX517 的工作时序，当且仅当 SCL=0（P1.1=0）时，SDA 才能产生跳变（P1.0 由 0 变 1，或由 1 变 0）；当 SCL=1（P1.1=1）时，SDA 状态保持（P1.0=0 或 1，保持不变）。

3）终止条件

当传送快要结束时，CPU 先将 P1.1 置高，使 MAX517 的 SCL=1，然后，CPU 控制 P1.0 由低变高，使 MAX517 的 SDA 产生正跳变，标志着传送的结束。

在普通输出方式下，不占用 CPU 的串行口，不影响本系统与其他系统的串行数据通信。并且，普通输出方式的传送易于控制速度，不像串行传送方式对 CPU 的晶振频率有限制，因此推荐使用普通输出方式。

图 9.8 所示为 MAX517 进行一个完整转换的时序。首先应给 MAX517 一个地址位字节。

MAX517 在收到地址位字节后，会发送给 AT89S52 一个应答信号。然后，再给 MAX517 一个控制位字节，MAX517 收到控制位字节后，再给 AT89S52 发送一个应答信号。之后，MAX517 便可以给 AT89S52 发送 8 位的转换数据（一字节）。AT89S52 收到数据之后，再给 MAX517 发送一个应答信号。至此，一次转换过程完成。

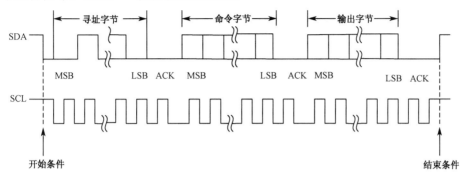

图 9.8　MAX517 进行一个完整转换的时序

MAX517 的一个地址字节数据格式如图 9.9 所示。

bit7	bit6	bit5	bit4	bit3	bit2	bit1	bit0
0	1	0	1	1	AD1	AD0	0

图 9.9　MAX517 的一个地址字节数据格式

其中，前三位 010 出厂时已设定。对于 MAX517 来说，bit4 和 bit3 这两位应取 1。因为一个 AT89S52 上可以挂 4 个 MAX517，而具体是对哪一个 MAX517 进行操作，则由 AD1、AD0 的不同取值来控制。故对于如图 9.6 所示的电路，地址字节为 0x58（01011000B）。

MAX517 的一个控制字节数据格式如图 9.10 所示。

bit7	bit6	bit5	bit4	bit3	bit2	bit1	bit0
R2	R1	R0	RST	PD	×	×	A0

图 9.10　MAX517 的一个控制字节数据格式

在该字节数据格式中，R2、R1、R0 已预先设定为 0。RST 为复位位，该位为 1 时复位所有的寄存器。PD 为电源工作状态位，该位为 1 时，MAX517 在 4μA 的休眠模式工作；该位为 0 时，MAX517 返回正常的操作状态。A0 为地址位，对于 MAX517 来说，该位应设置为 0。这里可将该字节设为 0x00。

3．应用举例

MAX517 产生锯齿波电路图如图 9.6 所示，其控制程序如下，由 MAX517 产生的锯齿波如图 9.7 所示。

```
#include<reg51.h>
#include"intrins.h"
#define uchar unsigned char
sbit SDA = P1^0;              //MAX517 串行数据
sbit SCL = P1^1;              //MAX517 串行时钟
/*  起始条件子函数  */
```

```c
void start(void)
{
    SDA = 1;
    SCL = 1;
    _nop_();
    SDA = 0;
    _nop_();
}

/* 停止条件子函数 */
void stop(void)
{
    SDA = 0;
    SCL = 1;
    _nop_();
    SDA = 1;
    _nop_();
}
/* 应答子函数 */
bit ack(void)
{
    bit ack;
    SDA = 1;
    SCL = 1;
    if (SDA==1)
        ack = 1;
    else
        ack = 0;
    SCL = 0;
    return (ack);
}
/* 发送数据子程序，ch 为要发送的数据 */
void send(uchar ch)
{
    uchar BitCounter = 8;              //位数控制
    uchar tmp;                         //中间变量控制
    do
    {
        tmp = ch;
        SCL = 0;
```

```
                if ((tmp&0x80)==0x80)           //如果最高位是 1
                        SDA = 1;
                else
                        SDA = 0;
                SCL = 1;
                tmp = ch<<1;                    //左移
                ch = tmp;
                BitCounter—;
        }
        while(BitCounter);
        SCL = 0;
}


/* 串行 DA 转换子函数 */
void DACOut(uchar ch)
{
        start();                                //发送启动信号
        send(0x58);                             //发送地址字节
        while (ack());
        send(0x00);                             //发送命令字节
        while (ack());
        send(ch);                               //发送数据字节
        while (ack());
        stop();                                 //结束一次转换
}


/* 主函数 */
void main(void)
{
        while(1)
        {
            uchar i;
        /* 对数字 0～255 进行数模转换，可用数码管显示正在转换的数字（二进制数）*/
            for (i=0;i<=255;i++)
            {
                DACOut(i);                      //调用串行 D/A 转换子函数
            }


        }
}
```

项目三　任务 4　模数转换仿真 1

要求：将若干模拟量转换为数字量。

任务分析：将模拟量转换为数字量，即模数转换问题。有哪些 ADC？它们各有何特点？如何与单片机接口？如何编写驱动程序？

‖ 9.2　模　数　转　换 ‖

9.2.1　模数转换器及其主要技术指标

在单片机测控应用系统中，被采集的实时信号有许多是连续变化的物理量。由于计算机只能处理数字量，因此需要将连续变化的物理量转换成数字量，即 A/D 转换，这就涉及 A/D 转换的接口问题。

在设计 ADC 与单片机接口之前，往往要根据 ADC 的技术指标选择 ADC。为此，先介绍一下 ADC 的主要技术指标。

量化间隔可用下式表示：

$$\Delta = \frac{满量程输入电压}{2^n - 1} \approx \frac{满量程输入电压}{2^n}$$

式中，n 是 ADC 的位数。

量化误差有两种表示方法：一种是绝对误差，另一种是相对误差。

$$绝对误差 = \frac{量化间隔}{2} = \frac{\Delta}{2}$$

$$相对误差 = \frac{1}{2^{n+1}} \times 100\%$$

A/D 转换芯片种类很多，按其转换原理可分为逐次逼近（比较）式、双重积分式、量化反馈式和并行式；按其分辨率可分为 8～16 位的 A/D 转换芯片。目前最常用的是逐次逼近式和双重积分式。

ADC 与单片机接口具有硬、软件相依性。一般来说，ADC 与单片机的接口主要考虑的是数字量输出线的连接、ADC 启动方式、转换结束信号处理方法，以及时钟的连接等。

ADC 数字量输出线与单片机的连接方法与其内部结构有关。对于内部带有三态锁存数据输出缓冲器的 ADC（如 ADC0809、AD574 等），可直接与单片机相连。

对于内部不带锁存器的 ADC，一般通过锁存器或并行 I/O 端口与单片机相连。在某些情况下，为了增强控制功能，那些带有三态锁存数据输出缓冲器的 ADC 也常采用 I/O 端口连接。还有，随着位数的不同，ADC 与单片机的连接方法也不同。对于 8 位 ADC，其数字输出线可与 8 位单片机数据线对应相接。对于 8 位以上的 ADC，与 8 位单片机相接就不那么简单了，此时必须增加读取控制逻辑，把 8 位以上的数据分两次或多次读取。

为了便于连接，一些 ADC 产品内部已带有读取控制逻辑，而对于内部不包含读取控制逻辑的 ADC，在和 8 位单片机连接时，应增设三态缓冲器对转换后的数据进行锁存。

一个 ADC 开始转换时，必须加一个启动转换信号，这一启动转换信号要由单片机提供。不同型号的 ADC，对于启动转换信号的要求也不同，一般分为脉冲启动型和电平启动型两种。

对于脉冲启动型 ADC，只要给其启动控制端加一个符合要求的脉冲信号即可，如 ADC0809、AD574 等。通常用 $\overline{WR}$ 和地址译码器的输出经一定的逻辑电路进行控制。对于电平启动型 ADC，当把符合要求的电平加到启动控制端时，立即开始转换，在转换过程中，必须保持这一电平，否则会终止转换的进行。因此，在这种启动方式下，单片机的控制信号必须经过锁存器保持一段时间，一般采用 D 触发器、锁存器或并行 I/O 端口等实现。AD570、AD571 等都属于电平启动型 ADC。

当 ADC 转换结束时，ADC 输出一个转换结束标志信号，通知单片机读取转换结果。单片机检查判断 A/D 转换结束的方法一般有中断和查询两种。对于中断方式，可将转换结束标志信号接到单片机的中断请求输入线上或允许中断的 I/O 端口的相应引脚，作为中断请求信号；对于查询方式，可把转换结束标志信号经三态门传送到单片机的某一位 I/O 端口线上，作为查询状态信号。

ADC 的另一个重要连接信号是时钟，其频率是决定芯片转换速度的基准。整个 A/D 转换过程都是在时钟的作用下完成的。

A/D 转换时钟的提供方法有两种：一种是由芯片内部提供（如 AD574），一般不需要外加电路；另一种是由外部提供，有的由单独的振荡电路产生，更多的则是把单片机输出时钟分频后，送到 ADC 的相应时钟端。

本节只选两种典型的 8 位和 12 位 A/D 转换芯片来介绍其与单片机的接口技术。

9.2.2　12 位并行模数转换芯片 AD1674 及其应用

1. 功能介绍

AD1674 是美国 AD 公司推出的一种完整的 12 位并行模数转换单片集成电路。该芯片内部自带采样保持器（SHA）、10V 基准电压源、时钟源及可与微处理器总线直接接口的暂存/三态输出缓冲器。

AD1674 的基本特征如下。

- 带有内部采样保持的 12 位逐次逼近（SAR）型 A/D 转换器。
- 采样频率为 100kHz。
- 转换时间为 10μs。
- 具有 ±1/2LSB 积分非线性（INL），以及 12 位无漏码的差分非线性（DNL）。
- 满量程校准误差为 0.125%。
- 内有 +10V 基准电压源，也可使用外部基准电压源。
- 四种单极或双极电压输入范围分别为 ±5V，±10V，0～10V 和 0～20V。
- 数据可并行输出，采用 8/12 位可选微处理器总线接口。
- 内部带有防静电保护装置（ESD），放电耐压值可达 4000V。
- 采用双电源供电：模拟部分为 ±12V/±5V；数字部分为 ±5V。
- 使用温度范围如下。

AD1674J/K 为 0～70℃（C 级）。

AD1674A/B 为−40～+85℃（I 级）。

AD1674T 为−55～+125℃（M 级）。

- 采用 28 脚密封陶瓷 DIP 或 SOIC 封装形式。
- 功耗低，仅为 385mW。

1）逻辑控制端口

AD1674 引脚图如图 9.11 所示。按功能可分为逻辑控制端口、并行数据输出端口、模拟信号输入端口和电源端口四种类型。

12/$\overline{8}$：数据输出位选择输入端。当该端输入为低时，数据输出为双 8 位字节；当该端输入为高时，数据输出为单 12 位字节。

$\overline{CS}$：片选信号输入端。

R/$\overline{C}$：读/转换状态输入端。在完全控制模式下，输入为高时为读状态；输入为低时为转换状态。在独立工作模式下，在输入信号的下降沿开始转换。

CE：操作使能端。输入为高时，芯片开始进行读/转换操作。

A0：位寻址/短周期转换选择输入端。在转换开始时，若 A0 为低，则进行 12 位数据转换；若 A0 为高，则进行周期更短的 8 位数据转换。

当 R/$\overline{C}$=1 且 12/$\overline{8}$=0 时，若 A0 为低，则高 8 位（DB4～DB11）作为数据输出；若 A0 为高，则 DB0～DB3 和 DB8～DB11 作为数据输出，而 DB4～DB7 置零。AD1674 的 8 位总线数据格式如图 9.12 所示，AD1674 的控制逻辑真值表如表 9.2 所示。

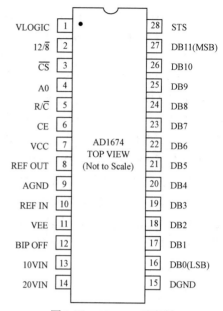

图 9.11　AD1674 引脚图

XXX0(EVEN ADDR):

D7 　　　　　　　　　　　　　　　　　　　　　　　D0

DB11(MSB)	DB10	DB9	DB8	DB7	DB6	DB5	DB4
DB3	DB2	DB1	DB0(LSB)	0	0	0	0

图 9.12　AD1674 的 8 位总线数据格式

表 9.2　AD1674 的控制逻辑真值表

CE	$\overline{CS}$	R/$\overline{C}$	12/$\overline{8}$	A0	执行操作
0	x	x	x	x	无操作
x	1	x	x	x	无操作
1	0	0	x	0	启动 12 位数据转换
1	0	0	x	1	启动 8 位数据转换
1	0	1	1	x	允许 12 位并行输出
1	0	1	0	0	允许高 8 位并行输出
1	0	1	0	1	允许低 4 位并行输出

STS：转换状态输出端。输出为高时，表明转换正在进行；输出为低时，表明转换结束。

DB11～DB8：在 12 位输出格式下，输出数据的高 4 位；在 8 位输出格式下，A0 为低时也可输出数据的高 4 位。

10VIN：10V 范围输入端，包括 0～10V 单极输入或±5V 双极输入。

20VIN：20V 范围输入端，包括 0～20V 单极输入或±10V 双极输入。

应当注意的是，如果已选择了其中一种作为输入范围，则另一种不得再连接。

2）供电电源端口

REF IN：基准电压输入端，在 10V 基准电压源上接 50Ω 电阻后连于此端。

REF OUT：+10V 基准电压输出端。

BIP OFF：双极电压偏移量调整端，该端在双极输出时可通过 50Ω 电阻与 REF OUT 端相连；在单极输入时接模拟地。图 9.13 所示为 AD1674 在双极性及单极性输入时的两种连接电路图。

VCC：+12V/+15V 模拟供电输入。

VEE：−12V/−15V 模拟供电输入。

VLOGIC：+5V 逻辑供电输入。

AGND/DGND：模拟/数字接地端。

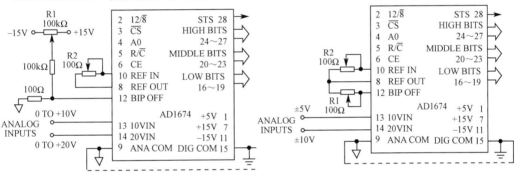

图 9.13　AD1674 在双极性及单极性输入时的两种连接电路图

2．工作时序

（1）启动转换时序图如图 9.14 所示。

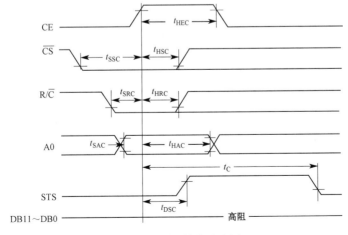

图 9.14　启动转换时序图

（2）读操作时序图如图 9.15 所示。

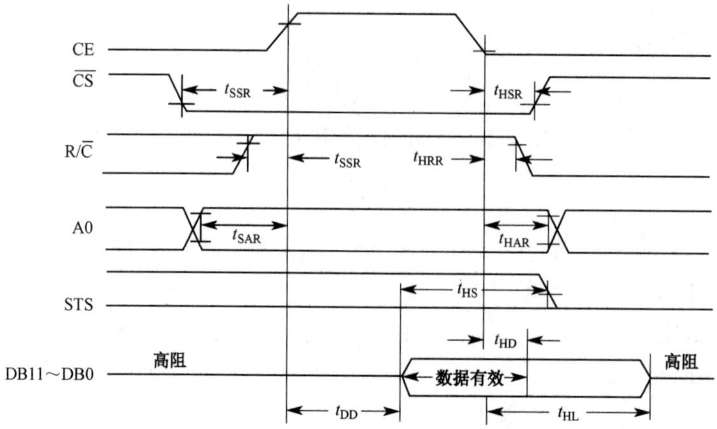

图 9.15　读操作时序图

转换启动时，在 CE 和$\overline{CS}$有效之前，R/$\overline{C}$ 必须为低，如果 R/$\overline{C}$ 为高，则立即进行读操作，这样会造成系统总线的冲突。一旦转换开始，STS 立即为高，系统将不再执行转换开始命令，直到这次转换周期结束。而数据输出缓冲器将比 STS 提前 0.6μs 变低，并且在整个转换期间内不导通。

3．项目三任务 4 解答

AD1674 转换电路设计图如图 9.16 所示。

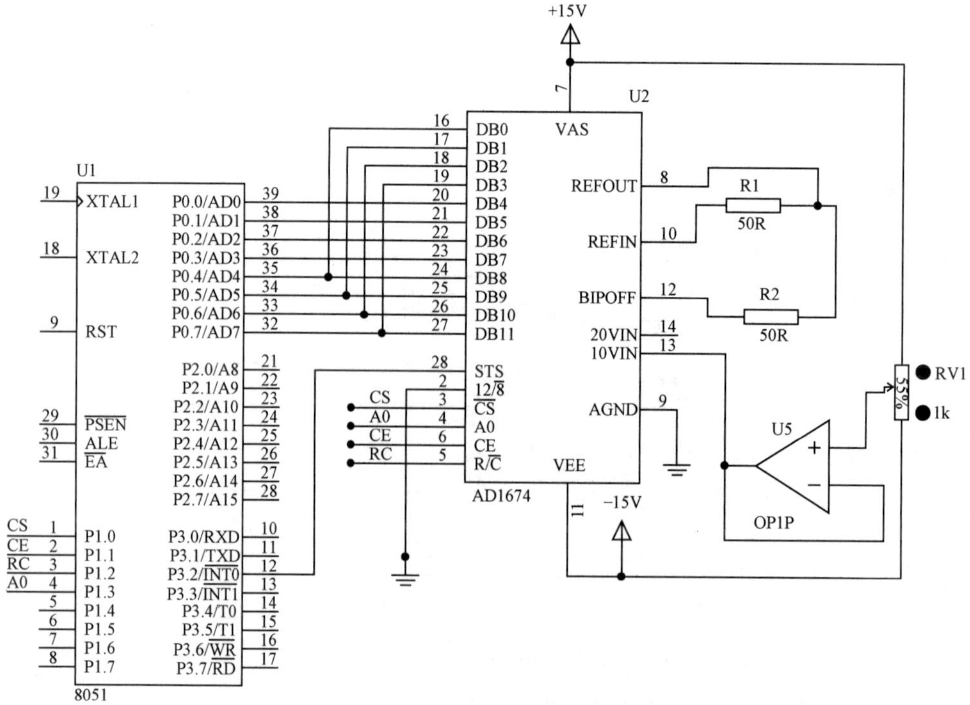

图 9.16　AD1674 转换电路设计图

连接关系如下。

- P0.0～P0.7 与 DB4～DB11 相连。
- P0.4～P0.7 与 DB0～DB3 相连。
- P1.0 与 CS 相连。
- P1.1 与 CE 相连。
- P1.2 与 RC 相连。
- P1.3 与 A0 相连。

仿真信号通过可变电阻分压及电压跟随器 U5 后，从 10VIN 输入。

驱动程序如下。

```c
#include<reg51.h>
#include<intrins.h>
sbit CS=P1^0;
sbit CE=P1^1;
sbit RC=P1^2;
sbit A0=P1^3;
sbit STS=P3^2;
main()
{
    unsigned char a[2];        //存储转换的结果（8 位和 4 位）
    unsigned int b;            //存储转换的结果（12 位）
    for(; ;)
    {                          //模拟启动转换时序
        CS=0;
        RC=0;
        CE=0;
        A0=0;
        CE=1;
        CS=1;
        CE=0;
        if(STS==1) ;           //如果转换还在进行，则等待转换结束
        //读取转换结果，模拟读取数据时序
        CS=0;
        A0=0;                  //读高 8 位
        RC=1;
        CE=1;a[1]=P0;          //读取高 8 位
        CS=1;
        CE=0;
        CS=0;
        A0=1;                  //读低 4 位
        CE=1;
```

```
        a[0]=P0;              //读取低 4 位
        CE=0;
        CS=1;
        b=(unsigned int)(a[1]<<4)+(unsigned int)(a[0]>>4);      //将 2 字节拼成 12 位数据
    }
}
```

小技巧：

观察结果的方法——通过 Proteus 及 Keil C 联合仿真。

要观察结果，将 Proteus 及 Keil C 联合起来是一个好的方法。首先，设置好两软件的仿真条件，即在 Proteus 的菜单 "Debug" 下选择 "Use Remote Debug Monitor" 选项，在 Keil C 的 "project" 菜单中执行 "Options for Target 'Target1'" → "Debug" → "use" 命令，选择 "Proteus VSM simulator" 下拉菜单；然后，在 Proteus 中调节电位器到适当的位置，在 Keil C 中运行仿真程序；最后，让 Keil C 停下来，执行 Keil C 菜单的 "View" → "Watch &Call Stall Window" 命令，即可以在观察窗口中看到转换的结果。如图 9.17 和图 9.18 所示，一个（见图 9.17）是电位器调到 57% 位置时的转换结果，为 "0x0B5B"；另一个（见图 9.18）是电位器调到 62% 位置时的转换结果，为 "0x0DC2"。

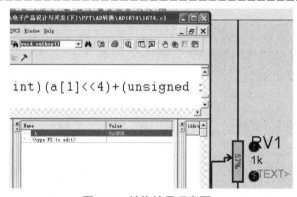

图 9.17　转换结果观察图 1

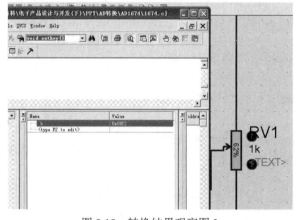

图 9.18　转换结果观察图 2

项目三 任务 5 模数转换仿真 2

要求：将模拟信号转换为数字信号，并在单片机中存储起来。

任务分析：前面采用的 ADC 占用的单片机的口线较多，如何占用较少的口线呢？回答是采用串行接口的 A/D 转换芯片。那么，这种芯片有何特点呢？如何与单片机接口呢？如何编写控制程序呢？

9.2.3 MCP3204——带 SPI 接口的 12 位模数转换器

1. 概述

MCP32xx 系列 ADC 是 Microchip 公司在继 8 位微功耗单片机之后，进军模拟器件市场的成功之作。它总结了以往模拟器件厂商生产模数转换器（ADC）的经验，将其在单片机微功耗技术的经验应用于 ADC，从而开发出一系列高性价比的 12 位逐次渐近型模数转换器 MCP32xx，MCP3204 即其中一例。该系列 ADC 的工作原理和操作方法大同小异，下面即以 MCP3204 为例介绍该系列 ADC 的特点和操作方法。

- 单电源工作，工作电压范围大，可在 2.7～5.5V 电压范围内工作。
- 功耗低，激活工作电流仅为 400μA，而维持工作电流仅为 0.5μA。
- 工作方式灵活，单端输入工作方式和准差分输入工作方式可通过命令设置，其中准差分输入工作方式能有效抑制输入端共模干扰的影响。
- 与微处理器采用 SPI 接口总线通信，为微处理器节约了口线，同时也使数据采集更加方便。
- 几乎无外围器件，从而减小了由于外围器件引入造成的干扰和误差，同时也提高了可靠性。
- ESD 保护，所有引脚均能随 4kV 静电释放。
- 转换速度可达 100kHz。
- 适宜温度范围大，-40～+85℃。
- 价格低廉。

由于极低的功耗和灵活的工作方式，MCP3204 适用于各种电池供电系统、便携式仪表、数据采集系统和传感器接口。

2. MCP3204 的内部结构

MCP3204 主要由通道选通开关、采样保持单元、数模转换器（DAC）、比较器、12 位逐次渐近型寄存器（SAR）、控制逻辑单元和移位寄存器等部分组成。其转换原理是通过比较器，利用已知的标准电压与被测电压进行比较，当被测电压与标准电压相等时，该标准电压即 A/D 转换的结果。标准电压是随二进制编码的变化而变化的可变量，通常是由逐次渐近型寄存器（SAR）和 DAC 产生的。SAR 用于产生一个二进制编码的数字量，DAC 将这个数字量转换成模拟电压，即标准电压。SAR 的位数决定了 ADC 的分辨率，同时 SAR 的位数又决定了 ADC

完成一次转换过程中标准电压与被测电压比较的次数，也就是说决定了完成一次 A/D 转换所需的时间。每次进行 A/D 转换的通道号通过控制逻辑选取，而转换后的二进制数据则通过移位寄存器串行输出。

$$转换输出数据 = 4096 \times V_{IN}/V_{REF}$$

式中，V_{IN} 是从 CH0～CH3 输入的模拟电压；V_{REF} 是参考电压。

MCP3204 双列直插封装式引脚分布图如图 9.19 所示。MCP3204 的各引脚功能如下。

CH0～CH3：模拟信号输入端。

NC：保留未用端子。

DGND：数字地。

CS/SHDN：片段/关闭输入。

DIN：串行数据输入端。

DOUT：串行数据输出端。

CLK：串行数据输入/输出时钟。

AGND：模拟地。

VREF：参考电压输入端。

VDD：供电电源正端。

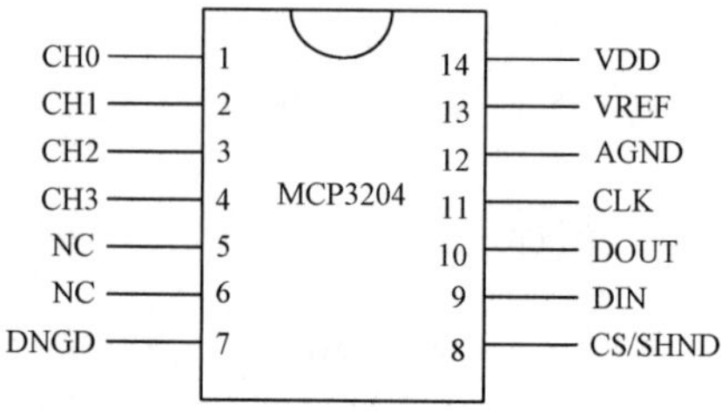

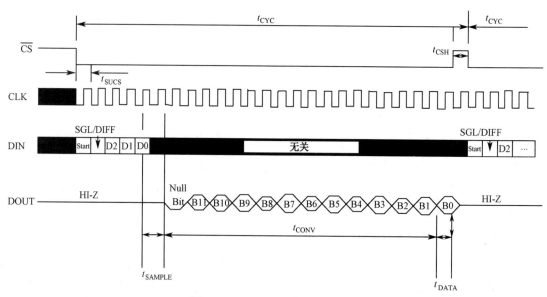

图 9.19　MCP3204 双列直插封装式
引脚分布图

3．MCP3204 的简要操作过程

微处理器对 MCP3204 的操作控制主要是通过 MCP3204 的标准 SPI 串行总线接口实现的，MCP3204 的操作时序图如图 9.20 所示。

图 9.20　MCP3204 的操作时序图

由图 9.20 可知，当片选信号 $\overline{CS}$ 由高变低，且 DIN 为高电平时，第一个时钟脉冲 CLK 上升沿的到来将构成一个数据交换起始位（Start 位），此时 MCP3204 才能接收微处理器发出的命令。若不满足上述条件，则 MCP3204 将对 DIN 输入的数据不予理会。这时，仅 DIN 输入才有效，而 DOUT 输出呈高阻状态。在起始位后，MCP3204 接收的是输入方式选择位（SGL/DIFF 位），此位将决定该 ADC 输入方式是单端输入还是差分输入，紧接此后输入的是 3 位数据选择模拟输入通道号，MCP3204 的控制命令表如表 9.3 所示。

表 9.3 MCP3204 的控制命令表

控制位选择				输 入 方 式	选通通道号
SGL/DIFF	D2	D1	D0		
1	×	0	0	单端输入	CH0
1	×	0	1	单端输入	CH1
1	×	1	0	单端输入	CH2
1	×	1	1	单端输入	CH3
0	×	0	0	差分输入	CH0=IN+
					CH1=IN−
0	×	0	1	差分输入	CH0=IN−
					CH1=IN+
0	×	1	0	差分输入	CH2=IN+
					CH3=IN−
0	×	1	1	差分输入	CH2=IN−
					CH3=IN+
D2 位为任意值对控制命令均无影响					

当输入完 4 位命令数据后，MCP3204 将开放选通通道开始对其电压值进行采样，这个过程将需要 1.5 个时钟周期去完成。采样时钟后，下一时钟的下降沿在 DOUT 上将输出一个无效的 0，紧接着时钟的下降沿 DOUT 将依次输出转换后的二进制数据，其顺序是由最高位到最低位（B11～B0），共 12 位数据，这样便完成了一个 A/D 转换周期。

需要指出的是：

（1）当 MCP3204 接收命令数据时，时钟 CLK 的上升沿有效；当 MCP3204 输出转换后的数据时，时钟 CLK 的下降沿有效。

（2）当采样结束后，读取所有 12 位转换数据必须在 1.2ms 时间内完成，否则将影响转换精度。

（3）当 MCP3204 所在电路板只有一个地线层时，模拟地 AGDN 引脚与数字地 DGDN 引脚应连接到模拟地线层；当所在电路板有模拟地线层和数字地线层时，AGDN 引脚和 DGDN 引脚将分别连接到模拟地线层和数字地线层；当所在电路板没有地线层时，必须将 AGDN 引脚和 DGDN 引脚一起连到电路板的地线 VSS 上，这将有效减少数字噪声耦合到 ADC 上的机会。

4．项目三任务 5 解答

（1）MCP3204 的转换电路图如图 9.21 所示。这里只转换"CH0"通道的输入信号。P1.0 接时钟信号端，P1.1 接输入数据端，P1.2 接输出数据端，P1.3 接 $\overline{CS}$/SHDN 端。参考电压 VREF 接+5V，故最大转换电压为 5V。

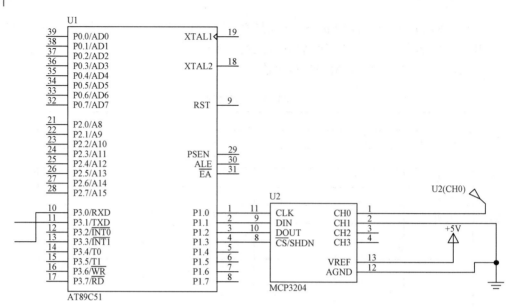

图 9.21　MCP3204 的转换电路图

（2）程序如下。

```
//此程序可测量输入 0 通道的差分信号，A/D 转换的结果存放于数组 a[10]，扩大数组可多测量一些点
#include<reg51.h>
#include<stdio.h>
sbit CLK=P1^0;
sbit DIN=P1^1;
sbit DOUT=P1^2;
sbit CS=P1^3;
void clk(unsigned char t)              //模拟时钟信号
{
    unsigned char  i;
    for(i=0;i<t;i++)
    {
        CLK=1;
        CLK=0;
    }
}
unsigned int get_AD_Result(void)       //转换程序
{
    unsigned char  i;
    unsigned int   b=0, temp, re;      /*此处 b 一定要清零，否则 b 的值会保留到下次，从而使后几次
                                         测量的结果都是 0xfff，即最大值*/
    CS=1;                              //准备
    CS=0;
```

```
        CLK=0;              //启动，上升沿输入
        DIN=1;
        CLK=1;
        CLK=0;
        DIN=0;              //D2、D1、D0 全为 0，以及差分选择位也为 0，从 ch0 输入差分信号
        CLK=1;
        CLK=0;
        DIN=0;
        CLK=1;
        CLK=0;
        DIN=0;
        CLK=1;
        CLK=0;
        DIN=0;
        CLK=1;
        CLK=0;
        clk(2);             //等 2 个时钟才是真正转换后的量
        for(i=0;i<12;i++)   //读取 12 位转换结果
        {
            CLK=1;
            temp=DOUT;
            CLK=0;
            b=((temp&0x01)<<(11−i))|b;
        }
        CS=1;
        return(b);
}
main()
{
    unsigned int a[10] ;
    unsigned char j      ;
    for(j=0;j<10;j++)
    {
        a[j]=get_AD_Result();      //测量 10 次
    }
    while(1);
}
```

（3）观察结果：方法与上一个例子相似。在 Proteus 中设定仿真的输入信号，模拟信号参数设置如图 9.22 所示，图中为一个幅度为 5V，频率为 40Hz 的正弦信号。在 Keil C 中运行程序后的转换结果如图 9.23 所示，数组 a[10]是转换后的结果。

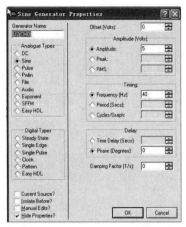

图 9.22　模拟信号参数设置　　　　　图 9.23　在 Keil C 中运行程序后的转换结果

项目三　任务 6　8 位 ADC 实验

要求：进行无外接 ADC 的 A/D 转换实验。

任务分析：前面的 A/D 转换都要外接转换芯片，比较麻烦，那么有没有内部带有 A/D 转换的单片机呢？如果有，又如何使用这一功能进行 A/D 转换呢？

9.2.4　带有模数转换功能的单片机应用

现在，很多单片机内部都集成了 ADC，如宏晶公司的大部分芯片、Atmel 公司的 AT8x5xAD 等。

Atmel 公司的 AT8x5111 单片机的 P4 口可作为 A/D 转换的 8 个输入通道，内部的 ADC 转换精度为 10 位。对其控制通过 A/D 转换控制寄存器 ADCON 进行，ADCF 是 P4 口的功能设置位，任意一位为 1 时，对应的 P4 口的引脚设置为模拟信号输入端，转换结果在 ADDH（高 2 位）及 ADDL（低 8 位）中。AT875111 的 A/D 转换控制字如图 9.24 所示。

ADCON(S:F3h)
ADC Control Register

7	6	5	4	3	2	1	0
QUIETM	PSIDLE	ADEN	ADEOC	ADSST	SCH2	SCH1	SCH0

图 9.24　AT875111 的 A/D 转换控制字

```
//以下是 AT875111 带 10 位 A/D 的程序
#include "c:\keil\c51\inc\atmelwm\5111.h"
#include<intrins.h>
main()
{
    unsigned char i;
    unsigned  int  a[8];
    ADCF=0xff;          //8 通道都是模拟输入，ADCF 的每一位与 P4.x 对应，此位为 1 时对应的 P4.x
```

```
                          为模拟通道入口
        ADCON=0X20;        //允许转换。ADCON 的第 5 位为转换允许位，为 1 时允许转换
        _nop_();
        _nop_();
        ADCON=0x28;        //启动转换。ADCON 的第 3 位为启动位，为 1 时启动转换
        while(1)
        {//对 8 个通道实行转换
                for(i=0;i<8;i++)
                {
                        while((ADCON&0x10)==0);        //等待转换结束。ADCON 的第 4 位为转换结束标
                                                           志位，为 1 时，表示转换结束
                        ADCON=(ADCON&0xef);            //软件清除结束标志
                        a[i]=(unsigned int)(ADDH<<2)+(unsigned int)ADDL;    //取转换结果，并合并为
                                                                                10 位数据
                        ADCON++;                      //指向下一通道，ADCON 的低 3 位的 8 种组合对
                                                         应 8 个输入通道
                        ADCON=ADCON|0x28;             //启动下次转换
                }
        }
}
```

　　在 Keil C 中运行以上程序，观察到的转换结果如图 9.25 所示。在外围设备菜单项中将参考电压设置为 5V，则最大输入电压为 5V，8 个通道的电压设置如图 9.25 所示，观察到的结果在数组 a[8]中。可见，结果是符合所作设置的，如最后一通道模拟输入电压为 5V，a[7]=0x03FF，对应 10 位转换的最大值。

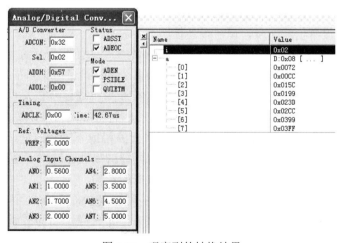

图 9.25　观察到的转换结果

9-1 STC89xAD 单片机的 A/D 转换应用

9.3* 补充知识：SPI 总线

9.3.1 SPI 概述

SPI：高速同步串行口。3～4 线接口，收发独立，可同步进行。

SPI，是英语 Serial Peripheral Interface 的缩写，顾名思义就是串行外围设备接口。是 Motorola 首先在其 MC68HCxx 系列处理器上定义的。SPI 接口主要应用在 E²PROM、Flash、实时时钟、ADC，以及数字信号处理器和数字信号解码器之间。SPI 是一种高速的、全双工、同步的通信总线，并且在芯片的引脚上只占用 4 条线，节约了芯片的引脚，同时为 PCB 的布局节省空间，提供方便。正是出于这种简单易用的特性，现在越来越多的芯片集成了这种通信协议，如 AT91RM9200。

SPI 总线系统是一种同步串行外设接口，它可以使 MCU 与各种外围设备以串行方式进行通信，从而交换信息。外围设备有 Flash RAM、网络控制器、LCD 显示驱动器、ADC 和 MCU 等。SPI 总线系统可直接与各个厂家生产的多种标准外围器件直接接口，该接口一般使用 4 条线：串行时钟线（SCK）、主机输入/从机输出数据线 MISO、主机输出/从机输入数据线 MOSI 和低电平有效的从机选择线 SS（有的 SPI 接口芯片带有中断信号线 INT，有的 SPI 接口芯片没有主机输出/从机输入数据线 MOSI）。

SPI 的通信原理很简单，它以主从方式工作，这种模式通常有一个主设备和一个或多个从设备，至少需要 4 条线，事实上 3 条也可以（单向传输时）。所有基于 SPI 的设备共有的是 SDI（数据输入）、SDO（数据输出）、SCK（时钟）和 CS（片选）。

（1）SDO——主设备数据输出，从设备数据输入。

（2）SDI——主设备数据输入，从设备数据输出。

（3）SCK——时钟信号，由主设备产生。

（4）CS——从设备使能信号，由主设备控制。

CS 控制芯片是否被选中，只有当片选信号为预先规定的使能信号时（高电位或低电位），对此芯片的操作才有效。这就使在同一总线上连接多个 SPI 设备成为可能。

通信是通过数据交换完成的，这里先要知道 SPI 是串行通信协议，也就是说数据是一位一位传输的。这也是 SCK 线存在的原因，由 SCK 提供时钟脉冲，SDI 和 SDO 则基于此脉冲完成数据传输。数据输出通过 SDO 线，数据在时钟上升沿或下降沿改变，在紧接着的下降沿或上升沿被读取，完成一位数据传输。输入也使用同样的原理。这样，至少 8 次时钟信号的改变（上升沿和下降沿为一次）就可以完成 8 位数据的传输。

要注意的是，SCK 线只由主设备控制，从设备不能控制 SCK 线。同样，在一个基于 SPI 的设备中，至少有一个主控设备。这样的传输方式有一个优点，它与普通的串行通信不同，普通的串行通信一次连续传送至少 8 位数据，而 SPI 允许数据一位一位地传送，甚至允许暂停。因为 SCK 线由主控设备控制，当没有时钟跳变时，从设备不采集或传送数据。也就是说，主设备通过对 SCK 线进行控制可以完成对通信的控制。

SPI 还是一个数据交换协议，因为 SPI 的数据输入和输出线独立，所以允许同时完成数据的输入和输出。不同的 SPI 设备的实现方式不相同，主要是数据改变和采集的时间不同。在时钟信号上升沿或下降沿采集有不同的定义，具体请参考相关器件的文档。

在点对点的通信中，SPI 接口不需要进行寻址操作，并且为全双工通信，简单、高效。在多个从设备的系统中，每个从设备需要独立的使能信号，在硬件上比 I²C 系统要稍微复杂一些。

最后，SPI 接口的缺点是没有指定的流控制，没有应答机制确认是否接收到数据。

SPI 传输串行数据时首先传输最高位，波特率可以高达 5Mbit/s，具体速度大小取决于 SPI 硬件。例如，Xicor 公司的 SPI 串行器件传输速度能达到 5Mbit/s。

9.3.2　SPI 总线接口及时序

SPI 总线包括 1 条串行同步时钟信号线及 2 条数据线。

图 9.26 所示为 SPI 总线的 4 种工作方式，其中使用最广泛的是 SPI0 方式和 SPI3 方式。

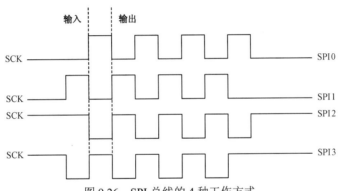

图 9.26　SPI 总线的 4 种工作方式

为了和外设进行数据交换，SPI 模块可根据外设工作要求，配置其输出串行同步时钟极性和相位，时钟极性（CPOL）对传输协议没有重大的影响。如果 CPOL=0，那么串行同步时钟的空闲状态为低电平；如果 CPOL=1，那么串行同步时钟的空闲状态为高电平。时钟相位（CPHA）能够配置用于选择两种不同的传输协议之一进行数据传输。如果 CPHA=0，那么在串行同步时钟的第一个跳变沿（上升沿或下降沿）数据被采样；如果 CPHA=1，那么在串行同步时钟的第二个跳变沿（上升沿或下降沿）数据被采样。SPI 主模块和与之通信的外设时钟相位和极性应该一致。CPHA=0 时 SPI 总线数据传输时序和 CPHA=1 时 SPI 总线数据传输时序如图 9.27 和图 9.28 所示。

SPI 是一个环形总线结构，由 SS（CS）、SCK、SDI、SDO 构成，其时序很简单，主要是在 SCK 的控制下，两个双向移位寄存器进行数据交换。

假设下面的 8 位寄存器装的是待发送的数据 10101010，在上升沿发送，在下降沿接收，高位先发送。

那么，第一个上升沿到来时，数据将会是 SDO=1；寄存器=0101010x。下降沿到来时，SDI 上的电平将锁存到寄存器中，这时寄存器=0101010sdi（sdi 代替最低位 x），这样在 8 个时钟脉冲以后，两个寄存器的内容互相交换一次，就完成了一个 SPI 时序。

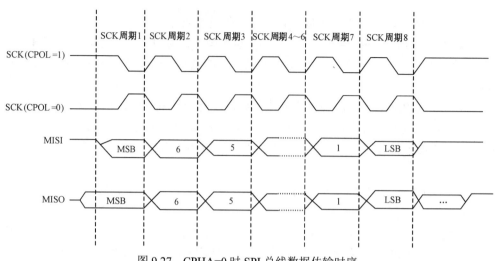

图 9.27　CPHA=0 时 SPI 总线数据传输时序

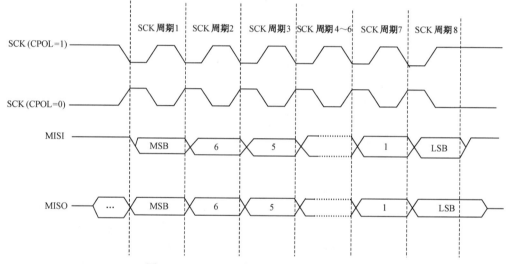

图 9.28　CPHA=1 时 SPI 总线数据传输时序

9.3.3　应用举例

假设主机和从机初始化就绪，并且主机的 sbuff=0xaa，从机的 sbuff=0x55，下面将分步对 SPI 的 8 个时钟周期的数据情况进行一遍演示（假设上升沿发送数据）。SPI 通信主、从机数据变化表如表 9.4 所示。

表 9.4　SPI 通信主、从机数据变化表

脉　　冲	主机 sbuff	从机 sbuff	SDI	SDO
0	10101010	01010101	0	0
1 上	0101010x	1010101x	0	1
1 下	01010100	10101011	0	1
2 上	1010100x	0101011x	1	0

续表

脉　冲	主机 sbuff	从机 sbuff	SDI	SDO
2 下	10101001	01010110	1	0
3 上	0101001x	1010110x	0	1
3 下	01010010	10101101	0	1
4 上	1010010x	0101101x	1	0
4 下	10100101	01011010	1	0
5 上	0100101x	1011010x	0	1
5 下	01001010	10110101	0	1
6 上	1001010x	0110101x	1	0
6 下	10010101	01101010	1	0
7 上	0010101x	1101010x	0	1
7 下	00101010	11010101	0	1
8 上	0101010x	1010101x	1	0
8 下	01010101	10101010	1	0

这样就完成了两个寄存器 8 位数据的交换，上表示上升沿，下表示下降沿。SDI、SDO 是相对于主机而言的。其中 SS 引脚作为主机时，从机可以把它拉低，被动选择从机；作为从机时，可以作为片选脚使用。根据以上分析，一个完整的传送周期是 16 位，即两个字节。因为，首先要主机发送命令过去，然后从机根据主机的命令准备数据，主机在下一个 8 位时钟周期才把数据读回来。

‖ 小　　结 ‖

本章通过多个实例说明了 DAC 及 ADC 的工作机制及使用方法。涉及的 D/A 转换芯片有 DAC0830、MAX517，A/D 转换芯片有 AD1674、MCP3204。本章还对 Atmel 公司带有 ADC 的单片机 AT8x5111 的使用方法进行了介绍。本章重点如下。

（1）D/A 转换的设计与编程（以 DAC0832 为重点）。

（2）A/D 转换的设计与编程（以 AD1674 为重点）。

‖ 习　　题 ‖

一、填空题

1. 模拟信号在进入单片机前必须转换成数字信号，即_____转换问题；单片机输出控制的数字信号也必须转换成模拟信号，即_____转换问题。

2. DAC 按传送数字量的方式来分，有_____和_____两类；按输出量形式来分，有_____和_____两种形式；而根据输出电压的极性，分为_____和_____两种极性输出；从与单片机接口的角度看，有带输入锁存器和_____两类。

3. DAC0832 通过相应的控制信号可使其工作在三种不同的方式，即_____方式、_____方式与_____方式。

4. MAX517 是_____位_____输出型数模转换器，它带有简单的_____接口（I²C），允许在多个设备之间进行通信。首先，微处理器应给 MAX517 一个_____，MAX517 收到之后，发送给处理器一个应答信号；其次，处理器再给 MAX517 一个_____，MAX517 收到之后，又发送一个应答信号给处理器；最后，处理器将_____（输出字节）送给 MAX517，MAX517 收到之后，再一次向处理器发送一个应答信号。至此，一个完整的串行数据传送即告结束。

5. A/D 转换芯片种类很多，按其转换原理最常用的是_____和_____；按其分辨率可分为_____位的 A/D 转换芯片；按数据传输的形式分为_____和_____两种。

6. AD1674 是美国 AD 公司推出的一种完整的_____位_____行模数转换单片集成电路。该芯片内部自带_____（SHA）、_____伏基准电压源、时钟源及可与微处理器总线直接接口的暂存/三态输出_____。

7. AD1674 的引脚功能：10VIN 是 10V 范围输入端，包括_____V 单极输入或_____V 双极输入；20VIN 是 20V 范围输入端，包括_____V 单极输入或_____V 双极输入。应当注意的是，如果已选择了其中一种作为输入范围，则另一种_____。

8. MCP3204 是_____器件，数据位数为_____位，数据与单片机交换形式为_____行，采用的是通用_____接口。

9. 单片机内部带有 A/D 转换功能的器件有_____、_____等。

二、选择题

1. 在使用多片 DAC0832 进行 D/A 转换，并且分时输入数据的应用中，它的两级数据锁存结构可以（　　）。

A．保证各模拟电压能同时输出　　　　　　B．提高 D/A 转换速度

C．提高 D/A 转换精度　　　　　　　　　　D．增加可靠性

2. 在应用系统中，芯片内没有锁存器的 DAC，不能直接接到 8051 的 P0 口上使用，这是因为（　　）。

A．P0 口不具有锁存功能　　　　　　　　　B．P0 口为地址数据复用

C．P0 口不能输出数字信号　　　　　　　　D．P0 口只能用作地址输出而不能用作数据输出

3. DAC 与单片机的接口形式中，下面（　　）不包括在内。

A．直通方式　　　　B．单缓冲方式　　　　C．双缓冲方式　　　　D．三缓冲方式

4. 下列关于 MAX517 的论述中，不正确的是（　　）。

A．它的数据为 8 位　　　　　　　　　　　B．它的数据是串行的

C．它有 I²C 总线接口　　　　　　　　　　D．它是带有 SPI 接口的器件

5. 下列不属于 ADC 的主要技术指标的是（　　）。

A．量化误差　　　　B．量化间隔　　　　C．转换速率　　　　D．采样电路

6. 一般来说，ADC 与单片机的接口主要考虑的问题中，不包括（　　）。

A．数字量输出线的连接　　　　　　　　　B．电流型还是电压型

C．ADC 启动方式　　　　　　　　　　　　D．时钟线的连接

7. 关于 A/D 转换芯片 AD1674 的论述中，不正确的是（　　）。

A．它的输出数据为 12 位　　　　　　　　　B．它的输出数据是串行的

C．它内部没有采样保持器　　　　　　　　D．它有输出缓冲器

8. 下列关于 MCP3204 的论述中，不正确的是（　　）。

A. 它的输出数据为 12 位

B. 它的输出数据是串行的

C. 它有 8 个模拟量输入端

D. 是带有 SPI 接口的器件

三、问答题

1. 简述 DAC 的主要技术指标。

2. 简述 ADC 的主要技术指标。

3. 请总结 DAC 与单片机接口时要考虑的问题。

4. 请说明 MAX517 与单片机进行数据传输的过程。

5. 请解释"ADC 数字量输出线与单片机的连接方法与其内部结构有关"是何意义。

6. 请说明 AD1674 主要引脚的功能。

7. 请阐述 MCP3204 的主要特性。

8. 请查阅相关资料，说明 ADC0809 的主要特性，并画出与单片机的接口电路。

四、设计及编程题

1. 试用 DAC0832 组成电路生成三角波。画出电路图，编写驱动程序。

2. DAC0832 与 8051 单片机的接口如图 9.29 所示，要求：

（1）确定 DAC0832 的端口地址。

（2）采用 C51 语言编写产生梯形波的程序。

（3）采用 C51 语言编写产生锯齿波的程序。

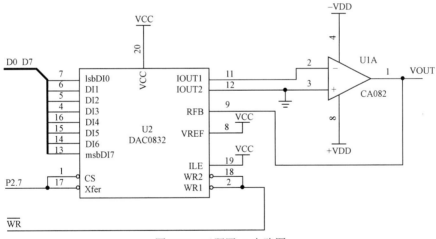

图 9.29　习题四-2 电路图

3. 已知数模转换器 DAC0832 端口地址为 7FFFH，运放电源为+5V，V_{REF}=+5V。

（1）画出单缓冲接口方式电路。

（2）编程产生正向锯齿波。

4. 试用 MAX517 产生三角波。要求设计电路图并编写驱动程序。

5. 设计 8xx51 单片机和 DAC0832 的接口，要求地址为 F7FFH，满量程电压为 5V，采用单缓冲工作方式。画电路图，编写程序，输出如下要求的模拟电压。

（1）幅度为 3V，周期不限的三角波电压。

（2）幅度为 4V，周期为 2ms 的方波。

（3）周期为 5ms 的阶梯波，阶梯的电压幅度分别为 1V、2V、3V、4V、5V，每一阶梯为 1ms。

6．在如图 9.16 所示的 AD1674 转换电路中，如果采用中断读取方式，那么程序如何编写？

7．有一范围在 −10～+10V 的电压信号，现要求用 12 位 A/D 转换芯片 AD1674 将其转换为数字信号，由单片机 AT89C51 将其读入单片机内存的 unsigned int b 单元。

8．如图 9.21 所示，如果要求从 CH2、CH3 输入差分信号，请重新设计电路及转换程序。

9．将 8 个通道分别为 1V、1.5V、2V、2.5V、3V、3.5V、4V、4.5V 的电压转换为数字信号存储到单片机 AT89C51 内部 RAM 的数组 unsigned char a[8]中。

10．在一个 AT89C51 单片机系统中，选用 ADC0809 作为接口芯片，用于测量炉温，温度传感信号接 IN3，设计一个能实现 A/D 转换的接口及相应的转换程序。单片机系统的连接如图 9.30 所示。

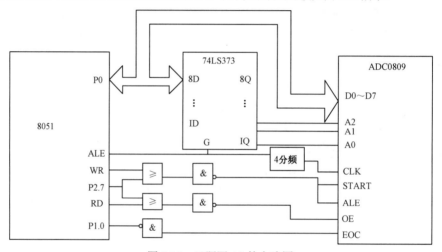

图 9.30　习题四-10 的电路图

11．TLC549 是一串行输出 8 位数据的 ADC。请查阅其相关资料，设计一个将模拟信号转换为数字信号的系统。要求：

（1）画出电路图。

（2）画出程序流程图。

（3）列出程序清单，并进行详细注释。

（4）仿真实现。

第四部分 熟练使用单片机

第10章

单片机系统的开发

目　　的：通过数字万年历完整开发过程的历练，掌握单片机系统的开发方法及应注意的问题，使学习者初步具备独立开发或协同项目组开发嵌入式系统的能力。通过制作与开发这一项目，扩展相关的知识，包括存储器的扩展、低功耗设计、"看门狗"设计、时钟芯片DS1302、数字温度传感器DS18B20等。

知识目标：时钟芯片DS1302、温度传感器DS18B20的相关知识；单片机系统的开发方法；存储器与外围设备的扩展方法；单片机的低功耗设计与"看门狗"设计方法。

技能目标：能对DS1302、DS18B20芯片进行操作；能独立
开发简单的单片机系统；能扩展单片机的存储器及外围设备；能
应用低功耗设计及"看门狗"设计。

微课10：第10章教学建议

教学建议：

重 点 内 容		1. 单片机系统的设计方法 2. 时钟芯片DS1302的使用方法 3. 数字温度传感器DS18B20的使用方法 4. 单片机低功耗的设定方法及STC与AT单片机"看门狗"的应用 5. 万年历整体理解及制作
教	教 学 难 点	DS1302及DS18B20的功能与制作方法的讲授；存储器的扩展；万年历制作与调试
	建 议 学 时	12～18学时
	教 学 方 法	以万年历的设计过程为例讲解单片机系统的设计过程与方法；通过讲解DS1302，学习万年历时钟程序部分；通过DS18B20的仿真练习训练，使学生掌握其使用方法；通过制作及调试万年历系统，使学生掌握系统的设计、制作与调试方法，初步具备从事嵌入式系统开发及维护工作的能力。对于学生较难理解的单片机存储器的扩展，根据需要可以不讲，或进行简单讲解，等待其具备理解复杂嵌入式系统能力后，通过自学掌握
学	学 习 难 点	单片机存储器的扩展；DS1302及DS18B20的控制方法；万年历系统的制作与调试
	必备前期知识	存储器；温度传感器
	学 习 方 法	通过制作及调试万年历系统，理解单片机系统的开发方法和基本过程；通过仿真练习掌握DS18B20的使用方法；通过分析万年历系统中的时间读取程序，掌握DS1302的使用方法。对于单片机存储器的扩展，根据个人情况取舍。如果基础较差，可初步了解，等以后再掌握；如果基础较好，可以掌握

项目三　任务7　数字万年历单片机系统的开发

要求：开发完整的数字万年历系统，包括时钟芯片的使用、温度传感器的使用、液晶字符显示模块的使用，键盘程序的编制，整个系统的联调。

任务分析：单片机系统开发的一般方法是怎样的？对于像万年历这一较复杂的系统进行开发，应有比较固定的方法与工具。如果还要扩展系统又应如何进行呢？数字万年历中的时钟芯片如何选择呢？温度传感器有何特点，如何使用呢？整个系统的程序是怎样的呢？

⫶ 10.1　单片机系统的开发方法 ⫶

1. 开发过程

对于一个实际的课题和项目，从任务的提出到系统的选型、确定、研制直至投入运行要经过一系列的过程。通常，开发一个单片机应用系统需要经过以下几个过程。

- 系统需求调查。
- 可行性分析。
- 系统方案设计。
- 系统建造。
- 系统调试。
- 系统方案局部修改、再调试。
- 生成正式系统（或产品）。

1）系统需求调查

做好详细的系统需求调查是对研制新系统准确定位的关键。当建造一个新的单片机应用系统时，首先要调查市场或用户的需求，了解用户对未来新系统的希望和要求，通过对各种需求信息进行综合分析，得出市场或用户是否需要新系统的结论。其次，应对国内外同类系统的状况进行调查。调查的主要内容包括：

（1）原有系统的结构、功能及存在的问题。

（2）国内外同类系统的最新发展情况，以及与新系统有关的各种技术资料。

（3）同行业中哪些用户已经采用了新的系统，它们的结构、功能、使用情况及所产生的经济效益如何。

经过需求调查，整理出需求报告，作为系统可行性分析的主要依据。显然，需求报告的准确性将决定可行性分析的结果。

2）可行性分析

可行性分析将对新系统开发研制的必要性及可实现性给出明确的结论，根据这一结论决定系统的开发研制工作是否进行下去。

可行性分析通常从以下几个方面进行论证。

（1）市场或用户需求。

（2）经济效益和社会效益。

（3）技术支持与开发环境。

（4）现在的竞争力与未来的生命力。

3）系统方案设计

系统方案设计是系统实现的基础，这项工作要十分仔细，考虑周全。方案设计的主要依据是市场或用户的需求、应用环境状况、关键技术支持、同类系统经验借鉴及开发人员设计经验等。主要内容包括：

（1）系统结构设计。

（2）系统功能设计。

（3）系统实现方法。

4）系统建造

这一阶段的工作是将前面产生的系统方案付诸实施，将硬件框图转化为具体电路，软件流程用程序加以实现。设计硬件电路时，单片机的选用对电路结构及复杂度有较大影响。一个合适的单片机将会最大限度地简化其外围连接电路，从而简化整个系统的硬件。

5）系统调试

这一阶段检验所设计系统的正确性与可靠性，从中发现组装问题或设计错误。这里所指的设计错误，是指设计过程中所出现的小错误或局部错误，决不允许出现重大错误。

6）系统方案局部修改、再调试

对于系统调试中发现的问题或错误，以及出现的不可靠因素首先要提出有效的解决方法，然后对原方案做局部修改，再进行调试。

7）生成正式系统（或产品）

作为正式系统（或产品），不仅要提供一个能正确可靠运行的系统（或产品），而且还应提供关于该系统（或产品）的全部文档。这些文档包括系统设计方案、硬件电路原理图、软件程序清单、软/硬件功能说明、软/硬件装配说明书、系统操作手册等。在开发产品时，还要考虑产品的外观设计、包装、运输、促销、售后服务等商品化问题。

可用如图 10.1 所示的单片机系统开发过程流程图来说明开发过程。

2．开始方法

单片机本身无开发能力，必须借助开发工具开发应用软件。通常有下列两种开发方法。

1）通过硬件仿真器开发单片机开发系统

独立型仿真结构，配备有 EPROM 读出/写入器、仿真插头和其他外设，通过 USB 接口与计算机相连，单片机系统开发示意图如图 10.2 所示。在计算机中进行程序设计与开发，通过仿真器与用户系统相连接，在仿真器中运行程序，在用户系统中观察运行结果，查看是否符合设计要求。如果有不符合的地方再回到计算机中进行修改，并重复上述过程，直到符合设计要求。将程序用编程器写入单片机中，用单片机代替仿真头，让用户系统脱离计算机及仿真器独立运行。

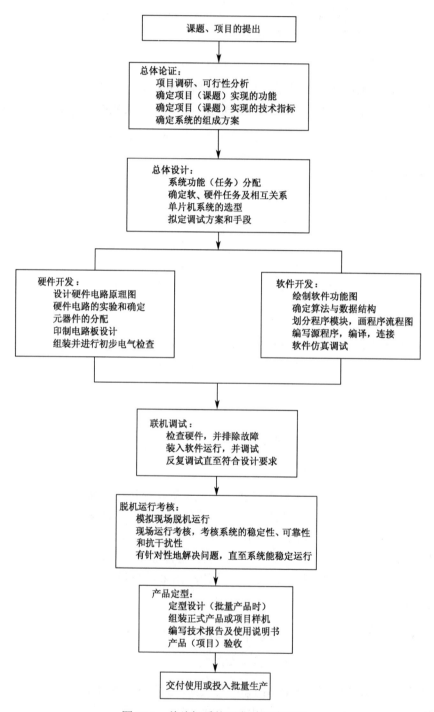

图 10.1　单片机系统开发过程流程图

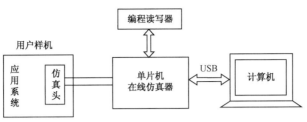

图 10.2　单片机系统开发示意图

2）软件模拟开发系统

市场竞争日趋激烈，开发周期缩短及开发成本压缩的需要，加速了软件仿真技术的发展，人们通常用软件模拟硬件来进行系统开发。正如前面介绍的一样，基于 Proteus（Keil）仿真软件及 Keil C 编辑开发软件的单片机设计与开发具有很大的优越性，已成为主流的开发方法。这种开发方法不需要耗费任务硬件，效率高。当然，最终还是要让程序在硬件系统上运行，但一般来说，仿真的结果与实际硬件执行的结果是一致的。

10-1　单片机系统的扩展

⫶ 10.2　单片机系统的稳定性 ⫶

10.2.1　单片机的低功耗设置

在很多场合对系统的功耗有特殊要求，一般是要求低功耗，如用电池供电的场合。而单片机有时并不要求一直工作，只在特定事情发生时，才需要工作。如报警问题，没有报警信号到来时，单片机完全可以休息，当有报警信号到来时，再以中断的形式唤醒它。对于单片机系统而言，单片机自身的功耗往往占了整个系统功耗的很大比例，所以降低单片机的功耗很重要，同时单片机的功耗降低也有利于系统的稳定运行。单片机内部有一个电源管理寄存器 PCON，这个寄存器的最低两位为 IDL 和 PD，分别用来设定是否使单片机进入空闲模式和掉电模式。

PCON 电源控制寄存器各位功能如表 10.1 所示（不可位寻址）。

表 10.1　PCON 电源控制寄存器各位功能

B7	B6	B5	B4	B3	B2	B1	B0
SMOD	—	—	—	GF1	GF0	PD	IDL

SMOD：双倍波特率控制位。

GF1：一般用途标志。

GF0：一般用途标志。

PD：降低 8051 功率消耗控制位，PD=1 时设定，PD=0 时清除。

IDL：8051 芯片闲置状态操作控制位。

1. 空闲模式

当单片机进入空闲模式时，除 CPU 处于休眠状态外，其余硬件全部处于活动状态，芯片中程序未涉及的数据存储器和特殊功能寄存器中的数据在空闲模式期间都将保持原值。但如果定时器正在运行，那么计数器、寄存器中的值还将会增加。

单片机在空闲模式下可由任一个中断或硬件复位唤醒。需要注意的是，使用中断唤醒单片机时，程序从原来停止处继续运行；当使用硬件复位唤醒单片机时，程序将从头开始执行。

让单片机进入空闲模式的目的通常是降低系统的功耗。举个很简单的例子，大家都用过数字万用表，在正常使用时，表内部的单片机处于正常工作模式。当不用而又忘记关掉万用表的电源时，大多数表在等待数分钟后，如果没有人为操作，那么它便会将液晶显示自动关闭，以降低系统功耗。通常，类似这种功能的实现就是使用了单片机的空闲模式或掉电模式。

以 STC89 系列单片机为例，单片机正常工作时的功耗通常为 4～7mA，进入空闲模式时其功耗降至 2mA，当进入掉电模式时功耗可降至 0.1μA 以下。

2. 休眠模式

休眠模式即掉电模式，当单片机进入掉电模式时，外部晶振停振，CPU、定时器、串行口全部停止工作，只有外部中断继续工作。使单片机进入休眠模式的指令将成为休眠前单片机执行的最后一条指令。进入休眠模式后，芯片中程序未涉及的数据存储器和特殊功能寄存器中的数据都将保持原值。可由外部中断低电平触发或由下降沿触发中断，或者用硬件复位模式唤醒单片机。需要注意的是，使用中断唤醒单片机时，程序从原来停止处继续运行；当使用硬件复位唤醒单片机时，程序将从头开始执行。

例如，开启两个外部中断，设置低电平触发中断，用定时器计数并且显示在数码管的前两位。当计数到 5 时，单片机进入空闲（休眠）模式，同时关闭定时器。当单片机响应外部中断后，从空闲（休眠）模式返回，同时开启定时器。

```
#include <reg52.h>              //52 系列单片机头文件
#define uchar unsigned char
#define uint unsigned int
sbit dula=P2^6;                 //申明 U1 锁存器的锁存端
sbit wela=P2^7;                 //申明 U2 锁存器的锁存端
uchar code table[]={
0x3f, 0x06, 0x5b, 0x4f,
0x66, 0x6d, 0x7d, 0x07,
0x7f, 0x6f, 0x77, 0x7c,
0x39, 0x5e, 0x79, 0x71};
uchar num;
void delayms(uint);
void display(uchar shi, uchar ge)  //显示子函数
{
    dula=1;
```

```
        P0=table[shi];                      //送十位段选数据
        dula=0;
        P0=0xff;                  /*送位选数据前关闭所有显示，防止打开位选锁存时，原来段选数据通过位
                                     选锁存器造成混乱*/
        wela=1;
        P0=0xfe;                  //送位选数据
        wela=0;
        delayms(5);               //延时
        dula=1;
        P0=table[ge];             //送个位段选数据
        dula=0;
        P0=0xff;
        wela=1;
        P0=0xfd;
        wela=0;
        delayms(5);
}
void delayms(uint xms)
{
    uint i, j;
    for(i=xms;i>0;i--)                  //i=xms，即延时约 x 毫秒
            for(j=110;j>0;j--);
}
void main()
{
    uchar a, b, num1;
    TMOD=0x01;                    //设置定时器 0 为工作方式 1(0000 0001)
    TH0=(65536-50000)/256;
    TL0=(65536-50000)%256;
    EA=1;
    ET0=1;
    EX0=1;
    EX1=1;
    TR0=1;
    while(1)
    {
        if(num>=20)
        {
            num=0;
            num1++;
```

```
                if(num1==6)
                {
                        ET0=0;
                        PCON=0x02;          //或 PCON=0x01；进入空闲模式或掉电模式
                }
                a=num1/10;
                b=num1%10;
        }
        display(a, b);
    }
}
void timer0() interrupt 1
{
    TH0=(65536−50000)/256;
    TL0=(65536−50000)%256;
    num++;
}
void ex_int0() interrupt 0
{
    PCON=0;                              //恢复正常模式
    ET0=1;
}
void ex_int1() interrupt 2
{
    PCON=0;                              //恢复正常模式
    ET0=1;
}
```

主程序中有"ET0=0; PCON=0x02;"，意思是在进入休眠模式之前要先把定时器关闭，这样方可一直等待外部中断的产生。如果不关闭定时器，定时器的中断同样也会唤醒单片机，使其退出休眠模式，这样便看不到进入休眠模式和返回的过程。

```
void ex_int0() interrupt 0
{
        PCON=0;
        ET0=1;
}
```

这是外部中断 0 服务程序，当进入外部中断服务程序后，首先将 PCON 中原先设定的休眠控制位清除（如果不清除，程序也可以正常运行，大家最好亲自做实验验证），接下来再重新开启定时器 0。在使用时保留中断唤醒的中断服务程序较好。

下载程序后，实验现象如下。数码管从"00"开始递增显示，到"05"后，再过 1s，数码管变成只显示一个"5"，单片机进入休眠或空闲模式。将导线一端连接地，另一端接触 P3.2

或 P3.3，数码管重新从"06"开始显示，递增下去。整个过程演示了单片机先从正常工作模式进入休眠模式或空闲模式，再从休眠模式或空闲模式返回到正常工作模式。

在测试过程中可先将数字万用表调节到电流挡，然后串接在电路中，观察单片机在正常工作模式、休眠模式、空闲模式下流过系统的总电流变化情况。经测试可发现：正常工作电流>空闲模式电流>休眠模式电流。

10.2.2　单片机的"看门狗"设置

"看门狗"定时器从功能上说，它可以让微控制器在意外状况下（如软件陷入死循环或跑飞）重新恢复到系统上电状态，以保证系统出问题时重启一次。就像使用计算机一样，死机后按一下"reset"键就可以重启计算机，"看门狗"就是负责做这件事情的。以前 Intel 8031、…、AT89C51 时代的单片机片内都没有"看门狗"功能，需要外扩"看门狗"芯片，如 X5045。

"看门狗"是一个计数器，由于位数有限，所以计数器能够装的数值是有限的（如 8 位的最大装 256、16 位的最大装 65536）。从开启"看门狗"那刻起，它就开始不停地数机器周期，数一个机器周期计数器就加 1，加到计数器发生溢出时就产生一个复位信号，重启系统。

一般书上把它叫作"看门狗"定时器，其实定时器在原理上还是一个计数器，只是计数的是机器周期，所以，这里阐明一下，为了初学者好理解，这里统一称为"计数器"。

1. "看门狗"的看门原理

在设计程序时，先根据"看门狗"计数器的位数和系统的时钟周期算一下计满数需要的时间，就是在这个时间内"看门狗"计数器是不会装满的，然后在这个时间内告诉它重新开始计数，就是把计数器清零，这个过程叫"喂狗"。这样，隔一段时间清零一次，只要程序正常运行它就永远计不满。但是，一旦出现死循环之类的故障，没有及时清零计数器，会导致其装满溢出，就会重启系统，这就是"看门狗"的"看门"原理。

举个例子，8051 单片机选用 12MHz 晶振，一个时钟周期为 1µs，如果"看门狗"计数器是 16 位的，最大计数 65536 个，那么从 0 开始计到 65535 需要约 65ms，所以可以在程序运行 50ms 左右清零一次计数器（"喂狗"），让它重新从 0 开始计，再过 50ms，再清，……，这样下去只要程序正常运行，计数器永远不会计满，也就永远不会被"看门狗"复位。

当然，这个"喂狗"的时间是大家自己选的，只要不超过 65ms，选多少都可以，间隔时间一般不要太短，这样会浪费单片机运行时间，但间隔时间也不要太长，这样抗干扰能力就下降了，最好是留有一定的余量，一般是计到 90%左右清一次。

每种单片机的"看门狗"实现方法不尽相同，但是原理都一样，而且"看门狗"都是启动了之后就不能关闭的，只能系统复位（重新断电再上电）才能关闭。

设置"看门狗"的一般步骤如下。

（1）设置"看门狗"相关寄存器，启动"看门狗"。

（2）隔一段时间清零一次。

（3）如果程序正常，那么"看门狗"一直运行；如果程序出错，没有按时清零，那么"看门狗"就在溢出时复位系统。

2．AT89C51 的"看门狗"

AT89C51 单片机"看门狗"定时器是 14 位的，最大计数 2^{14}=16384 个数，每计 16384 个时钟周期就溢出一次。也就是说，如果使用 12MHz 晶振，至少应该在 16.384ms 内清零一次。

3．STC89 的"看门狗"

STC89C5X 系列单片机由于采用了"预分频"技术，所以

$$溢出时间=(N \times Prescale \times 32768)/晶振频率$$

式中，N 是单片机的时钟周期，STC89C5X 系列单片机提供 6 时钟周期和 12 时钟周期这两种时钟周期，可以在烧写程序时修改；Prescale 是预分频数，通过设置"看门狗"控制寄存器(WDT_CONTR)可以将其设置为 2、4、8、16、32、64、128、256。设置方法在演示程序中有介绍。晶振频率就是系统选用的晶振。

"预分频技术"可适用型号：

STC89C51RC、STC89C52RC、STC89C53RC、STC89LE51RC、STC89LE52RC、STC89LE53RC、STC89C54RD+、STC89C58RD+、STC89C516RD+、STC89LE54RD+、STC89LE58RD+、STC89LE516RD+、STC89C51RC/RD+系列 8051 单片机。

STC89C51×系列单片机"看门狗"控制寄存器功能表如表 10.2 所示。

表 10.2　STC89C51×系列单片机"看门狗"控制寄存器功能表

表示符号	地址	名称	7	6	5	4	3	2	1	0	复位值
WDT_CONTR	E1H	Watch-Dog-Timer Control rgister	—	—	EN_WDT	CLR_WDT	IDLE_WDT	PS2	PS1	PS0	xx00,0000

EN_WDT："看门狗"允许位，当设置为 1 时，启动"看门狗"。

CLR_WDT："看门狗"清零位，当设置为 1 时，"看门狗"将重新计数。硬件将自动清零此位。

IDLE_WDT："看门狗"IDLE 模式位，当设置为 1 时，"看门狗"定时器在空闲模式时计数；当清零该位时，"看门狗"定时器在空闲模式时不计数。

PS2、PS1、PS0："看门狗"定时器预分频值，表 10.3 和表 10.4 所示为 STC 单片机"看门狗"定时器预分频表 1 和 STC 单片机"看门狗"定时器预分频表 2。

表 10.3　STC 单片机"看门狗"定时器预分频表 1

PS2	PS1	PS0	Prescale 预分频	时钟频率 20MHz，12 周期模式下"看门狗"的周期
0	0	0	2	39.3 ms
0	0	1	4	78.6ms
0	1	0	8	157.3ms
0	1	1	16	314.6ms
1	0	0	32	629.1ms

PS2	PS1	PS0	Prescale 预分频	时钟频率 20MHz，12 周期模式下"看门狗"的周期
1	0	1	64	1.25s
1	1	0	128	2.5s
1	1	1	256	5s

表 10.4　STC 单片机"看门狗"定时器预分频表 2

PS2	PS1	PS0	Prescale 预分频	WDT 在晶振频率为 12MHz 且为 12 时钟模式时的溢出时间
0	0	0	2	65.5ms
0	0	1	4	131.0ms
0	1	0	8	262.1ms
0	1	1	16	524.2ms
1	0	0	32	1.0485s
1	0	1	64	2.0941s
1	1	0	128	4.1943s
1	1	1	256	8.3886s

"看门狗"溢出时间计算：

　　"看门狗"溢出时间=(N×Prescale×32768)/Oscillator Frequency

当在 12 时钟周期模式时，N=12；在 6 时钟周期模式时，N=6。

当设时钟为 12MHz，12 时钟周期模式时：

　　"看门狗"溢出时间=(12Prescale×32768)/12000000=Prescale×393216/12000000

当设时钟为 11.0592MHz，12 时钟周期模式时：

　　"看门狗"溢出时间=(12×Prescale×32768)/11059200=Prescale×393216/11059200

所以，如果同样选择 12MHz 晶振，使用传统的 12 时钟周期，它最小的溢出时间是 (12×2×32768)/(12×10⁶)=65.536ms，最大溢出时间是(12×256×32768)/(12×10⁶)≈8.38s。如果选择 256 分频，也就是说只要在 8.38s 之内清零一次即可。

对于用户来说，"看门狗"的时间越长越好，这样可以节省更多的单片机资源，尤其是对时间要求精准的系统。如果执行过程中不停地清零，那么是比较浪费时间的，所以 STC89C5X 系列单片机的"看门狗"更有优势一些。

4．STC "看门狗"应用举例

关于实验的注意事项：

（1）本次实验使用的是 11.0592MHz 晶振，设置 WDT_CONTR=(00110100)B，32 预分频，单片机使用 12 时钟周期模式。

计算"看门狗"溢出时间：[12×32×32768/(11059200)] ≈1s。

（2）本次实验的硬件电路很简单，就是在最小系统上增加两个 LED，STC89S××单片机的"看门狗"电路如图 10.3 所示。用户可以很容易实现此原理图。

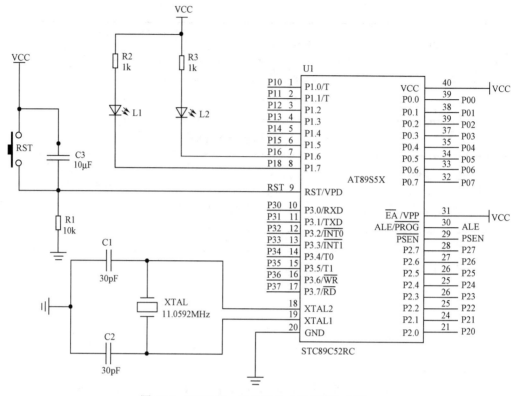

图 10.3　STC89S××单片机的"看门狗"电路

```
**************************************************************/
#include <Reg52.H>
sfr WDT_CONTR=0xE1;                    //定义特殊功能寄存器：STC 单片机"看门狗"控制寄存器
#define uchar unsigned char
#define true 1
#define false 0
#define WEIGOU WDT_CONTR=0x34  //"看门狗"启动设置和"喂狗"操作
sbit LED=P1^6;                         //信号灯，系统正常工作时是一闪一闪的
sbit LED_busy=P1^7;                    /*工作灯，上电灭一会（约 800ms），正常工作时一直亮着；
                                         用于指示系统是否重启*/
uchar timer0_ctr, i;
const uchar str[]="I love MCU!";       /*定义一句话，让它从串口输出，只有系统重启时才输
                                         出一次，所以也用于验证"看门狗"有没有重启系统*/
//延时函数，11.0592MHz 晶振下延时约 x 毫秒
void delay_ms(unsigned xms)
{
    unsigned x, y;
    for(x=xms; x>0; x--)
        for(y=110; y>0; y--);
}
```

```
//主程序初始化函数
void InitMain()
{
    //初始化时两盏灯都熄灭
        LED=1;
        LED_busy=1;

        TMOD=0x21;              /*定时器 0 工作在方式 1，作为 16 位定时器；定时器 1 工作在方
                                  式 2，作为串行口波特率发生器*/
        TH0=0x4C;               //定时器 0 装初值：每隔 50ms 溢出一次
        TL0=0x00;
        IE=0x82;                //IE=(1000 0010)B，打开定时器 0 中断，允许中断
        TR0=1;                  //启动定时器 0
}
//串行口初始化程序
void InitCOM()
{
        SCON=0x50;              //SCON=(0101 0000)B，波特率不加倍，允许接收
        TH1=0xFD;               //设置波特率为 9600bit/s
        TL1=TH1;
        TR1=1;                  //启动定时器 1
}
//定时器 0 中断服务程序，控制信号灯闪烁。如果系统正常运行，信号灯 1.5s 闪一次
void Timer0_isr() interrupt 1
{
        TH0=0x4C;
        TL0=0x00;
        timer0_ctr++;

        if(timer0_ctr>=30)
        {
            TR0=0;             //定时器 0 暂停，否则再次来中断会冲断程序
            timer0_ctr=0;
            LED=0;
            delay_ms(100);
            LED=1;
            TR0=1;             //定时器 0 重新启动
        }
}
void main()
```

```
        {
            WEIGOU;                          //第一步设置"看门狗"定时器，并且启动
            InitMain();
            InitCOM();
```

//开机通过串口发送一次"I love MCU!"，使用串口调试助手可以查看
/*由于在 while 大循环外边，所以只要系统不重新启动，则上电后只会发送一次，用于判断系
   统是否重启*/

```
            i=0;
            while(str[i]!='\0')
            {
                SBUF=str[i];
                while(TI==0);
                TI=0;
                i++;
            }
        //while 大循环
            while(true)
            {
```

//约每隔 800ms 清零一次，可以通过调整这里的清零时间来验证"看门狗"是否有效
//设置的"看门狗"溢出时间约 1s。所以可以用 800 和 2000 分别做一次实验，看是否会
   被"看门狗"复位

```
                delay_ms(800);
                LED_busy=0;          /*第一次上电约延时 800ms，工作灯点亮，如果系统不重启，它
                                        将一直亮着，用于指示系统是否重启*/
                WEIGOU;
            }
        }
```

5. 89S52 "看门狗"使用方法

Atmel 公司 89S52 系列的 89S52 与 89C51 功能相同，指令兼容，HEX 程序无须任何转换
可以直接使用。89S52 比 89C51 增加了一个"看门狗"功能。89S52 的其他功能可以参见 89C51
的资料。

"看门狗"具体使用方法：在程序初始化时向"看门狗"寄存器（WDTRST 地址是 0A6H）
中先写入 01EH，再写入 0E1H，即可激活"看门狗"。

在 C 语言中要增加一个声明语句，在 AT89X51.h 声明文件中增加一行 sfr WDTRST =
0xA6;

程序代码如下。

```
    sfr WDTRST = 0xA6;
    main()
```

```
{
    WDTRST=0x1E;
    WDTRST=0xE1;              //初始化"看门狗"
    While (1)
    {
        …//其他程序段
        WDTRST=0x1E;
        WDTRST=0xE1;          // "喂狗"指令
    }
}
```

注意：

（1）89C51 的"看门狗"必须由程序激活后才开始工作，所以必须保证 CPU 有可靠的上电复位，否则"看门狗"也无法工作。

（2）"看门狗"使用的是 CPU 的晶振。在晶振停振的时候"看门狗"也无效。

（3）89C51 只有 14 位计数器。在 16383 个机器周期内必须至少清零一次，而且这个时间是固定的，无法更改。当晶振为 12MHz 时每 16ms 需清零一次。

‖ 10.3　数字万年历系统总体设计 ‖

数字万年历系统的组成框图如图 10.4 所示。

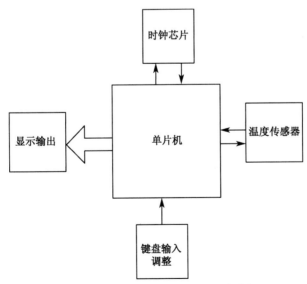

图 10.4　数字万年历系统的组成框图

单片机选用 AT89S51，它是标准的 51 单片机，具有 ISP 能力；时钟日历芯片采用一种通用型的 DS1302，它能提供年、月、日、星期、时、分、秒等信息；温度检测芯片采用数字温度传感器芯片 DS18B20，它能提供 12 位实时温度等信息；显示模块采用 LCD 模块 SMC1602，它最大能显示两行，每行 16 个字符，可以满足使用需要；键盘由 4 个独立按键组成，用来修改日期及时间信息。万年历总体程序流程图如图 10.5 所示。

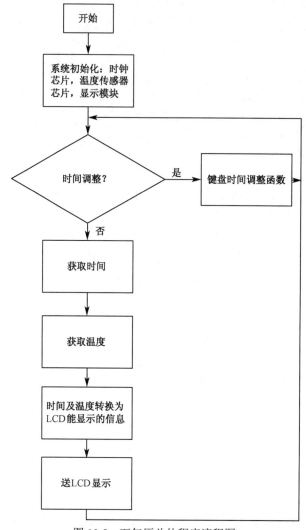

图 10.5　万年历总体程序流程图

　　由于 LCD 显示程序、键盘控制程序前面已经详细讨论过，下面先重点介绍时钟日历芯片
DS1302 及温度传感器 DS18B20，然后分析整个控制程序的运行情况。

项目三　任务 8　数字温度传感器的使用

　　要求：将数字温度传感器中的温度读出，并送显示。

　　任务分析：要将温度显示出来就要采用温度传感器。温度传感器有模拟式的，也有数字式的，模拟式的输出量是模拟量，要经过 A/D 转换后单片机才能使用，比较麻烦。而数字式的温度传感器的输出量直接为数字信号，单片机能直接使用。那么，选用何种数字温度传感器呢？它有哪些特点呢？如何与单片机接口呢？

10.3.1　温度传感器 DS18B20

1．性能介绍

DS18B20 数字温度传感器提供 12 位温度读数，指示器件的温度信息经过单线接口（1-Wire 总线）送入 DS18B20 或从 DS18B20 送出。因此，从中央处理器到 DS18B20 仅需连接一条线（和地）。读写和完成温度变换所需的电源可以由数据线本身提供而不需要外部电源，因为每一个 DS18B20 有唯一的系列号，因此多个 DS18B20 可以存在于同一条单线总线上。DS18B20 允许在许多不同的地方放置温度灵敏器件。

它具有如下特性。

- 独特的单线接口只需 1 个接口引脚即可通信。
- 多点（Multidrop）能力使分布式温度检测应用得以简化。
- 不需要外部元件。
- 可用数据线供电。
- 不需备份电源。
- 测量范围为−55～+125℃，增量值为 0.0625℃。
- 以 12 位数字值方式读出温度。
- 在小于 1s 典型值内把温度变换为数字。

2．引脚图

DS18B20 的引脚及连接图如图 10.6 所示。

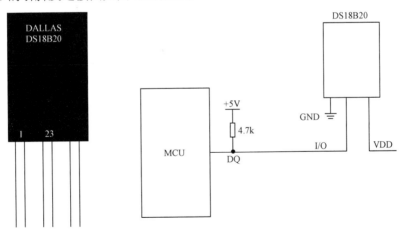

图 10.6　DS18B20 的引脚及连接图

- GND：地。
- DQ：数字输入、输出。
- VDD：可选的电源。

3．温度/数据关系

从 DS18B20 中读出的 2 字节数据与温度的对应关系如图 10.7 所示。

注：此处 MSB 为高字节，LSB 为低字节；MSb 为高位，LSb 为低位。

图 10.7 从 DS18B20 读出的 2 字节数据与温度的对应关系

其中前 5 位为符号位，为 1 时是负温度，为 0 时是正温度。例如，+125℃对应 0000011111010000B，1111110010010000B 表示−55℃。

DS18B20 中有 9 个寄存器，可连续读出，其中前 2 个分别是转换后温度的低字节和高字节。

4．读出数据操作

经过单线接口访问 DS18B20 的协议如下。

- 初始化。
- ROM 操作命令。
- 存储器操作命令。
- 处理/数据。

1）初始化

单线总线上的所有处理均从初始化序列开始。初始化序列包括总线主机发出的一个复位脉冲，接着由从机送出存在脉冲。

2）ROM 操作命令

ROM 操作命令即单片机对 DS18B20 的存储器进行操作的命令，有多条，现只介绍单总线上只有一个 DS18B20 时，对它进行操作的命令。

CCH：跳过 ROM。在单点总线系统中，此命令通过允许总线主机不提供 64 位 ROM 编码而访问存储器操作来节省时间。

3）存储器操作命令

（1）BEH：读暂存存储器。此命令读暂存存储器的内容，读开始于地址为 0 的字节，并继续读暂存存储器直至第 9 个字节。如果只需要读取温度信息，则读取前 2 个字节即可。

（2）44H：温度变换。此命令用于开始温度变换，不需要另外的数据，温度变换将被执行，接着 DS18B20 便保持在空闲状态。

10-2 对 DS18B20 的操作时序

5．项目三任务 8 解答

项目三任务 8 的数字温度计仿真电路图如图 10.8 所示，读取温度子程序流程图如图 10.9 所示，控制程序如下所述。

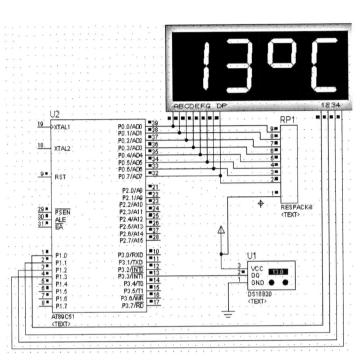

图 10.8　项目三任务 8 的数字温度计仿真电路图　　　图 10.9　读取温度子程序流程图

流程图（图 10.9）文字：

入口 → 发复位脉冲 → 发跳过ROM命令（CCH）→ 发温度转换命令（44H）→ 延时等待，转换结束 → 发复位脉冲 → 发跳过ROM命令（CCH）→ 发读存储器命令（BEH）→ 读DS18B20存储器低字节 → 读DS18B20存储器高字节 → 返回

```c
#include<reg51.h>
//显示模块
unsigned char code segtab[]={0x3f, 0x06, 0x5b, 0x4f, 0x66, 0x6d, 0x7d, 0x07, 0x7f,
                 0x6f, 0x63, 0x39};          //共阴段码表
unsigned char disp_buf[]={0，0，0，0};
unsigned char code ledbit[]={0xfe，0xfd，0xfb，0xf7};   //第 1～4 位数码管的位选择
unsigned char ledno=0;             //显示次序
unsigned char temperature=0;       //温度值
unsigned int time;
sbit DQ =P3^3;                     //定义通信端口
void delay(unsigned int i)         //延时函数
{
        while(i--);
}
//初始化函数
Init_DS18B20(void)
{
        unsigned char x=0;
        DQ = 1;            //DQ 复位
```

```
        delay(8);           //稍做延时
        DQ = 0;             //单片机将 DQ 拉低
        delay(80);          //精确延时大于 480μs
        DQ = 1;             //拉高总线
        delay(14);
        x=DQ;               //稍做延时后，如果 x=0，则初始化成功；若 x=1，则初始化失败
        delay(20);
}
//读一字节
unsigned char   ReadOneChar(void)
{
        unsigned char i=0;
        unsigned char Dat = 0;
        for (i=8;i>0;i—)
        {
                DQ = 0;     //给脉冲信号
                Dat>>=1;
                DQ = 1;     //给脉冲信号
                if(DQ)
                        Dat|=0x80;
                delay(4);
        }
        return(Dat);
}
//写一字节
WriteOneChar(unsigned char Dat)
{
        unsigned char i=0;
        for (i=8; i>0; i—)
        {
                DQ = 0;
                DQ = Dat&0x01;
                delay(5);
                DQ = 1;
                Dat>>=1;
        }
}
//读取温度
unsigned char ReadTemperature(void)
{
        unsigned char a=0;
        unsigned char b=0;
```

```
        unsigned char temp_value;
        Init_DS18B20();              //每次操作都以初始化开始
        WriteOneChar(0xCC);          //跳过读序列号的操作
        WriteOneChar(0x44);          //启动温度转换
        delay(100);                  //等待转换结束
        Init_DS18B20();
        WriteOneChar(0xCC);          //跳过读序列号的操作
        WriteOneChar(0xBE);          //读取温度寄存器等（共可读 9 个寄存器），前两个就是温度
        delay(100);
        a=ReadOneChar();             //温度低字节
        b=ReadOneChar();             //温度高字节
        temp_value=b<<4;             //左移 4 位，扩大 16 倍，变为一字节的高 4 位
        temp_value+=(a&0xf0)>>4;     //取温度值高 4 位，右移 4 位后与温度的高 4 位相加得到温度值
        return(temp_value);
}
main()
{
        TMOD=0x21;
        EA=1;
        ET0=1;
        TH0=(-5000/1)/256;           //温度低字节晶振为 12MHz，定时 5ms
        TL0=(-5000/1)%256;
        TR0=1;
        while(1);
}
void timer0(void) interrupt 1        //每 5ms 产生一次中断
{
        TR0=0;
        TH0=(-5000/1)/256;
        TL0=(-5000/1)%256;
        temperature=ReadTemperature(); //读温度
        disp_buf[0]=temperature/10;    //取温度十位
        disp_buf[1]=temperature%10;    //取温度个位
        disp_buf[2]=10;                //温度符号
        disp_buf[3]=11;
        P1=ledbit[ledno];              //送位选择码
        P0=segtab[disp_buf[ledno]];    //送段码
        ledno++;                       //显示下一位
        if(ledno>3) ledno=0;           //4 位扫描完，重新扫描
        TR0=1;
}
```

由于 DS18B20 采用单总线接口，对其操作的时序比较麻烦，主要是对各种操作的时间有

严格要求，这里不予介绍，请参考《数字温度传感器 DS18B20 读出数据错误分析》。在单片机的时钟发生变化时，对 DS18B20 进行操作的控制程序中与时间相关部分应进行相应的修改，这点要注意。

数字万年历系统的温度检测部分与上面类似，后面将列出全部程序清单，请注意分析比较。

10.3.2　日历时间芯片 DS1302 及其在数字万年历中的应用

1．DS1302 的基本特性

DS1302 是 DALLAS 公司推出的涓流充电时钟芯片，内含一个实时时钟/日历和 31 字节静态 RAM，通过简单的串行接口与单片机进行通信。实时时钟/日历电路提供秒、分、时、日、星期、月、年的信息，每月的天数和闰年的天数可自动调整，时钟操作可通过 AM/PM 指示决定采用 24 或 12 小时格式。DS1302 与单片机之间能简单地采用同步串行的方式进行通信（I^2C），仅需用到 3 个口线：RES（复位）、I/O 数据线、SCLK（串行时钟）。

- 实时时钟具有能计算 2100 年之前的秒、分、时、日、星期、月、年的能力，还有闰年调整的能力。
- 31×8 位暂存数据存储 RAM。
- 串行 I/O 端口方式使引脚数量最少。
- 宽范围工作电压为 2.0～5.5V。
- 工作电流在电压为 2.0V 时，小于 300nA。
- 读/写时钟或 RAM 数据时有两种传送方式（单字节传送和多字节传送字符组方式）。
- 8 脚 DIP 封装或可选的 8 脚 SOIC 封装（根据表面装配）。
- 简单 3 线接口。
- 与 TTL 兼容，VCC=5V。
- 可选工业级温度范围为−40～+85℃。

2．DS1302 的基本组成和工作原理

1）引脚描述

X1、X2：32.768kHz 晶振引脚。

GND：地。

$\overline{\text{RST}}$：复位脚。

I/O：数据输入/输出引脚。

SCLK：串行时钟。

VCC1、VCC2：电源供电引脚。其中 VCC2 为主电源引脚，VCC1 为备用电源引脚。

DS1302 引脚图如图 10.10 所示。

2）DS1302 的命令字格式

DS1302 的命令字格式如图 10.11 所示。

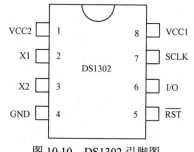

图 10.10　DS1302 引脚图

7	6	5	4	3	2	1	0
1	RAM / $\overline{\text{CK}}$	A4	A3	A2	A1	A0	RD / $\overline{\text{WR}}$

图 10.11　DS1302 的命令字格式

命令字节发起每次的数据传输。

- 最高位 MSB（bit7）必须是 1，如果是 0，则不能向 DS1302 写入数据。
- bit6 用来确定是时钟日历还是 RAM 数据传输。如果是 0，则进行时钟日历传输；如果是 1，则进行 RAM 数据传输。
- bit5～bit1 用来说明哪个寄存器进行输入或输出传输。
- bit0 用来说明是写入还是读出操作。如果是 0，则表示进行写入操作；如果是 1，则表示进行读出操作。

3）对 DS1302 进行操作的时序

对 DS1302 的读写操作有单字节操作及多字节操作（突发方式）两种。单字节操作时，每一帧数据为 16 位，总是低位在前，高位在后。先传输要进行读写操作的寄存器或 RAM 的命令字节，然后紧跟着传输一字节的数据。DS1302 内部寄存器各位功能和读时序图如图 10.12 和图 10.13 所示。

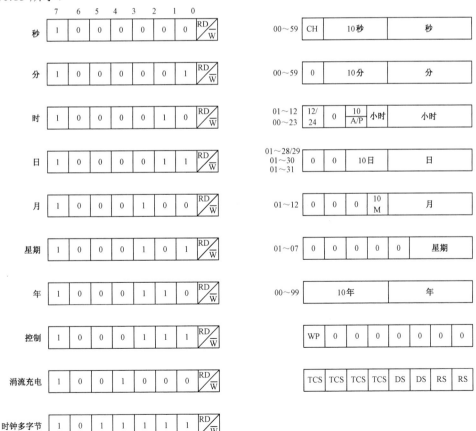

（a）各寄存器读写地址的格式　　　　　　　（b）各寄存器内容的格式

图 10.12　DS1302 内部寄存器各位功能

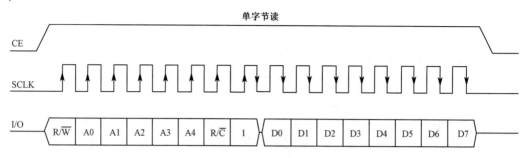

图 10.13 读时序图

4）DS1302 内部寄存器

DS1302 内部寄存器的读写地址及各值作用如表 10.5 所示。

表 10.5　DS1302 内部寄存器的读写地址及各值作用

RTC

READ	WRITE	bit7	bit6	bit5	bit4	bit3	bit2	bit1	bit0	RANGE
81h	80h	CH	10 Seconds			Seconds				00～59
83h	82h	10 Minutes				Minutes				00～59
85h	84h	12/$\overline{24}$	0	10 $\overline{AM}$/PM	Hours	Hours				1～12/0～23
87h	86h	0	0	10 Dates		Dates				1～31
89h	88h	0	0	0	10 Months	Months				1～12
8Bh	8Ah	0	0	0	0	0	Days			1～7
8Dh	8Ch	10 Years				Years				00～99
8Fh	8Eh	WP	0	0	0	0	0	0	0	—
91h	90h	TCS	TCS	TCS	TCS	DS	DS	RS	RS	—

寄存器地址定义如下所述。

CH：时钟停止位。CH=0 时振荡器工作，CH=1 时振荡器停止。

WP：写保护位。WP=0 时寄存器数据能够写入，WP=1 时寄存器数据不能写入。

TCS：涓流充电选择，TCS=1010 时使能涓流充电。

DS：二极管选择位，DS=01 时选择一个二极管，DS=10 时选择两个二极管。

TCS=其他，禁止涓流充电。DS=00 或 11 时，即使 TCS=1010，充电功能也被禁止。

寄存器 2 的第 7 位：12/24 小时标志。为 1 时，12 小时模式；为 0 时，24 小时模式。

寄存器 2 的第 5 位：AM/PM 定义。为 1 时，下午模式；为 0 时，上午模式。

各寄存器地址编码及相应的内容含义如下。图 10.12（a）所示为各寄存器读写地址的格式；图 10.12（b）所示为各寄存器内容的格式。

读时序图如图 10.13 所示。

数据传输总是从最低位开始。

写时序图如图 10.14 所示。

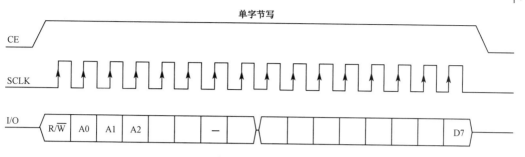

图 10.14　写时序图

3. 数字万年历程序中关于 DS1302 的部分

数字万年历程序中关于 DS1302 的部分包括：

- 引脚定义。
- 数据类型定义。
- 时间寄存器定义。
- 写入一个字节。
- 读出一个字节。
- 在指定地址写入数据。
- 在指定地址读出数据。
- 获取时钟芯片的时钟数据到自定义的结构型数组。
- 将日期数据转换为液晶显示的数据。
- 将时间数据转换为液晶显示的数据。
- 时钟芯片初始化。

（1）引脚定义。

```
sbit   DS1302_CLK = P1^7;            //实时时钟时钟线引脚
sbit   DS1302_IO  = P1^6;            //实时时钟数据线引脚
sbit   DS1302_RST = P1^5;            //实时时钟复位线引脚
sbit   ACC0 = ACC^0;
sbit   ACC7 = ACC^7;
char hide_sec, hide_min, hide_hour, hide_day, hide_week, hide_month, hide_year;
//秒，分，时，日，星期，月，年的闪烁计数变量
```

（2）数据类型定义。

```
//分别为秒、分、时、星期、日、月、年、日期数组（11 个元素）、时间数组（9 个元素）
typedef struct SYSTEMTIME
{
    unsigned char Second;
    unsigned char Minute;
    unsigned char Hour;
    unsigned char Week;
    unsigned char Day;
    unsigned char Month;
```

```
        unsigned char Year;
        unsigned char DateString[11];
        unsigned char TimeString[9];
    }SYSTEMTIME; //定义的时间类型
    SYSTEMTIME CurrentTime;
```

（3）时间寄存器定义。

```
    #define AM(X)      X
    #define PM(X)      (X+12)              //转成 24 小时制
    #define DS1302_SECOND   0x80          //时钟芯片的寄存器位置，存放时间
    #define DS1302_MINUTE   0x82
    #define DS1302_HOUR     0x84
    #define DS1302_WEEK     0x8A
    #define DS1302_DAY      0x86
    #define DS1302_MONTH    0x88
    #define DS1302_YEAR     0x8C
```

（4）子程序部分。

```
    //写入一字节
    void DS1302InputByte(unsigned char d)        //实时时钟写入一字节（内部函数）
    {
        unsigned char i;
        ACC = d;
        for(i=8; i>0; i——)
        {
            DS1302_IO = ACC0;                    //相当于汇编中的 RRC
            DS1302_CLK = 1;
            DS1302_CLK = 0;
            ACC = ACC >> 1;
        }
    }
    //读出一字节
    unsigned char DS1302OutputByte(void)         //实时时钟读取一字节（内部函数）
    {
        unsigned char i;
        for(i=8; i>0; i——)
        {
            ACC = ACC >>1;                       //相当于汇编中的 RRC
            ACC7 = DS1302_IO;
            DS1302_CLK = 1;
            DS1302_CLK = 0;
        }
```

```
    return(ACC);
}
//在指定地址写入数据
void Write1302(unsigned char ucAddr，unsigned char ucDa)
//ucAddr：DS1302 地址，ucData：要写的数据
{…}
//在指定地址读出数据
unsigned char Read1302(unsigned char ucAddr)        //读取 DS1302 某地址的数据
{    …}
//获取时钟芯片的时钟数据到自定义的结构型数组
void DS1302_GetTime(SYSTEMTIME *Time)   //获取时钟芯片的时钟数据到自定义的结构型数组
{…}
//DS1302 初始化
void Initial_DS1302(void)              //时钟芯片初始化
    {  …}
```

为了与 LCD 显示器兼容，即输入的数据为 ASCII 码，应将时间、日期、温度等信息进行转换。

```
//将日期数据转换为液晶显示的数据
void DateToStr(SYSTEMTIME *Time)
//将年、月、日、星期数据转换成液晶显示字符串，放到数组 DateString[]里
{  …}
//将时间转换成液晶显示字符
void TimeToStr(SYSTEMTIME *Time)   //将时、分、秒数据转换成液晶显示字符放到数组 TimeString[]里;
    {  …}
```

最后的显示结果如图 10.15 所示。

图 10.15　最后的显示结果

10.3.3　总体设计与程序

1. 数字万年历的电路图

数字万年历系统的组成框图如图 10.4 所示。

2. 元件清单

- 单片机：AT89S52。
- LCD：SMC1602A LCM。

- 数字温度传感器：DS18B20（或 1820）TO 封装。
- 时间芯片：DS1302。
- 晶振：12MHz、32.768kHz。
- 电阻：10kΩ、10kΩ可调、10kΩ排阻、4.7kΩ。
- 电容：10μF、30pF×2。
- 电池：1.5V×2（或 3V）可充电（带电池座）。
- 按键×5。

10-3 数字万年历完整程序

3. 完整程序

万年历总体程序流程图如图 10.5 所示。

项目四　智能小车的控制

要求： 根据指定的路径及要求，由移动智能机器人（小车）完成寻迹、打开沙盘上的各种标志物（如交通灯、道闸、旋转 LED 屏等）并与各标志物通信，完成指定的功能。使用 Keil μVision5 软件开发环境设计项目程序源代码，通过下载器和下载软件将自己设计的程序下载到主控 STM32（J-Link/ST-Link 或其他）或 STC8A8K64S4A12（USB 转串口和 STC-ISP 软件）芯片中。项目装配完以后，将小车放到组委会提供的测试赛道中按照任务书规定的路线完成各个项目任务。

项目介绍： 以智能小车为结构载体，完成产品组装与故障排除，使用 Keil μVision5 软件开发环境设计项目程序代码及调试，以小车功能测试为比赛重点，全面考核选手的电子专业技能及职业素质。

10-4 电子技术赛项整体介绍

智能小车是国内电子大赛最常使用的比赛平台与载体，无论是嵌入式国赛还是各省市单片机、嵌入式、电子技术等赛项都广泛使用。下面以"2020 一带一路暨金砖国家技能发展与技术创新大赛"之"电子技术"赛项为例，介绍智能小车的特性与使用。一带一路暨金砖国家技能发展与技术创新大赛宣传资料如图 10.16 所示。其中一个主要项目就是智能车的控制。现将其技术规范摘抄如下。

一、竞赛目的

以开发工业 4.0 为核心的智能制造、人工智能、数字技能、未来技能为主旨，以前沿技术技能为主题，培养高素质、高技术技能、软硬技能兼备的国际化未来技术技能应用型人才。通过竞赛，检验选手对电子产品的设计、组装、调试、软件编程等能力；检验参赛团队协作能力、计划组织能力。体现电子技术最新技术和发展要求，引导电子技术专业的建设及发展。

二、竞赛内容

本赛项目技术文件以《电子设备装接工国家职业标准》高级工（国家职业资格三级）为标准，以电子制造行业标准（要求）为参考，根据电子装配与调试、故障诊断与排查、程序编

程等典型工作任务设计竞赛项目，以智能小车为结构载体，完成产品组装与故障排除，使用
Keil μVision5 软件开发环境设计项目程序代码及调试，以小车功能测试为比赛重点，全面考
核选手的电子专业技能及职业素质。

1．产品焊接与组装

根据给定的电路原理图及元件清单，完成元器件在给定的 PCB 板上的焊接、调试及安装。

2．故障排除

在故障板中查找故障点最终排除故障，并完成故障检测报告的填写。

3．系统程序设计及调试

使用 Keil μVision5 软件开发环境设计项目程序源代码，通过下载器和下载软件将自己设
计的程序下载到主控 STM32（J-Link/ST-Link 或其他）或 STC8A8K64S4A12（USB 转串口和
STC-ISP 软件）芯片中。

4．小车功能测试

项目装配完以后，将小车放到组委会提供的测试赛道中按照任务书规定的路线完成各个
项目任务。

三、竞赛方式

（一）竞赛模式

本赛项采取团体赛方式，竞赛总时长为 240min。参赛队自行决定选手分工，在规定时间
合作完成所有竞赛任务。

（二）竞赛队伍组成

每个院校每个组别最多可报名 2 支队伍；每支参赛队由 2 名选手组成（指定其中一名选
手为队长），参赛选手为同校在籍学生；每支队伍可设不超过 2 名指导教师。

（二）竞赛队伍组成

每个院校每个组别最多可报名 2 支队伍；每支参赛队由 2 名选手组成（指定其中一名选
手为队长），参赛选手为同校在籍学生；每支队伍可设不超过 2 名指导教师。

项目四　任务 1　小车综合任务

要求：小车从起点出发，在第 2 个路口左转，第 6 个路口左转，第 9 个路口左转，第
11 个路口左转，此时发送打开道闸的命令，等待道闸打开。第 12 个路口关闭道闸，并进入
路障检测，判断超声波是否检测到路障。如果有路障则进入待平移状态，直走一段后往上
平移一格至 13S 路口处［见图 10.17（a）中虚线部分］绕过路障（13S 没有进行路口计数，
因此此处注意路口计数补偿加 1），没有路障则直接循迹至 13 路口处，在第 14 个路口根据
补偿值判断是否转弯，即如果是从 13 路口处过来则需要右转；如果是从 13S 路口处过来，
则不需要转弯［因为是直线，见图 10.17（b）］。在第 15 个路口右转，第 17 个路口右转进
入路段任务中红绿灯任务，第 17 个路口开启颜色传感器，第 17～19 个路口小车会降低速
度前进，增加摄像头识别时间。在第 19 个路口打开旋转 LED，等待发送温度信息，第 19
个路口左转，在第 20 个路口再左转进入停车路段。

任务分析：智能小车控制较复杂，涉及的知识较多，就不一一列举了，这里如何寻迹与
控制呢？

图 10.16　一带一路暨金砖国家技能发展与技术创新大赛宣传资料

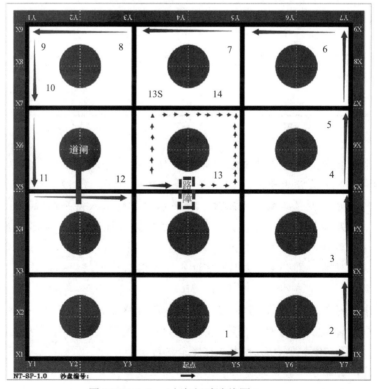

图 10.17（a）　小车行驶路线图 1

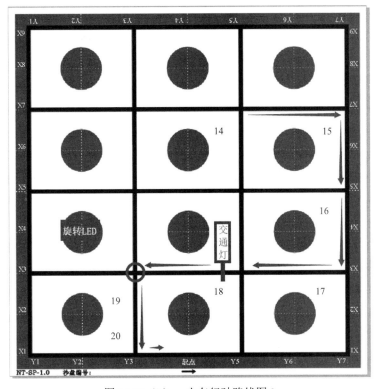

图 10.17（b）　小车行驶路线图 2

10-5 STC8A8K64S4A12 技术资料

10.4　智能小车的总体设计

　　智能小车循迹避障系统框图如图 10.18 所示，以 STM32F103（或 STC8A8K64S4A12）为主控芯片，主要涵盖电源、电机驱动、循迹、避障等主要模块。另外辅助以通信模块、语言交互模块、机器视觉感知模块、超声波测距模块共同配合完成功能。

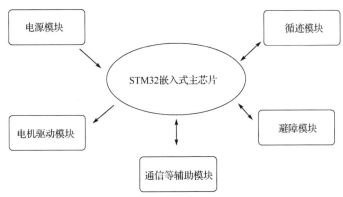

图 10.18　智能小车循迹避障系统框图

循迹避障模块的主要作用是通过相关传感器感知环境，并将采集到的信号发送传输到核心板的主芯片 STM32 中去，通过主控 STM32（或 STC8A8K64S4A12）的芯片 CPU 处理，发出信号驱动电机旋转，进而达到精确循迹和有效避障的目的。

智能小车设计研究工作依托的嵌入式平台涉及主、从平台硬件装调和沙盘设计。重点工作在于循迹避障模型创建和算法研究等内容。通过规划设计、功能调查、应用研究，再经过实验调试完成功能电路板的选型制作，并将相应功能电路板模块安装在嵌入式系统软、硬件平台上。与此同时，完成基于 32 位单片机（或 STC8A8K64S4A12）嵌入式主从车平台和相应标识物的应用关键代码的编写、测试和代码优化，使代码能够完全控制主车和从车都能够精确循迹避障并且完成嵌入式平台指定的相关任务。

10.4.1 STC8 单片机及智能小车的硬件电路

智能小车核心板单片机采用 STC8A8K64S4A12，该款单片机采用内核超高速 8051 内核（1T），比传统 8051 约快 12 倍以上，指令代码完全兼容传统 8051，具有 20 个中断源、4 级中断优先级。

（1）Flash 存储器的特征如下。

- 最大 64K 字节 FLASH 空间，用于存储用户代码。
- 支持用户配置 EEPROM 大小，512 字节单页擦除，擦写次数可达 10 万次以上。
- 支持在系统编程方式（ISP）更新用户应用程序，无须专用编程器。
- 支持单芯片仿真，无须专用仿真器，理论断点个数无限制。

（2）SRAM 的特征如下。

- 128 字节内部直接访问 RAM（DATA）。
- 128 字节内部间接访问 RAM（IDATA）。
- 8192 字节内部扩展 RAM（内部 XDATA）。
- 外部最大可扩展 64K 字节 RAM（外部 XDATA）。

（3）控制时钟的特征如下。

- 内部 24MHz 高精度 IRC（ISP 编程时可进行上下调整）。
- 误差±0.3%（常温下 25℃）。
- −1.8%～+0.8%温漂（温度范围，−40～+85℃）。
- −1.0%～+0.5%温漂（温度范围，−20～+65℃）。
- 内部 32kHz 低速 IRC（误差较大）。

外部晶振（4～33MHz）和外部时钟：用户可自由选择上面的 3 种时钟源。

图 10.19 所示为智能小车的主控板单元。

图 10.19 智能小车的主控板单元

10.4.2 关键部件：超声传感器、光电检测、磁寻迹、LoRa 通信

1. 超声传感器

HC-SR04 超声波测距模块如图 10.20 所示，可以提供 2～400cm 的非接触式距离传感器

功能，测距精度可高达 3mm，模块包括超声波发射器、接收器与控制电路。超声波模块的电气参数如表 10.6 所示。

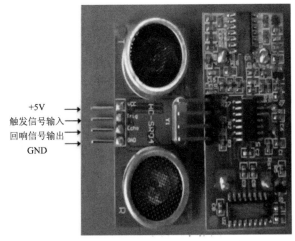

图 10.20　HC-SR04 超声波测距模块

表 10.6　超声波模块的电气参数

电 气 参 数	HC-SR04 超声波模块
工作电压	DC 5 V
工作电流	15mA
工作频率	40Hz
最远射程	4m
最近射程	2cm
测量角度	15°
输入触发信号	10μs 的 TTL 脉冲
输出回响信号	输出 TTL 电平信号，与射程成比例
规格尺寸	45mm×20mm×15mm

超声传感器的基本工作原理如下。

（1）采用 IO 口 TRIG 触发测距，给至少 10μs 的高电平信号。

（2）模块自动发送 8 个 40kHz 的方波，自动检测是否有信号返回。

（3）有信号返回，则通过 IO 口 ECHO 输出一个高电平，高电平持续的时间就是超声波从发射到返回的时间。测试距离=（高电平时间×声速×（340m/s））/2。

2．光电检测

光电传感器模块对环境光线适应能力强，其具有一对红外线发射与接收管，发射管发射出一定频率的红外线，当检测方向遇到障碍物（反射面）时，红外线反射回来被接收管接收，经过比较器电路处理之后，绿色指示灯会亮起，同时信号输出接口输出数字信号（一个低电平信号），可通过电位器旋钮调节检测距离，有效距离范围为 2～30cm，工作电压为 3.3～5V。该传感器的探测距离可以通过电位器调节，具有干扰小、便于装配、使用方便等特点，可以广泛应用于机器人避障、避障小车、流水线计数及黑白线循迹等众多场合。

光电检测模块电路图如图 10.21 所示。

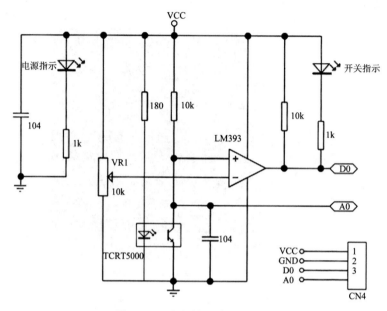

图 10.21　光电检测模块电路图

此套红外光电传感器固定在底盘前沿，贴近地面。正常行驶时，发射管发射红外光照射地面，光线经白纸反射后被接收管接收，输出高电平信号；小车经过黑线时，发射端发射的光线被黑线吸收，接收端接收不到反射光线，传感器输出低电平信号后送 STC8 单片机处理，判断执行哪一种预先编制的程序来控制小车的行驶状态。前进时，驱动轮直流电机正转，进入减速区时，由单片机控制进行 PWM 变频调速，通过软件改变脉冲调宽波形的占空比，实现调速。

3．磁寻迹

霍尔传感器电路由反向电压保护器、电压调整器、霍尔电压发生器、差分放大器、史密特触发器和输出级组成，能将变化的磁场信号转换成数字电压输出，当传感器探头检测到磁条时就会输出高电平信号，通过这些电信号可以使小车单片机感知自己是否在线路上。本例中采用磁寻迹的方法。

4．LoRa 通信

LoRa（Long Range）是由商升特（Semtech）公司发布的一种低功耗广域物联网（LPWAN）技术。国际 LoRa 联盟基于 LoRa 协议推出了无线连接的标准技术——LoRaWAN，该标准技术的推出助推了 LoRa 技术进行大规模的组网。目前中国也有多家企业在推动 LoRaWAN 技术的发展。

LoRa 的特点如下。

- 广覆盖：LoRa 单一网关的覆盖距离通常在 3～5km 的范围，空旷地域甚至高达 15km 以上。
- 低功耗：电池供电可以支撑数年甚至十余年。
- 高容量：LoRa 网关得益于终端无连接状态的特性，可提供超过两万以上的终端连接数量。
- 成本低：网络通信成本极低，同时支持窄带数据传输。

除了以上四点，还有第五点：安全性。

LoRa 的应用领域。

LoRa 技术因其优势使得它特别适用于要求功耗低、距离远、大量连接及定位跟踪等的物联网应用，如智能抄表、智能停车等。

10-6 LoRa 通信协议

10-7 智能小车以 LoRa 通信控制道闸的教程

10.4.3　运动的控制：流程图、运动控制分析、控制程序

综合任务控制程序流程图如图 10.22 所示。

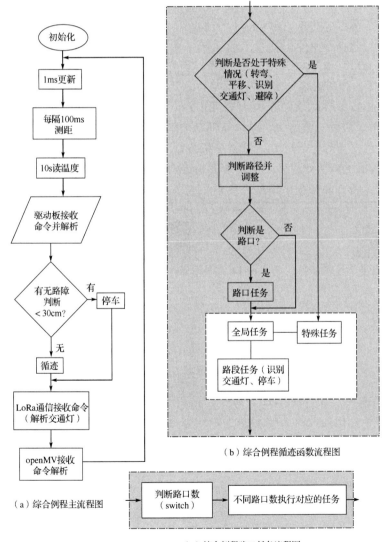

图 10.22　综合任务控制程序流程图

说明：路口任务主要包含当前是否需要打开/关闭道闸、避障平移、转弯、控制 LED 旋转屏。经过的路口个数作为路口任务的依据（判断的条件）。

全局任务包括路段任务和特殊任务。其中路段任务是指路口之间的任务，主要是识别交通灯、终点停车并关闭 LED 显示屏；特殊任务是指小车正在执行转弯、平移、识别交通灯、避障任务。

10-8 项目四任务 1 程序清单　　10-9 项目四任务 1 小车运行视频　　10-10 项目四任务 1 程序讲解视频

项目四　任务 2　小车综合任务修改

要求：小车从起点出发，到达 X1Y5 处左转。小车直行，在路口 X3Y5 处打开道闸，直行通过道闸。到过路口 X5Y5 处关闭道闸。直行到达路口 X7Y5 处左转，识别路障，如果没有路障则直行到达路口 X7Y3；如果有路障则向下平移到 X5 所在路径，并直行到路口 X5Y3 处后右转直行到达路口 X7Y3。从路口 X7Y3 直行，到达路口 X9Y3 处后右转，直行到达路口 X9Y5。在路口 X9Y5 处打开 LED 旋转屏并显示温度。小车继续直行到达路口 X9Y7 处后右转，右转后直行到达路口 X7Y7 处识别交通灯。如果交通灯为红（黄）则小车停止前进，直到变为绿灯后继续前进；如果为绿灯则直行。直行经过路口 X5Y7、X3Y7、X1Y7。到达路口 X1Y7 处左转。小车行进到达终点后停车并关闭 LED 旋转屏。

任务分析：项目四任务 1 修改为任务 2 后，在原来任务 1 的程序基础上该如何修改？

10-11 项目四任务 2 程序清单　　10-12 项目四任务 2 小车运行视频　　10-13 项目四任务 2 程序
修改视频

‖ 小　结 ‖

本章完整地讲述了数字万年历的设计，列出了完整程序清单，并通过它说明了单片机系统的设计过程与方法。对这一系统中要用到的时钟芯片 DS1302 及数字温度传感器 DS18B20 的特点进行了详细的介绍，对它们的使用方法结合数字万年历进行了讲解。本章还对单片机系统进行了扩展，如对程序存储器、数据存储器及外围设备的扩展进行了论述。本章重点如下。

（1）单片机系统的设计方法。

（2）时钟芯片 DS1302 的使用方法。

（3）数字温度传感器 DS18B20 的使用方法。

（4）数字万年历的控制程序的理解。

‖ 习 题 ‖

一、填空题

1．单片机本身无开发能力，必须借助开发工具开发应用软件。通常有下列两种开发方法：_____、_____。

2．单片机系统中，用来扩展地址总线的是___口和___口，用来扩展数据总线的是___口。

3．一块存储芯片有 10 条地址线、8 条数据线，则它的存储容量为___，其数据线宽为___。

4．外围设备与___共享一个总容量为___KB 的存储空间，在这一空间中的数据存储器类型属性为___。

5．单片机系统扩展存储器在做总线扩展时必须使用锁存器，如___，原因是___；单片机用来控制锁存的信号是___。

6．MCS-51 单片机的程序存储器是___编址的，要使程序从内部 ROM 开始执行，应将 $\overline{EA}$ 接___；要使程序从外部 ROM 开始执行，应将 $\overline{EA}$ 接___。

7．单片机扩展了一片程序存储器及一个外围设备。存储器的地址线有 10 条 A0～A9，其中 A0～A7 与 P0 口通过锁存器相连，P2.0 与 A8、P2.1 与 A9 相连；P2.7 与外围设备的片选信号 $\overline{CS}$ 相连，则存储器的地址范围是从___到___；外围设备的地址是___（假定未用的地址线用"0"表示）。单片机的 $\overline{EA}$ 必须___。

8．单片机内部有一个电源管理寄存器___，这个寄存器的最低两位是___和___，这两位分别用来设定是否使单片机进入___模式和___模式。

9．当单片机进入空闲模式时，除 CPU 处于___状态外，其余硬件全部处于___状态，单片机在空闲模式下可由任意一个中断或硬件复位唤醒。需要注意的是，使用中断唤醒单片机时，程序从___处继续运行；当使用硬件复位唤醒单片机时，程序将从___开始执行。

10．当单片机进入掉电模式时，只有___继续工作。进入休眠模式后，芯片中程序未涉及的___和___中的数据都将保持原值。当使用___唤醒单片机时，程序从原来停止处继续运行；当使用___唤醒单片机时，程序将从头开始执行。

11．"看门狗"定时器是这样一种机制，从功能上说它可以让微控制器在___下（如软件陷入死循环或跑飞）重新恢复到___状态，以保证系统出问题时重启一次。"看门狗"就是一个计数器，由于位数有限，所以计数器能够装的数值是有限的，从开启"看门狗"那刻起，它就开始不停地数___，每数一次，计数器就加 1，加到计数器发生___就产生一个复位信号，重启系统。

12．在设计程序时，先根据"看门狗"计数器的___和系统的___，就是在这个时间内"看门狗"计数器是不会装满的，然后在这个时间内告诉它重新开始计数，就是把___，这个过程叫"喂狗"。这样，隔一段时间清零一次，只要程序___它就永远计不满。但是，一旦出现死循环之类的故障，没有及时___，会导致其装满溢出，就会重启___。

13．DS18B20 数字温度传感器提供___位温度读数，指示器件的温度信息经过单线接口（___总线）送入 DS18B20 或从 DS18B20 送出。0000011111010000B 表示___℃，1111110010010000B 表示___℃。DS18B20 中有 9 个寄存器，可连续读出，其中前 2 个分别是转换后___的___字节和___字节。

14．DS1302 内含一个实时时钟/日历和 31 字节静态 RAM，实时时钟/日历电路提供秒、分、时、日、___、月、年的信息。DS1302 与单片机之间能简单地采用同步串行的方式进行通信（___总线），仅需用到 3

个口线：RES（复位）、I/O 数据线、SCLK（_____）。

二、选择题

1．通常，开发一个单片机应用系统必须包括以下哪个过程（　　）。

A．系统方案设计　　　　　　　　　　　B．系统建造

C．系统调试　　　　　　　　　　　　　D．系统方案局部修改、再调试

2．系统方案设计主要内容包括（　　）。

A．系统结构设计　　　　　　　　　　　B．系统功能设计

C．各部分细节的设计　　　　　　　　　D．系统实现方法

3．下列不能用来扩展程序存储器的芯片是（　　）。

A．27512　　　　　　B．6116　　　　　　C．2864　　　　　　D．AT29××系列

4．单片机扩展程序存储器时，使用的控制信号为（　　）。

A．$\overline{PSEN}$　　　　B．$\overline{RD}$　　　　C．OE　　　　D．$\overline{WR}$

5．单片机扩展外部数据存储器时，采用的控制信号为（　　）。

A．$\overline{PSEN}$　　　　B．$\overline{RD}$　　　　C．OE　　　　D．$\overline{WR}$

6．设置"看门狗"的一般步骤是（　　）。

A．设置"看门狗"相关寄存器，启动"看门狗"

B．隔一段时间清零一次

C．系统永远不会复位

D．如果程序正常，那么"看门狗"一直运行；如果程序出错，没有按时清零，那么"看门狗"就在溢出时复位系统

7．经过单线接口访问 DS18B20 的协议是（　　）。

A．初始化　　　　　　　　　　　　　　B．ROM 操作命令

C．存储器操作命令　　　　　　　　　　D．处理/数据

8．DS1302 中的数据通信引脚是（　　）。

A．RST　　　　　　B．I/O　　　　　　C．SCLK　　　　　　D．VCC1

9．数字万年历系统必须初始化的器件有（　　）。

A．DS1302　　　　　B．DS18B20　　　　C．LCD1602　　　　D．MAX7219

10．有一个单片机扩展系统使用 $\overline{PSEN}$ 作为控制信号，则它是（　　）。

A．数据存储器　　　B．程序存储器　　　C．外围设备　　　　D．传感器

11．在使用译码器同时扩展多片数据存储器芯片时，不能在各存储芯片间并行连接的信号是（　　）。

A．读写信号　　　B．地址译码输出信号　　　C．数据信号　　　D．高位地址信号

12．如果在系统中只扩展一片 INTEL2764（8KB×8）除应使用 P0 口的 8 条口线外，至少还应使用 P2 口的（　　）口线。

A．4 条　　　　　　B．5 条　　　　　　C．6 条　　　　　　D．7 条

13．在下列信号中不是给数据存储器扩展使用的是（　　）。

A．EA　　　　　　B．RD　　　　　　C．WR　　　　　　D．ALE

三、问答题

1. 请根据自己的理解，说明开发单片机系统（产品）的步骤。

2. 请给单片机扩展 8KB 的外部程序存储器，要求地址范围是 3000H～3FFFH，请画出电路原理图。

3. 请给单片机扩展 8KB 的外部数据存储器，要求地址范围是 3000H～3FFFH，请画出电路原理图。

4. 现有 8031 单片机、74LS373 锁存器、1 片 2764EPROM 和 2 片 6116RAM，请使用它们组成一个单片机应用系统，要求：

（1）画出硬件电路连线图，并标注主要引脚。

（2）指出该应用系统程序存储空间和数据存储器各自的地址范围。

5. 请说明在低功耗模式和休眠模式下，单片机内部的工作情况，分别应如何唤醒？不同的唤醒方法如何影响唤醒后单片机的工作状态？

6. 请说明设置"看门狗"的作用与方法。

7. 请说明 DS18B20 的基本特征。

8. 请说明 DS1302 的基本特征。

四、编程题

1. 试将一个字符"A"存入外部 RAM 的 0x0040 单元中，并从中取出来，送入单片机内部 RAM 的 0x40 单元。

2. 请给数字万年历程序设置"看门狗"，要求只写出与设置有关部分的程序。

3. 要求设置日期及时间为"2011/02/12，10:49:45"，采用 12 小时制显示时间，请给出对 DS1302 的初始化程序。

五、综合设计题

1. 根据低功耗部分实例的程序，画出相应的电路图，并进行仿真。

2. 设有一个存储器系统，其原理图如图 10.23 所示。

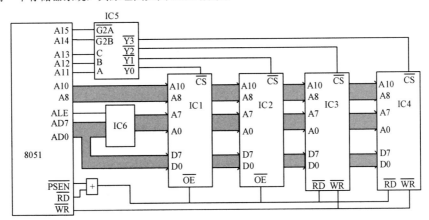

图 10.23　习题五-2 电路图

分析该存储器系统并回答下列问题。

（1）各存储器芯片的类型。

（2）各存储器芯片的地址范围。

3．请设计一个温度检测器，要求用 DS18B20 作为温度传感器，用 LCD1602 直观显示检测到的温度。

（1）画出电路图。

（2）画出程序流程图。

（3）给出程序清单及详细注释。

4．参考或查阅有关资料，设计另一个数字万年历。要求显示模块采用 LED 数码管，驱动模块采用 MAX7219，时钟芯片采用 DS12C887。

（1）设计出电路图。

（2）画出程序流程图。

（3）列出程序清单及详细注释。

（4）在条件允许的情况下，制作这一系统。

5．请设计一个用中文显示的数字万年历。要求显示采用能显示汉字的 LCD，如 LCD12864 模块；时钟芯片采用 DS12C887；温度传感器采用 DS18B20。

（1）设计出电路图。

（2）画出程序流程图。

（3）列出程序清单及详细注释。

（4）在条件允许的情况下，制作这一系统。

6．万年历简化版的设计。图 10.24 所示为无键盘及温度传感器的简化版万年历电路图，请为此电路设计驱动程序并进行仿真验证。

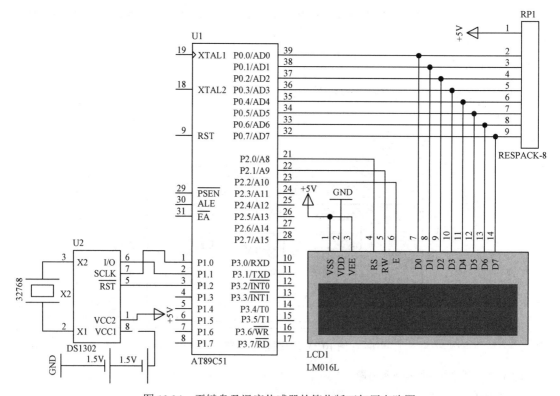

图 10.24　无键盘及温度传感器的简化版万年历电路图

参 考 文 献

[1] 于斌. 单片机原理与接口技术[M]. 北京：人民邮电出版社，2008.

[2] 戴佳. 51 单片机 C 语言应用程序设计实例精讲[M]. 2 版. 北京：电子工业出版社，2008.

[3] 王静霞. 单片机应用技术（C 语言版）[M]. 北京：电子工业出版社，2010.

[4] 林立. 单片机原理及应用——基于 Proteus 和 Keil C[M]. 北京：电子工业出版社，2009.

[5] 彭冬明. 单片机实验教程[M]. 北京：北京理工大学出版社，2007.

[6] 雷建龙. 实用电子技术（下）[M]. 北京：北京理工大学出版社，2009.

[7] 金春林. AVR 系列单片机 C 语言编程与应用实例[M]. 北京：清华大学出版社，2003.

[8] 熊再荣，雷建龙. 数码管动态显示乱码现象分析[J]. 液晶与显示，2009，24（5）：704-707.

[9] 雷建龙. 数字温度传感器 DS18B20 读出数据错误分析[J]. 电子器件，2007，（6）：2183-2185.

[10] 雷建龙. 手持式油位计[J]. 仪表技术与传感器，2007，（9）：11-13.

反侵权盗版声明

电子工业出版社依法对本作品享有专有出版权。任何未经权利人书面许可，复制、销售或通过信息网络传播本作品的行为；歪曲、篡改、剽窃本作品的行为，均违反《中华人民共和国著作权法》，其行为人应承担相应的民事责任和行政责任，构成犯罪的，将被依法追究刑事责任。

为了维护市场秩序，保护权利人的合法权益，我社将依法查处和打击侵权盗版的单位和个人。欢迎社会各界人士积极举报侵权盗版行为，本社将奖励举报有功人员，并保证举报人的信息不被泄露。

举报电话：（010）88254396；（010）88258888

传　　真：（010）88254397

E-mail：dbqq@phei.com.cn

通信地址：北京市万寿路173信箱

　　　　　电子工业出版社总编办公室

邮　　编：100036